Isabel Anders

Stoffgesetz zur Beschreibung des Kriech- und Relaxationsverhaltens junger normal- und hochfester Betone

Karlsruher Reihe

Massivbau
Baustofftechnologie
Materialprüfung

Heft 73

Institut für Massivbau und Baustofftechnologie
Materialprüfungs- und Forschungsanstalt, MPA Karlsruhe

Univ.-Prof. Dr.-Ing. Harald S. Müller
Univ.-Prof. Dr.-Ing. Lothar Stempniewski

Stoffgesetz zur Beschreibung des Kriech- und Relaxationsverhaltens junger normal- und hochfester Betone

von
Isabel Anders

KIT Scientific Publishing

Dissertation

Karlsruher Institut für Technologie
Fakultät für Bauingenieur-, Geo- und Umweltwissenschaften
Tag der mündlichen Prüfung: 21. November 2012
Referent: Prof. Dr.-Ing. Harald S. Müller
Korreferent: Prof. Dr.-Ing. Harald Budelmann

Impressum

Karlsruher Institut für Technologie (KIT)
KIT Scientific Publishing
Straße am Forum 2
D-76131 Karlsruhe
www.ksp.kit.edu

KIT – Universität des Landes Baden-Württemberg und nationales
Forschungszentrum in der Helmholtz-Gemeinschaft

KIT Scientific Publishing 201
Print on Demand

ISSN 1869-912X
ISBN 978-3-7315-0043-8

Stoffgesetz zur Beschreibung des Kriech- und Relaxationsverhaltens junger normal- und hochfester Betone

Zur Erlangung des akademischen Grades eines

DOKTOR-INGENIEURS

der Fakultät für

Bauingenieur-, Geo- und Umweltwissenschaften
des Karlsruher Instituts für Technologie (KIT)

genehmigte

DISSERTATION

von

Dipl.-Ing. Isabel Anders
aus Karlsruhe, Deutschland

Tag der mündlichen Prüfung: 21. November 2012

Hauptreferent: Univ.-Prof. Dr.-Ing. Harald S. Müller

Korreferent: Univ.-Prof. Dr.-Ing. Harald Budelmann

Karlsruhe 2012

Kurzfassung

Im Rahmen der vorliegenden Dissertation wurde ein Stoffgesetz entwickelt, welches das Kriech- und Relaxationsverhalten normal- und hochfester Betone sowohl im sehr jungen als auch im höheren Belastungsalter korrekt zu beschreiben vermag. Es basiert auf einer Reihenschaltung verschiedener rheologischer Grundelemente, deren alternde mechanische Kennwerte innerhalb des gesamten Gültigkeitsbereichs des Modells thermodynamisch widerspruchsfrei definiert sind. Das Stoffgesetz berücksichtigt das komplexe nichtlineare Kriechverhalten unter konstanten und veränderlichen Spannungen. Für den Fall der Relaxation erfolgt die Lösung der zugrundeliegenden Integralbeziehung anhand eines numerischen Algorithmus. Grundlage für die Entwicklung und Optimierung des Modells bildete ein umfassendes Versuchsprogramm zum Kriechen und der Relaxation von im jungen Alter belasteten Betonen. Für die Verknüpfung der dort gewonnenen Erkenntnisse mit dem Spannungs-Dehnungs-Zeitverhalten von Beton mit höheren Belastungsaltern wird auf den in der Literatur veröffentlichten Kenntnisstand zurückgegriffen.

Abstract

Within this dissertation a material law was developed which correctly describes the creep and relaxation characteristics of young and mature normal strength and high strength concretes. It is based on a series connection of different thermodynamically sound rheological elements with aging mechanical parameters. The material law considers the complex nonlinear creep behaviour under constant and variable stresses. In case of relaxation the corresponding integral relation is solved by means of a numerical algorithm. The development and optimisation of the material law was based on a comprehensive experimental programme on the creep and relaxation behaviour of young concretes. The validity of the model for mature concrete was achieved by considering existing material laws published in corresponding literature.

Vorwort

Die vorliegende Dissertation entstand in den Jahren 2003 bis 2011 während meiner Tätigkeit am Institut für Massivbau und Baustofftechnologie des Karlsruher Instituts für Technologie. Sie reiht sich ein in die große Anzahl von Forschungsarbeiten zum Kriech- und Relaxationsverhalten verschiedener Betone; ein Thema, welches seit Jahrzehnten einen fachlichen Schwerpunkt am Lehrstuhl für Baustoffe und Betonbau darstellt.

An erster Stelle möchte ich mich bei meinem Doktorvater Herrn Prof. Dr.-Ing. Harald S. Müller für die fachliche Betreuung der Arbeit bedanken. Durch seine wertvollen Ratschläge und seine kritischen Anmerkungen hat er wesentlich zum Gelingen der Arbeit beigetragen. Weiterhin danken möchte ich ihm für die wohlwollende Förderung in den verschiedensten Fachgebieten und der Möglichkeit durch Gremienarbeit bei der International Federation for Structural Concrete (*fib*) auch auf internationaler Arbeitsebene Erfahrungen zu sammeln.

Weiterer Dank gilt Herrn Prof. Dr.-Ing. Harald Budelmann für die Übernahme des Korreferats. Seine Hinweise bei der Durchsicht der Arbeit waren eine sehr wertvolle Hilfe.

Die Durchführung des umfassenden Versuchsprogramms zum Kriech- und Relaxationsverhalten junger Betone wäre ohne die Mitarbeiter der Materialprüfungs- und Forschungsanstalt (MPA Karlsruhe) nicht möglich gewesen. Besonders zu nennen ist hierbei Herr Dr. V. Kvitsel, der mich im Bereich der Messtechnik über die Jahre kompetent begleitet hat. Weiterhin möchte ich Herrn E. Langner für die Koordination des Versuchprogramms sowie dem Laborpersonal für die stete Unterstützung auch außerhalb der üblichen Arbeitszeiten danken. Anerkennung gilt auch meinen wissenschaftlichen Hilfskräften T. Pfister, M. Zeiler, J. Gudjonsson und A. Sieß für ihre Hilfe bei der Vorbereitung von Experimenten sowie der anschließenden Datenauswertung und Aufbereitung der Versuchsdaten. Gleiches gilt für die Kolleginnen U. Eggmann und K. Kern für die Anfertigung der in der Arbeit enthaltenen Zeichnungen.

All meinen wissenschaftlichen Kolleginnen und Kollegen danke ich neben der fachlichen Unterstützung für das hervorragende Arbeitsklima, welches durch stete Hilfsbereitschaft und einen respektvollen Umgang untereinander geprägt war.

Meine letzten Dankesworte gelten meiner Familie für ihre Liebe und Geduld insbesondere in den letzten beiden Jahren, in denen ich mir nicht so viel Zeit nehmen konnte, wie ich es selber gerne getan hätte.

Inhaltsverzeichnis

Bezeichnungen

Lateinische Großbuchstaben

A	Funktion
B	Funktion
C	Funktion
E	Elastizitätsmodul
E_0	Elastizitätsmodul im Erstbelastungsalter (altersunabhängig)
E_A	Aktivierungsenergie
E_c	Tangentenmodul
E_{c28}	Tangentenmodul im Alter von 28 Tagen
E_{eff}	wirksamer Elastizitätsmodul
E_q	Konstante
E_s	Sekantenmodul
F	mittlerer Fehler
G	Funktion
H	Funktion
I	Ersatzkriechfunktion, ohne Berücksichtigung der Fließverformung
J	Kriechfunktion
N	Gesamtanzahl der durchgeführten Versuche
Q_{ad}	im Kalorimeterversuch freigesetzte adiabatische Wärmemenge
Q_{pot}	theoretische maximale Wärmefreisetzung des Betons bei der Hydratation
R	universelle Gaskonstante, Relaxationsfunktion
T	Temperatur
T_0	Frischbetontemperatur
T_{ad}	gemessene Temperatur im adiabatischen Kalorimeterversuch
T_{Mi}	Relaxationszeit des i-ten Maxwellelements
V	mittlerer Variationskoeffizient
Y	Funktion

Lateinische Kleinbuchstaben

a	Konstante, Funktion
b	Konstante, Funktion
c	Konstante, Funktion
c_c	spezifische Wärmekapazität
d	Konstante, Zylinderdurchmesser, Grundwert des Nichtlinearitätsindexes
f_{cm}	Betondruckfestigkeit
f	Zeitfunktion
g	Alterungsfunktion
h	Funktion, Zylinderhöhe
m	Konstante
n	Nichtlinearitätsindex, Konstante
s	Konstante
s_i	modifizierter Standardschätzfehler
t	betrachteter Zeitpunkt
t_0	(Erst-)Belastungsalter [Zeit nach Wasserzugabe bei der Betonherstellung]
t_{0w}	wahres Belastungsalter
t_e	Entlastungsalter
t_{eff}	effektives Betonalter
t'	Mitte des Zeitintervalls Δt
v_i	modifizierter Variationskoeffizient
w/z	Wasserzementwert

Griechische Buchstaben und Symbole

α_0	Hydratationsgrad
α_1	Spannungsgrad im rheologischen Federelement
Δ	Inkrement
ε	Dehnung
ε_{cc}	Kriechdehnung $\varepsilon_{cc} = \varepsilon_{pl} + \varepsilon_{cc,t}$
$\varepsilon_{cc,t}$	zeit- und lastabhängige Kriechdehnung im Anschluss an die sofortige Dehnung bei Lastaufbringung im Kriechversuch

ε_{ci}	sofortige elastische Dehnung
$\varepsilon_{ci,28}$	sofortige elastische Dehnung im Alter von 28 Tagen
ε_{cs}	Schwinddehnung
$\varepsilon_{c\sigma}$	zeit- und spannungsabhängige Dehnung
ε_{f}	Fließdehnung
ε_{pl}	überproportionale, sofortige plastische Dehnung
ε_{r}	verzögert elastische Rückverformung
ε_{v}	verzögert elastische Dehnung
$\bar{\varepsilon}$	Kriechmaß, Kriechverformung je Einheitsspannung
η	Dämpferviskosität
θ_1	Dehnungsgrad im rheologischen Federelement
ξ	Integrationsvariable
ρ	Relaxationskennzahl
ρ_c	Frischbetonrohdichte
σ	Spannung
$\bar{\sigma}$	Belastungsgrad
$\bar{\sigma}_{eff}$	effektiver Belastungsgrad
τ	Integrationsvariable
υ	Wichtungsfaktor
φ	Kriechzahl
Ψ	Funktion zur Beschreibung des Spannungsverlaufs im Relaxationsversuch

Indizes

28	Kennzeichnung des Betonalters von 28 d
ad	adiabatisch
c	Beton
cc,t	Gesamtkriechen
ci	sofortige elastische Dehnung
cs	Schwinden
$c\sigma$	zeit- und spannungsabhängige Dehnungen
D	rheologisches Dämpferelement

e	Entlastungsalter
eff	effektiv
f	Fließverformung
f,g	Grundfließen
f,tr	Trocknungsfließen
F	rheologisches Federelement
i	Zählvariable
j	Zählvariable
k	Zählvariable
K	Kelvinmodell
lin	linear
m	Konstante
max	Maximum
M	Maxwellmodell
Mod	Vorhersage gemäß Modell
n	Anzahl von Stützstellen bei der Datenauswertung
pl	überproportionale, sofortige Dehnung
r	verzögert elastische Rückverformung
v	verzögert elastische Verformung
V	Kennzeichnung von Versuchsdaten
β	Kennwert beim Bruch eines rheologischen Federelements
∞	Zeitpunkt $t = \infty$

Kapitel 1
Einführung und Zielsetzung

Bei der Bemessung von Beton- und Stahlbetonbauteilen sind sowohl das Materialverhalten unter Kurzzeitbeanspruchung als auch die ausgeprägten zeitabhängigen Verformungen zu berücksichtigen. Diese als Kriechen und Schwinden bezeichneten Langzeitverformungen sind seit Anfang des 20. Jahrhunderts bekannt und beispielsweise in Deutschland seit 1953 mit Einführung der Norm für Spannbetonbauteile DIN 4227 ein fester Bestandteil der Bemessung [Wag 58]. Heute allgemein gängige Materialgesetze basieren daher auf einer Vielzahl von experimentellen Untersuchungen. Im Falle des Kriechens unter Druckbeanspruchung wurden diese jedoch vorwiegend an Betonen mit Belastungsaltern von mehreren Tagen bis Monaten durchgeführt. Die geringe Anzahl an vorliegenden Untersuchungen an jungen Betonen mit Belastungsaltern von wenigen Stunden bis Tagen nach der Herstellung beschränkt sich häufig auf Versuchsdauern von wenigen Tagen bis Wochen, siehe exemplarisch [DeS 97, LeR 96a]. Entsprechend ist die Abschätzung der Langzeitverformungen mit erheblichen Unsicherheiten verbunden. Vor diesem Hintergrund besitzen verschiedene in nationale und internationale Richtlinien und Normen eingebundene Kriechmodelle zwar ab einem Betonalter von einem Tag Gültigkeit, eine gesicherte Vorhersage ist jedoch ausschließlich für Betone mit höheren Belastungsaltern möglich [ACI 08, DAf 525].

Neben den oben genannten Kriechversuchen unter Druckbeanspruchung wurde das zeit- und lastabhängige Verhalten junger Betone unter Zugspannungen in verschiedenen Studien genauer untersucht, siehe exemplarisch [Bre 01, Gut 99]. Hintergrund ist das hohe Rissrisiko frisch hergestellter Bauteile durch Eigen- und Zwangspannungen infolge abfließender Hydratationswärme. Durch das ausgeprägte Kriech- und Relaxationsvermögen junger Betone wird ein Teil der auftretenden Spannungen abgebaut, bevor die aufnehmbare Zugfestigkeit erreicht ist [DBV 06, Loh 07]. Die vorliegenden Daten mit Belastungsdauern von wenigen Tagen erlauben jedoch ebenfalls keine gesicherte Abschätzung der Langzeitverformungen.

Anhand der bisher entwickelten Modelle aus der Literatur wird das im Versuch gemessene Kriechverhalten unter konstanten Spannungen im Allgemeinen gut abgebildet. Dementgegen weisen sie bei der Vorhersage von Verformungen unter veränderlichen Spannungen teilweise erhebliche Schwächen auf [CEB 199]. Diese liegen zum einen in der unzureichenden Berücksichtigung der Nichtlinearität des Kriechens und zum anderen in der gewählten mathematischen Formulierung der Zeitabhängigkeit des Kriechansatzes begründet. Als besonders geeignet für die Implementierung des Langzeitverformungsverhaltens von Beton in Finite-Elemente-Programme haben sich Ansätze auf

Basis von rheologischen Feder- und Dämpferelementen erwiesen [Baz 89b]. Entsprechende Modelle aus der Literatur erfüllen jedoch teilweise nicht die zusätzlich einzuhaltenden Bedingungen hinsichtlich der thermodynamisch korrekten Definition der Feder- und Dämpferkennwerte [Mül 86].

Sowohl das Kriechen unter Lasteinwirkung als auch der relaxationsbedingte Spannungsabfall im Probekörper unter einer konstanten Dehnung liegen in denselben Mechanismen in der Mikrostruktur begründet. Entsprechend lassen sich die auftretenden Spannungen bzw. Verformungen über *ein* Stoffgesetz beschreiben. Infolge der komplexen Formulierung der heute gängigen Kriechmodelle ist eine Lösung des Stoffgesetzes für den Fall der Relaxation im Allgemeinen nur auf numerischem Wege möglich. In Abhängigkeit des betrachteten Ansatzes wird hierbei teilweise ein physikalisch nicht begründbarer Vorzeichenwechsel im berechneten Spannungsverlauf vorhergesagt [CEB 199].

Experimentelle Untersuchungen des Relaxationsverhaltens unter Druckbeanspruchung stellen hohe Anforderungen an die Versuchs- und Regelungstechnik und werden daher bis heute kaum durchgeführt. In der Literatur veröffentlichte Relaxationsmodelle basieren folglich vorwiegend auf rein theoretischer Grundlage ohne die Möglichkeit einer Anpassung der Modellparameter an entsprechende Versuchsdaten.

Vor dem Hintergrund der vorangehend dargestellten Schwächen vorhandener Stoffgesetze war das Ziel der vorliegenden Arbeit die Entwicklung eines thermodynamisch widerspruchsfrei formulierten rheologischen Stoffgesetzes, welches das nichtlineare Kriech- und Relaxationsverhalten sowohl im sehr jungen als auch im höheren Betonalter korrekt zu beschreiben vermag. Die Wahl des mathematischen Grundansatzes basierte auf einer umfassenden Literatursichtung. Neben einer Einführung in das Kriechen und die Grundprinzipien der Modellbildung beinhalten die entsprechenden Kapitel 2 und 3 eine Analyse verschiedener Kriechmodelle hinsichtlich vorliegender Schwächen in der Vorhersage des Kriech- und Relaxationsverhaltens bzw. der rheologischen Modellierung.

Grundlage für die Beschreibung des Kriechverhaltens junger Betone mit Belastungsaltern innerhalb der ersten 24 Stunden nach der Betonherstellung bildete das in Kapitel 4 erläuterte Versuchsprogramm an einem normalfesten und einem hochfesten Beton. Der Fokus lag hierbei zum einen auf Langzeitversuchen zur Ermittlung der zeitlichen Entwicklung des Kriechens. Weitere Versuche unter verschiedenen konstanten und veränderlichen Spannungen dienten der Erfassung des nichtlinearen Kriechverhaltens und der zeitlichen Entwicklung der nach Entlastung von Kriechproben auftretenden verzögert elastischen Rückverformung. Auf Basis dieser Versuche verknüpft das in Kapitel 5 vorgestellte Kriechmodell die gewonnenen Erkenntnisse zum Kriechverhalten junger Betone mit dem in der Literatur veröffentlichten Kenntnisstand zum Kriechen bei höheren Belastungsaltern.

Als zusätzliche Datenbasis für die Entwicklung des sowohl für das Kriech- als auch das Relaxationsverhalten gültigen Stoffgesetzes dienten verschiedene experimentelle Untersuchungen der Relaxation unter Druckbeanspruchung. Hierzu wurden zwei Versuchsstände vollständig neu konzipiert und eingerichtet. Die mathematische Lösung des Stoffgesetzes für den Fall der Relaxation erfolgte mithilfe des in Kapitel 6 beschriebenen numerischen Algorithmus.

Die Arbeit schließt mit einer Zusammenfassung der gewonnenen Erkenntnisse und der offenen Fragestellungen, die im Rahmen zukünftiger Forschungsarbeiten näher zu untersuchen sind. Im Anhang finden sich eine Zusammenstellung aller wesentlichen Informationen zum durchgeführten Versuchsprogramm sowie eine Gegenüberstellung verschiedener Versuchsdaten und der Vorhersage anhand des entwickelten Kriechmodells. Weiterhin sind sämtliche Formeln des rheologischen Modells zusammengefasst und es erfolgt der Nachweis der widerspruchsfreien Vorhersage des Kriechens und der Relaxation. Wie in Kapitel 5 näher begründet, verfolgt die vorliegende Arbeit einen neuen Ansatz zur Modellierung der irreversiblen Verformung bei Lastaufbringung im Kriech- und Relaxationsversuch. Dieser ermöglicht, im Gegensatz zu verschiedenen Kriechansätzen aus der Literatur, den direkten Vergleich zwischen den im Relaxationsversuch gemessenen Daten und der entsprechenden numerischen Berechnung der Relaxation. Die Unterschiede im Spannungsverlauf bei Verwendung des eigenen Ansatzes im Vergleich mit dem in der Literatur häufig verfolgten Modellansatz werden im letzten Kapitel des Anhangs anhand ausgewählter Vergleichsrechnungen quantifiziert.

Kapitel 2
Zeit- und lastabhängiges Verhalten von Beton

Kapitel 2 bildet den ersten Teil der Literatursichtung zum zeit- und lastabhängigen Verformungsverhalten von Beton. Es beginnt mit einer kurzen Vorstellung der einzelnen Verformungskomponenten sowie der zugrunde liegenden physikalischen Mechanismen in der Mikrostruktur und deren Einflussparameter. Weiterhin liegt der Fokus auf der Erläuterung des nichtlinearen Kriechverhaltens unter konstanten und veränderlichen Spannungen. Zum Abschluss wird der Kenntnisstand zum Relaxationsverhalten von Beton zusammengefasst.

2.1 Zeitabhängige Verformungen und ihre physikalischen Ursachen

An hydraulisch gebundenen Werkstoffen wie beispielsweise Beton sind verschiedene über die Zeit veränderliche Verformungen zu beobachten, die sich unter Annahme konstanter Umgebungsbedingungen in lastabhängige und lastunabhängige Dehnungen unterteilen, siehe Abb. 2-1. Bei Aufbringen einer Dauerlast σ zum Zeitpunkt t_0 treten im Anschluss an die sofortige Anfangsdehnung mit der Belastungsdauer zunehmende Verformungen auf, die nach der Entlastung des Probekörpers zum Zeitpunkt t_e teilweise reversibel sind $(\varepsilon_r(t,t_0,t_e))$. Diese zeit- und lastabhängigen Kriechverformungen werden mit den sofortigen plastischen Verformungen $\varepsilon_{pl}(t_0)$ während des Belastungsvorgangs zur Kriechverformung $\varepsilon_{cc}(t,t_0)$ zusammengefasst. Die im Versuch gemessenen Gesamtverformungen $\varepsilon_c(t)$ beinhalten zudem lastunabhängige, mit dem Betonalter zunehmende Schwindverformungen $\varepsilon_{cs}(t)$, deren Größe an unbelasteten Begleitproben aus derselben Betoniercharge zu ermitteln ist.

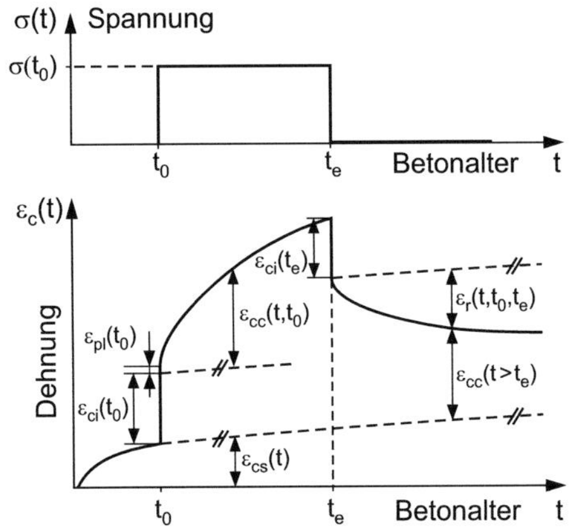

Abb. 2-1 Einzelne Verformungskomponenten einer Betonprobe im Kriechversuch unter konstanter Spannung mit anschließender vollständiger Entlastung

Die Dehnungen bei Lastaufbringung lassen sich über die in Abb. 2-2 dargestellte Spannungs-Dehnungslinie beschreiben. Diese ist im Bereich geringer Spannungen durch ein linear-elastisches Verformungsverhalten gekennzeichnet ($\varepsilon_{ci}(t_0)$). Im weiteren Verlauf treten infolge plastischer Verformungen und einer Mikrorissbildung zunehmend überproportionale Dehnungen $\varepsilon_{pl}(t_0)$ auf. Der Spannungsbereich linearer Verformungen ist hierbei in hohem Maße von der Betondruckfestigkeit f_{cm} und dem Belastungsalter t_0 abhängig [Grü 01].

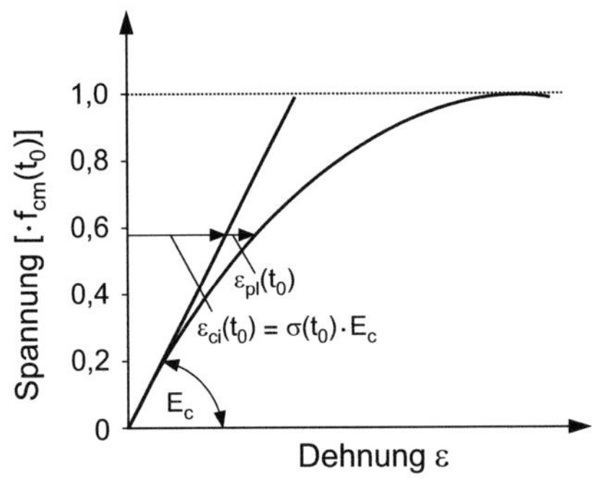

Abb. 2-2 Spannungs-Dehnungslinie von Beton unter Kurzzeitdruckbeanspruchung

Unter Kriechen von Beton wird die zeitabhängige Zunahme der Verformung unter einer konstanten Dauerlast verstanden. Nach derzeitigem Kenntnisstand verändert sich infolge der äußeren Belastung der Abstand zwischen den Zementsteinpartikeln und adsorbierte Wassermoleküle stehen unter zusätzlichen, lastabhängigen Spannungen. Zur Wiederherstellung des thermodynamischen Gleichgewichts diffundieren die Wassermoleküle zu Bereichen niederer Spannung und die Gelpartikel nähern sich einander an. Darüber hinaus finden Gleitvorgänge und eine Mikrorissbildung statt, die teilweise auf die unterschiedlichen Steifigkeiten von Zementsteinmatrix und Gesteinskörnung zurückzuführen sind. Diese, auch bei versiegelten Proben auftretenden Mechanismen sind als sogenannte Grundkriechverformung messbar. Ein mit der Belastung einhergehender Feuchteverlust steigert die Beweglichkeit der Wassermoleküle und erhöht die Kriechverformung um das sogenannte Trocknungskriechen [Fau 03, Min 81, Nev 83]. Die Verformungsgeschwindigkeit nimmt sowohl beim Grund- als auch beim Trocknungskriechen mit zunehmender Belastungsdauer ab.

In Abb. 2-1 sind des Weiteren die im Anschluss an eine vollständige Entlastung des Probekörpers auftretende sofortige elastische Rückverformung $\varepsilon_{ci}(t_e)$ sowie die mit der Entlastungsdauer zunehmende verzögert elastische Rückverformung $\varepsilon_r(t,t_0,t_e)$ dargestellt. Durch die Entlastung vergrößert sich der Abstand zwischen den einzelnen Gelpartikeln und bewirkt eine erneute Diffusion von Wassermolekülen zur Wiederherstellung des thermodynamischen Gleichgewichts. Die unter Lasteinwirkung aufgetretenen Kriechverformungen sind jedoch nicht vollständig reversibel. Dies ist auf die fortschreitende Hydratation, die Bildung von Primärbindungen zwischen einzelnen Gelpartikeln, bleibende Gleitverformungen und eine Mikrorissbildung zurückzuführen. Auch bei dieser Verformungskomponente ist mit zunehmender Entlastungsdauer ein stetiger Rückgang der Verformungsgeschwindigkeit zu beobachten.

Das in Abb. 2-1 ebenfalls eingezeichnete Schwinden $\varepsilon_{cs}(t)$ ist eine lastunabhängige Verkürzung des Betons, die sich im Wesentlichen aus zwei Verformungskomponenten zusammensetzt. Hierbei resultiert das sogenannte Grundschwinden aus dem kleineren Volumen der Hydratationsprodukte im Vergleich zum Volumen der Ausgangsstoffe sowie aus Kapillarkräften beim Wasserverbrauch während der Hydratation. Das Trocknungsschwinden entsteht durch eine Feuchteabgabe des Betons an die Umgebung. Während das Grundschwinden direkt nach der Betonherstellung einsetzt und auch an versiegelt gelagerten Proben zu beobachten ist, beginnt das Trocknungsschwinden erst mit einer möglichen Austrocknung des Probekörpers. Nähere Informationen zu den schwindrelevanten Einflussparametern finden sich beispielsweise in [Aut 98, Gru 90, Mül 02, Sch 96].

Die in dieser Arbeit durchgeführten Schwinduntersuchungen dienten allein der Trennung der Kriechverformungen von den im Versuch gemessenen Gesamtverformungen und sind nicht Bestandteil der Modellierung. Im Folgenden wird daher ausschließlich auf die für das Betonkriechen relevanten Aspekte eingegangen.

2.2 Kriechverhalten von Beton

2.2.1 Einflussparameter

Das Kriechen von Beton ist seit Jahrzehnten Gegenstand der Forschung und die Einflussparameter sind dementsprechend umfassend untersucht, siehe beispielsweise [Nev 83]. Da normalschwere Gesteinskörnungen in der Regel keine nennenswerten

Kriechverformungen aufweisen, entsteht das Kriechen des Betons vorwiegend aufgrund von Wasserumlagerungen und Gleitvorgängen in der Mikrostruktur des Zementsteins. Es ist umso geringer, je höher der Volumenanteil und die Steifigkeit der Gesteinskörnungen sind [Rüs 62].

Als frei beweglich gilt nur der Anteil von Wassermolekülen, der nicht bei der Hydratation chemisch gebunden wurde, sondern durch Oberflächenkräfte im Porensystem adsorbiert vorliegt. Folglich sinkt das Kriechen mit geringer werdendem Wassergehalt bzw. bei einer gleichzeitigen Reduktion des Wasserzementwertes mit der steigenden Festigkeit und der sinkenden Porosität des Betons. Beispielsweise in Untersuchungen von DILGER et al. [Dil 95] und SCHRAGE et al. [Sch 96] wurden jedoch auch bei hochfesten Betonen nennenswerte Kriechverformungen nachgewiesen. Dies liegt teilweise darin begründet, dass trotz der niedrigen Wasserzementwerte solcher Betone nicht das gesamte Wasser bei der Hydratation verbraucht wird [Ada 06].

Bei einer unversiegelten Lagerung der Proben bestimmt der Wassergehalt des Betons zudem die Höhe der auftretenden Trocknungskriechverformungen. Diese sind umso ausgeprägter, je höher der Wasserzementwert des Betons und je niedriger die relative Feuchte der Umgebung ist.

Sowohl das Grund- als auch das Trocknungskriechen steigen mit der Höhe der aufgebrachten Spannung und der Dauer der Lasteinwirkung sowie mit einer Erhöhung der Umgebungstemperaturen [Bud 89].

Die Höhe Kriechverformungen ist insbesondere im jungen Belastungsalter maßgeblich von der Festigkeit des Betons zu Belastungsbeginn abhängig. Deren Einfluss sinkt mit zunehmendem Belastungsalter, indem ein nur geringer Zuwachs an Betondruckfestigkeit weiterhin mit nennenswerten Unterschieden im Verformungsvermögen des Betons verbunden ist. Daher wird bei baupraktischen Kriechmodellen, die vorwiegend auf Basis von Versuchen mit höheren Belastungsaltern von mehreren Tagen bis Wochen entwickelt wurden, das Kriechen häufig über das Belastungsalter in Kombination mit der 28-Tage-Festigkeit berücksichtigt, siehe exemplarisch [ACI 08, DAf 525]. Bei, wie in dieser Arbeit schwerpunktmäßig betrachteten jungen Betonen mit Belastungsaltern von wenigen Stunden bis Tagen hängt die zeitliche Entwicklung der Festigkeit zusätzlich von der Reaktivität der Betonkomponenten, der Frischbeton- und Lagerungstemperatur sowie von der Wirkung der zugegebenen Zusatzmittel ab [Hau 04].

Festigkeitsentwicklung junger Betone

GUTSCH [Gut 99] konnte beispielsweise zeigen, dass bei steigender Frischbeton- bzw. Lagerungstemperatur die Hydratation beschleunigt wird, diese jedoch auch schneller zum Stillstand kommt. Dies liegt in der unterschiedlichen Ausbildung der CSH-Phasen begründet. Bei höheren Temperaturen bilden sich vorwiegend kurzfaserige CSH-Phasen, während sich bei niedriger Temperatur und geringer Reaktionsintensität über einen größeren Zeitraum auch langfaserige CSH-Phasen ausbilden können.

Weitere Informationen zum Einfluss unterschiedlicher Temperaturen auf die Ausbildung der Mikrostruktur wurden beispielsweise von WIHLER [Wih 03] zusammengefasst. Er beobachtete, dass unterschiedliche Lagerungstemperaturen nicht nur die zeitliche Entwicklung, sondern auch den Endwert der Betonfestigkeit beeinflussen. Bei der Herstellung von Mörtelprismen wurden die Ausgangsstoffe Zement (CEM I 42,5 R), Normsand und Wasser (w/z = 0,5) sowie die Prismenformen bis zur Temperaturkonstanz bei 5, 10, 20, 30 °C und 35 °C vorgelagert und diese Temperaturen bis zum Ausschalen nach einem Tag konstant gehalten. Anschließend folgte eine siebentägige Wasserlagerung bei 20 °C und bis zum 28. Tag eine Lagerung an Luft bei 20 °C / 65 % r. F. Die von WIHLER veröffentlichten Druckfestigkeiten sind in Abb. 2-3 wiedergegeben. Es wird deutlich, dass niedrigere Temperaturen bei der Herstellung eine verzögerte Festigkeitsentwicklung bewirken, die Festigkeiten im späteren Betonalter jedoch deutlich höher sind.

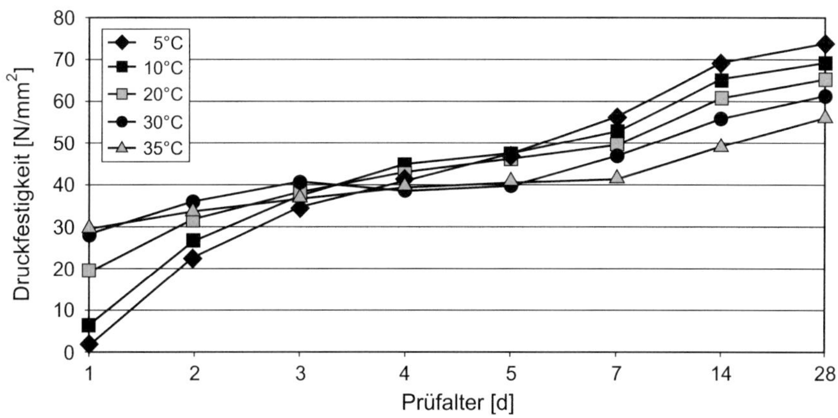

Abb. 2-3 Zeitliche Entwicklung der Druckfestigkeit von Mörtelprismen in Abhängigkeit von der Temperatur bei Herstellung [Wih 03]

Der Einfluss von Erhärtungstemperaturen ungleich 20 °C auf die Hydratationsgeschwindigkeit wird üblicherweise anhand der Reifefunktion nach FREIESLEBEN HANSEN/PEDERSEN berücksichtigt [Fre 77]. Das berechnete wirksame Alter t_{eff} kennzeichnet hierbei jene Zeitspanne, während der sich bei einer konstanten Temperatur von 20 °C derselbe Hydratationsgrad wie unter einer beliebigen Temperaturgeschichte $T(\tau)$ einstellt.

$$t_{eff} = \int_0^t \exp \frac{E_A}{R}\left[\frac{1}{293} - \frac{1}{273 + T(\tau)}\right] d\tau \qquad \textbf{(2-1)}$$

Hierin bezeichnet R die universelle Gaskonstante mit einem Wert von 8,315 J/(mol·K). Die Größe der Aktivierungsenergie E_A hängt sowohl von der chemischen Zusammensetzung und der Kornverteilung der Bindemittelkomponenten als auch von der Temperatur bzw. dem Hydratationsgrad ab [Kra 04, Sch 04]. Verschiedene Modelle zur Berechnung der Aktivierungsenergie sind beispielsweise in [Ros 01] erläutert.

Im Gegensatz zu den dargestellten Erkenntnissen von WIHLER basiert der Reifeansatz auf der Annahme, dass eine erhöhte Temperatur ausschließlich eine Beschleunigung der Reaktionsgeschwindigkeit und keine grundsätzliche Änderung der Druckfestigkeit bewirkt. Untersuchungen von HEDLUND [Hed 00] unter ständig erhöhten Temperaturen haben ebenso gezeigt, dass die Vorhersagegenauigkeit des Ansatzes deutlich abnimmt, sobald, in Abhängigkeit von der Betonart, ca. 50 - 75 % der 28-Tage-Festigkeit erreicht sind.

Der Hydratationsgrad von Beton

Insbesondere bei massigen Bauteilen, bei denen die Hydratationswärme nicht ungehindert abfließen kann, stellt sich unter anderem in Abhängigkeit der Umgebungstemperatur, der Wärmeleitfähigkeit des Betons und der Dicke des Bauteils ein instationärer, nichtlinearer Temperaturverlauf über den Querschnitt ein [Bet 10, Grü 01]. Die daraus resultierende unterschiedliche Verteilung der Festigkeiten und des Kriechvermögens über den Querschnitt lässt sich nur anhand geeigneter Finite-Elemente-Programme abbilden, siehe hierzu beispielsweise [Nie 10]. Als besonders vorteilhaft hat sich hierbei erwiesen, sowohl die zeitliche Entwicklung der Festigkeitskennwerte von Beton als auch dessen zeitabhängiges Verformungsverhalten über den Hydratationsgrad und nicht über das tatsächliche Betonalter zu beschreiben [Bre 01, DeS 97, Gut 99, Lok 98].

Zur experimentellen Bestimmung des Hydratationsgrads α_0 bedient man sich im Allgemeinen der adiabatischen Kalorimetrie [Kra 04, Spr 98]:

$$\alpha_0(t) \approx \frac{Q_{ad}(t)}{Q_{pot}} = \frac{\Delta T_{ad}(t) \cdot c_c \cdot \rho_c}{Q_{pot}} \tag{2-2}$$

Mit Q_{pot} wird die theoretische maximale Wärmefreisetzung des Betons bezeichnet. Sie berechnet sich als Summe der Wärmefreisetzungen der Zementklinkerphasen sowie aller reaktiven Zusatzstoffe. Die im Versuch freigesetzte adiabatische Wärmemenge Q_{ad} wird aus der gemessenen adiabatischen Temperaturerhöhung ΔT_{ad} bestimmt. Der Parameter ρ_c ist die im Versuch gemessene oder mittels Stoffraumgleichung berechnete Frischbetonrohdichte und c_c stellt die aus den spezifischen Wärmekapazitäten der einzelnen Betonkomponenten zu ermittelnde Gesamtwärmekapazität des Betons dar.

In der Dissertation von KRAUSS [Kra 04] findet sich ein Überblick über verschiedene Ansätze zur Beschreibung der zeitlichen Entwicklung des Hydratationsgrads sowie der Festigkeitseigenschaften von Beton. Die einzelnen Modellparameter sind durch geeignete Regressionsverfahren an Versuchsdaten anzupassen, eine Übertragbarkeit dieser Werte auf andere Betone ist im Allgemeinen nicht gegeben.

In der vorliegenden Arbeit wurde das zeitabhängige Verhalten von Beton an Zylinderproben mit einem Durchmesser von 15 cm und einer Höhe von 45 cm untersucht. Temperaturaufzeichnungen haben hierbei gezeigt, dass sich die hydratationsbedingte Erwärmung der Proben auf ca. 25 °C auf die ersten 24 bis 32 Stunden nach der Herstellung beschränkt. Für die Modellierung wurde daher auf die Bestimmung des Hydratationsgrades verzichtet und die beobachteten Streuungen der Betonfestigkeit stattdessen über ein eigens definiertes wahres Belastungsalter t_{0w} eingeführt, siehe Kapitel 5.

2.2.2 Zeitliche Entwicklung des Kriechens

Bei der praktischen Durchführung von Kriechuntersuchungen ist der Messzeitraum im Allgemeinen auf wenige Monate bis Jahre begrenzt und die rechnerischen Endwerte der Kriechverformungen werden über eine Extrapolation der Versuchsdaten abgeschätzt. Die Wahl einer geeigneten Zeitfunktion ist daher ein zentraler Punkt der Modellbildung.

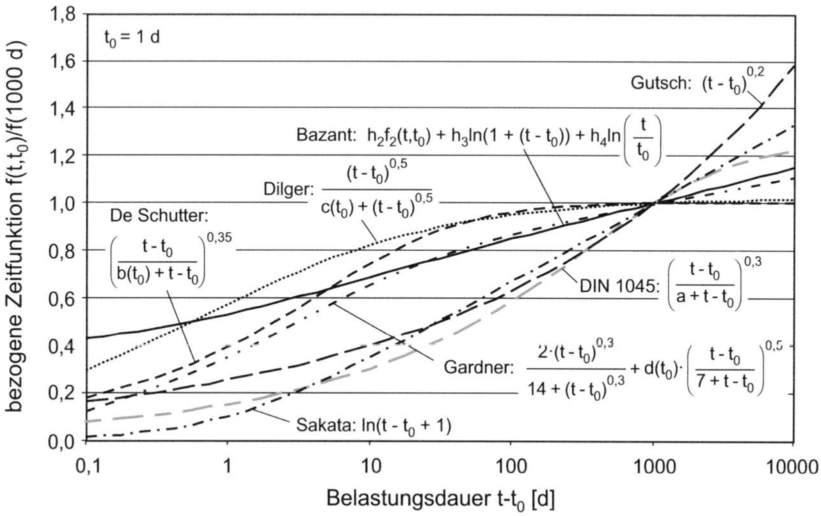

Abb. 2-4 Zeitliche Entwicklung des Grundkriechens für das Belastungsalter t_0 von 1 d. Der zu einem beliebigen Zeitpunkt berechnete Wert der Zeitfunktion $f(t,t_0)$ ist stets auf den Wert der Zeitfunktion nach einer Belastungsdauer t-t_0 = 1000 d bezogen

Obige Abb. 2-4 zeigt exemplarisch die Zeitfunktionen verschiedener Autoren zur Beschreibung des Grundkriechens. Es wird deutlich, dass neben dem genauen zeitlichen Verlauf auch die Frage nach dem Endwert des Kriechens nicht endgültig geklärt ist. Gemäß BAZANT et al. [Baz 95] und SAKATA et al. [Sak 04], deren Modelle auf Basis von Langzeitversuchen von mehreren Jahren entwickelt wurden, strebt das Kriechen keinem Endwert entgegen und die zeitliche Entwicklung wird über logarithmische

Funktionen beschrieben. Dementgegen basieren die ebenfalls anhand von Langzeituntersuchungen entwickelten Modelle von DILGER et al. [Dil 97], GARDNER [Gar 01a] und in der DIN 1045-1 [Daf 525, Mül 02] auf Hyperbelfunktionen, die je nach mathematischer Formulierung unterschiedlich rasch einem Endwert entgegenstreben, siehe hierzu auch [LeR 96]. Die Modelle von GUTSCH [Gut 99] und DE SCHUTTER et al. [DeS 97] wurden explizit für junge Betone entwickelt, wobei ausschließlich Messdaten über einen kürzeren Zeitraum von mehreren Tagen bis Wochen vorlagen. Eine statistisch abgesicherte Abbildung des Langzeitkriechens stand nicht im Vordergrund, wodurch die starken Unterschiede in der gewählten Zeitfunktion begründet sind.

Welche Zeitfunktion zur Extrapolation von Versuchsdaten heranzuziehen ist, wurde bereits in den 80er Jahren kontrovers diskutiert [Baz 82, Baz 82a, Hil 83]. Da Kriechverformungen mit begrenzter Messdauer oft keine eindeutige Tendenz hinsichtlich des weiteren zeitlichen Verlaufs erkennen lassen, ist diese Frage voraussichtlich nur auf Basis experimenteller Untersuchungen der genauen physikalischen Mechanismen des Kriechens zu klären. Diese Untersuchungen stehen bis heute aus, sodass eine Evaluierung der Zeitfunktionen bezüglich der korrekten Vorhersage der Endkriechverformung nicht möglich ist.

2.2.3 Nichtlinearität des Kriechens

2.2.3.1 Definitionen

Sowohl die sofortige Verformung bei Lastaufbringung als auch die zeitlich veränderlichen Kriechverformungen sind maßgebliche Eingangsparameter in die Bemessung von Betonbauteilen. Zur Berechnung der lastabhängigen Verformungen unter einer konstanten Spannung $\sigma(t_0)$ werden diese üblicherweise in der sogenannten Kriechfunktion $J(t,t_0)$ zusammengefasst.

$$\varepsilon_{c\sigma}(t,t_0) = \sigma(t_0) \cdot J(t,t_0) = \sigma(t_0) \cdot \left[\frac{1}{E_c(t_0)} + \frac{\varphi(t,t_0)}{E_{c28}}\right] \quad \textbf{(2-3)}$$

mit der Kriechzahl

$$\varphi(t,t_0) = \frac{\varepsilon_{cc}(t,t_0)}{\varepsilon_{ci,28}} = \varepsilon_{cc}(t,t_0) \cdot \frac{E_{c28}}{\sigma(t_0)} \quad \textbf{(2-4)}$$

Mit $E_c(t_0)$ und E_{c28} sind die Tangentenmoduln im Belastungsalter t_0 bzw. im Alter von 28 Tagen bezeichnet. Die Kriechzahl berechnet sich somit als Verhältnis zwischen der zu einem bestimmten Zeitpunkt t gemessenen Kriechverformung ε_{cc} und der elastischen Dehnung $\varepsilon_{ci,28}$ desselben Betons im Alter von 28 Tagen. In der hier angegebenen Form wird die Kriechzahl φ beispielsweise bei der Bemessung gemäß DIN 1045-1 verwendet. Es finden sich jedoch auch Ansätze, in denen die Kriechzahl über das Verhältnis zwischen Kriechverformung und elastischer Dehnung zu Belastungsbeginn t_0 definiert ist [ACI 92, Gut 99].

Einen direkten Vergleich des Kriechvermögens verschiedener Betone ermöglicht ebenfalls das sogenannte Kriechmaß $\bar{\varepsilon}_{cc}(t,t_0)$, bei dem die Kriechverformung ε_{cc} auf die kriecherzeugende Spannung σ bezogen wird.

$$\bar{\varepsilon}_{cc}(t,t_0) = \frac{\varepsilon_{cc}(t,t_0)}{\sigma(t_0)} \tag{2-5}$$

2.2.3.2 Nichtlinearität des Kriechens unter konstanten Spannungen

Die Grundlage verschiedener Kriechansätze bildet die Annahme eines proportionalen Zusammenhangs zwischen Kriechverformung ε_{cc} und aufgebrachter Spannung σ, siehe exemplarisch [Baz 95, Dil 97, DAf 525, Gar 01]. Bei einer vereinfachten Vorhersage des Kriechens im Bereich der Gebrauchsspannungen mit Belastungsgraden $\bar{\sigma}$ bis ca. 40 - 45 % der Kurzzeitdruckfestigkeit bei Belastungsbeginn spiegeln diese linearen Ansätze die Realität mit ausreichender Genauigkeit wider. Versuchsdaten aus der Literatur haben jedoch gezeigt, dass bereits innerhalb des Gebrauchsspannungsbereichs mit ansteigender Spannung ein überproportionales Wachstum der Kriechverformungen zu beobachten ist [Ald 78]. Der in Abb. 2-5 mit Punkt A markierte Übergang zwischen linearem und nichtlinearem Kriechen hängt dabei maßgeblich von der Betondruckfestigkeit f_{cm} zu Beginn der Belastung ab.

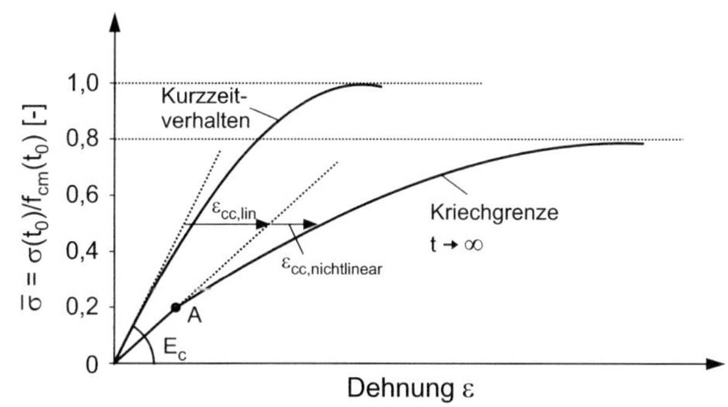

Abb. 2-5 Abhängigkeit der Überproportionalität des Kriechens vom Belastungsgrad

Zur Quantifizierung der Nichtlinearität und zum besseren Vergleich von Versuchsdaten unterschiedlicher Autoren wird häufig der sogenannte Nichtlinearitätsindex n herangezogen.

$$n(t-t_0) = \frac{\bar{\varepsilon}_{cc}(\bar{\sigma}_2, t-t_0)}{\bar{\varepsilon}_{cc}(\bar{\sigma}_1, t-t_0)} \quad \text{mit} \quad \bar{\sigma}_2 \geq \bar{\sigma}_1 \tag{2-6}$$

Der Wert $\bar{\varepsilon}_{cc}(\bar{\sigma}_2, t-t_0)$ ist das nach einer bestimmten Belastungsdauer $t-t_0$ unter einem Belastungsgrad $\bar{\sigma}_2$ gemessene Kriechmaß. Entsprechend der Ordinate in Abb. 2-5 berechnet sich der Belastungsgrad aus dem Verhältnis zwischen der im Versuch aufgebrachten Spannung σ und der Druckfestigkeit f_{cm} zu Belastungsbeginn t_0.

Als Basis dient das Kriechmaß $\bar{\varepsilon}_{cc}(\bar{\sigma}_1, t-t_0)$ unter dem Belastungsgrad $\bar{\sigma}_1$, bis zu dem gerade noch ein lineares Kriechverhalten zu beobachten ist, siehe Punkt A in Abb. 2-5.

Der in Abb. 2-6 links angegebene Nichtlinearitätsindex *n* wurde von ROTTLER [Rot 98] aus den Verformungen eines hochfesten Betons mit einer Würfeldruckfestigkeit von ca. 85 N/mm^2 berechnet. Als Basis diente ein Belastungsgrad $\bar{\sigma}_1$ von 0,2. Das Schaubild verdeutlicht die hohe Abhängigkeit des Indexes vom Belastungsgrad $\bar{\sigma}_2$ und der Belastungsdauer $t-t_0$. Im Vergleich mit weiteren Versuchsreihen beobachtete ROTTLER zusätzlich einen Einfluss der Betongüte, des Belastungsalters und der Lagerungsbedingungen.

Versuche von MÜLLER et al. [Mül 09] an einem ultra-hochfesten Beton der Druckfestigkeit von 166 N/mm^2 zeigten jedoch, dass der von ROTTLER ermittelte Abfall des Nichtlinearitätsindexes mit ansteigender Belastungsdauer nicht verallgemeinert werden kann, siehe Abb. 2-6 rechts. Für die Bestimmung des Nichtlinearitätsindexes wurden Kriechversuche an unversiegelten Proben (Klima 20 °C/ 65 % r. F.) mit unterschiedlichen Belastungsaltern t_0 unter einem Belastungsgrad $\bar{\sigma}_2$ von 0,6 durchgeführt. Als Basis dienten die entsprechenden Verformungen unter einem Belastungsgrad $\bar{\sigma}_1$ von 0,3. Im Gegensatz zu den Verläufen für die Belastungsalter von 1 d und 3 d ist für das Belastungsalter von 28 d ein Anstieg des Nichtlinearitätsindexes mit der Belastungsdauer zu beobachten. Das Auftreten uneinheitlicher zeitlicher Verläufe des Nichtlinearitätsindexes bestätigte sich des Weiteren in Kriechversuchen von KVITSEL [Kvi 10] an Leichtbetonen unterschiedlicher Druckfestigkeit.

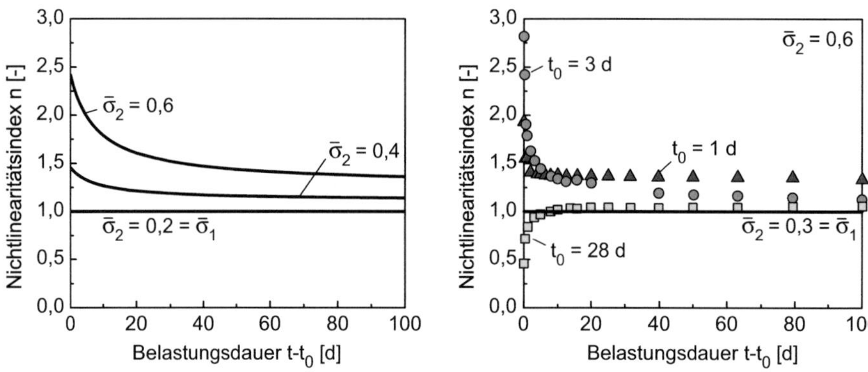

Abb. 2-6 Größe des Nichtlinearitätsindexes in Abhängigkeit von der Belastungsdauer und dem Belastungsgrad. Versuche von ROTTLER [Rot 98] (links) und von MÜLLER et al. [Mül 09] (rechts)

Die Überproportionalität des Kriechens berücksichtigen verschiedene Bemessungsansätze in der Literatur, wobei insbesondere der Spannungsbereich linearer Kriechverformungen sehr uneinheitlich definiert ist. In den Versuchen von ROTTLER wurde ein nichtlineares Verformungsverhalten bereits ab Belastungsgraden von ca. 0,2 beobachtet. Die Bemessungsmodelle in den MODEL CODES von 1990 [CEB 213] bzw. 2010

[Fib 55] ziehen die Linearitätsgrenze bei einem Belastungsgrad von 0,4. MÜLLER [Mül 86] und DE SCHUTTER et al. [DeS 97] hingegen verzichten auf die Definition eines Grenzwertes und beschreiben eine mit dem Belastungsgrad stetig ansteigende Überproportionalität des Kriechens.

2.2.3.3 Nichtlinearität des Kriechens unter veränderlichen Spannungen

In Versuchen unter veränderlichen Spannungen war zu beobachten, dass die gemessenen Kriechverformungen nicht nur von der Höhe der zum betrachteten Zeitpunkt aufgebrachten Spannung, sondern von der gesamten vorangegangenen Lastgeschichte abhängig sind. Die Nichtlinearität des Kriechens zeigt sich in diesem Zusammenhang im Vergleich zwischen gemessenen und berechneten Verformungen. Sie hängt folglich nicht nur vom Verformungsverhalten des jeweiligen Betons, sondern auch vom gewählten Berechnungsverfahren ab.

Bei der baupraktischen Verformungsvorhersage wird im Allgemeinen auf das Superpositionsprinzip von BOLTZMANN [Bol 76] zurückgegriffen, das von MCHENRY [McH 43] erstmals auf Beton übertragen wurde.

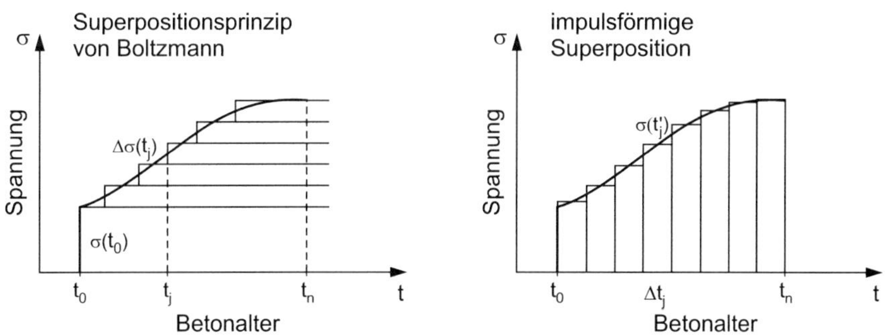

Abb. 2-7 Annäherung eines veränderlichen Spannungsverlaufs durch horizontale (links) oder vertikale (rechts) Spannungsinkremente zur Anwendung des Superpositionsprinzips von BOLTZMANN bzw. der impulsförmigen Superposition

Zur Veranschaulichung dieses Prinzips dient der in Abb. 2-7 links angegebene veränderliche Spannungsverlauf. Hierbei wird der Beton im Betonalter t_0 mit einer Spannung $\sigma(t_0)$ belastet und der nachfolgende Spannungsverlauf durch eine horizontale Überlagerung von Spannungsinkrementen $\Delta\sigma(t_j)$ angenähert. Die daraus zu einem beliebigen Zeitpunkt $t = t_n$ entstehenden lastabhängigen Verformungen berechnen sich über die folgende Riemann-Summe:

$$\varepsilon_{c\sigma}(t) = \sigma(t_0)J(t,t_0) + \sum_{j=1}^{n} \Delta\sigma(t_j) \cdot J(t,t_j) \tag{2-7}$$

Für beliebig kleine Spannungsinkremente lässt sich Gl. 2-7 in ein Volterra-Integral überführen:

$$\varepsilon_{c\sigma}(t) = \sigma(t_0)J(t,t_0) + \int_{t_0}^{t} \frac{d\sigma(\tau)}{d\tau} J(t,\tau)d\tau \qquad \textbf{(2-8)}$$

Grundlegende Voraussetzung für die Anwendbarkeit des Superpositionsprinzips von BOLTZMANN ist die Annahme eines linearen Zusammenhangs zwischen Kriechverformung und aufgebrachter Spannung. Infolge der hohen Spannungsabhängigkeit des Kriechens sind daher bei der Verwendung linearer Kriechmodelle deutliche Unterschiede zwischen Versuch und Vorhersage zu beobachten [Baz 89a, Gar 04, Rot 98].

Abb. 2-8 zeigt hierzu exemplarisch zwei Spannungsgeschichten mit einer unterschiedlich hohen zweiten Laststufe. Durch die in Kapitel 2.2.3.2 beschriebene Überproportionalität des Kriechens werden insbesondere bei hohen Spannungen in der zweiten Laststufe die tatsächlichen Verformungen durch die Superposition unterschätzt, siehe Abb. 2-8 rechts. Bei geringeren Spannungen in der zweiten Laststufe hingegen überwiegt der zusätzliche Einfluss der Vorlast auf die weitere Entwicklung der Kriechverformungen. Das deutlich reduzierte Kriechvermögen in der zweiten Laststufe ist in der Fachliteratur auch unter dem Begriff der spannungsabhängigen Alterung bekannt. Eine genaue Trennung der Einflüsse aus Spannungshöhe und Spannungsgeschichte ist im Mehrstufenversuch nicht möglich. Die in Abb. 2-8 angegebenen Spannungen stellen daher nur grobe Anhaltswerte dar.

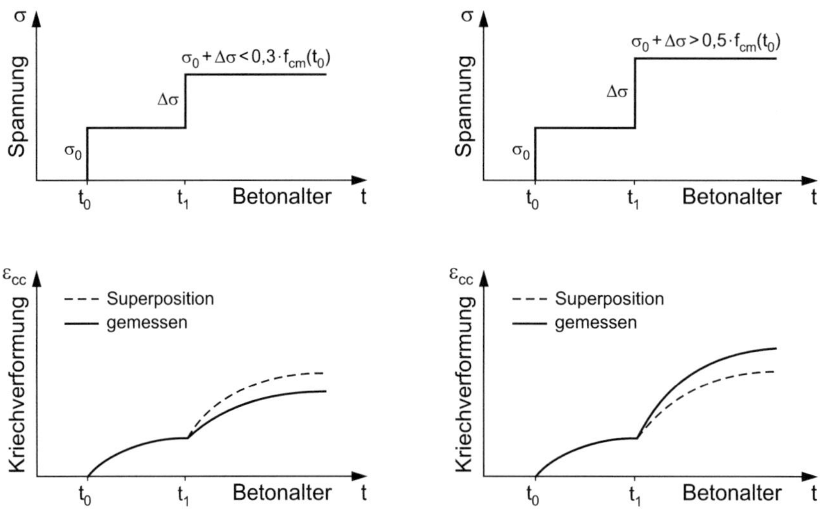

Abb. 2-8 Spannungsabhängige Ungenauigkeit der Vorhersage bei Verwendung lineare Kriechansätze in Kombination mit dem Superpositionsprinzip nach BOLTZMANN, in Anlehnung an [CEB 199]

BAZANT et al. [Baz 89a] konnten beispielsweise zeigen, dass die Vorhersagegenauigkeit bei Mehrstufenversuchen durch die Berücksichtigung der Überproportionalität des Kriechens signifikant verbessert werden kann. Die zusätzliche Einführung eines von der Vorlast abhängigen Alterungsindexes erwies sich bei ROTTLER [Rot 98] hingegen als nicht zielführend.

Für diese nichtlinearen Kriechmodelle besitzt das Superpositionsprinzip von BOLTZMANN keine Gültigkeit. Besser geeignet ist die impulsförmige Superposition, bei der gemäß Abb. 2-7 rechts die Zeitachse in einzelne Zeitintervalle unterteilt und der Spannungsverlauf durch vertikale Spannungsimpulse angenähert wird. Die Spannung $\sigma(t_j')$ entspricht in erster Näherung der im Zeitintervall Δt_j wirkenden mittleren Spannung. Eine zu einem beliebigen Zeitpunkt $t = t_n$ auftretende Dehnung berechnet sich zu:

$$\varepsilon_{c\sigma}(t) = \sigma(t)J(t,t_n) + \sum_{j=0}^{n-1} \sigma(t_j')[J(t,t_j) - J(t,t_{j+1})] \tag{2-9}$$

bzw. bei beliebig kleinen Zeitintervallen zu:

$$\varepsilon_{c\sigma}(t) = \sigma(t)J(t,t) + \int_{t_0}^{t} \frac{dJ(t,\tau)}{d\tau}\sigma(\tau)d\tau \tag{2-10}$$

Lastabhängige Entwicklung der Betonfestigkeit

Als mögliche Ursache der spannungsabhängigen Alterung wird vermutet, dass sich die Gel- und Kristallstruktur des Zementsteins unter Druckbeanspruchung anders ausbildet als im ungestörten Zustand. Weiterhin ist bei Kriechverformungen unter Druckbeanspruchung eine innere Vorspannung des Zementsteins denkbar, die dem Auftreten von Gefügeschäden infolge Schwindens entgegen wirkt [Stö 67]. Eine experimentelle Bestätigung der einzelnen Mechanismen steht bis heute aus. Anhand verschiedener Untersuchungen wurde jedoch geprüft, ob sich eine veränderte Mikrostruktur in einer Veränderung der Festigkeitsentwicklung niederschlägt.

Umfangreiche Untersuchungen zum Einfluss des Belastungsgrads $\bar{\sigma}$, des Belastungsalters t_0 und der Belastungsdauer $t - t_0$ auf die Festigkeitsentwicklung von Beton führte STÖCKL [Stö 67] an versiegelt gelagerten Betonen mit Druckfestigkeiten zwischen 12 und 60 N/mm^2 durch. Nach Belastungsdauern von bis zu 196 Tagen wurden die Festigkeiten der belasteten Probekörper mit den Festigkeiten entsprechend gelagerter unbelasteter Probekörper verglichen. Der Einfluss auf die Festigkeitsentwicklung stieg sowohl mit der Höhe als auch der Dauer der Belastung und war für jüngere Belastungsalter besonders ausgeprägt. Der in Abb. 2-9 dargestellte Druckfestigkeitsanstieg zwischen ca. 2,5 % und 18 % wird jedoch nach Angaben des Autors nur teilweise durch andere Versuchsdaten aus der Literatur bestätigt und kann daher nicht verallgemeinert werden.

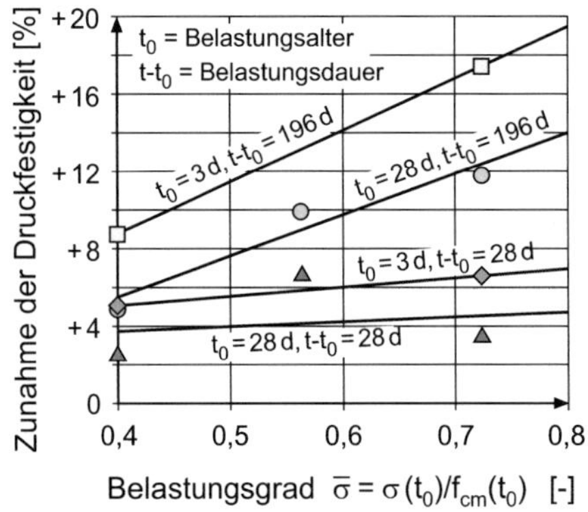

Abb. 2-9 Einfluss des Belastungsalters, der Belastungsdauer und der Belastungshöhe auf die Druckfestigkeit [Stö 67]

Eine tendenzielle Zunahme der Druckfestigkeit infolge einer äußeren Belastung bestätigte sich ebenfalls bei Versuchen von NECHVATAL et al. [Nec 94] und PERSSON [Per 98]. Ein eindeutiger Einfluss bestimmter Versuchsparameter ist jedoch nicht zu erkennen. Auch ROTTLER [Rot 98] stellte keinen klaren Zusammenhang zwischen Druckfestigkeitsgewinn und den Versuchsparametern Belastungsalter, Belastungsdauer, Belastungsgrad und der Betongüte fest. Für die Entwicklung der folgenden Formel zur Abschätzung der Druckfestigkeit nach einer Lasteinwirkung wurden daher von ROTTLER zusätzlich Daten aus der Literatur herangezogen.

$$f_{cm}(t,t_0,\bar{\sigma}_0) = f_{cm}(t) \cdot (t-t_0)^{0{,}03\bar{\sigma}_0} \qquad \text{für } t-t_0 < 1000 \text{ d} \tag{2-11}$$

Hierin beschreibt der Belastungsgrad $\bar{\sigma}_0$ die Höhe der aufgebrachten konstanten Spannung bezogen auf die Druckfestigkeit des Betons bei Belastungsbeginn t_0, wobei die Gültigkeit des Modells auf Belastungsgrade bis 0,45 begrenzt ist. Der Wert $f_{cm}(t)$ entspricht der Druckfestigkeit unbelasteter Begleitproben. Aufgrund der Berücksichtigung verschiedener Literaturdaten ermöglicht Gl. 2-11 lediglich eine Abschätzung der zu erwartenden Druckfestigkeitsentwicklung einzelner Betone. Sie fand daher auch bei ROTTLER keinen Eingang in die Vorhersage von Kriechverformungen in Mehrstufenversuchen.

Verzögert elastische Rückverformung

Wie bereits in Kapitel 2.1 erläutert, ist im Anschluss an die vollständige Entlastung eines Bauteils eine mit der Zeit zunehmende verzögert elastische Rückverformung ε_r zu beobachten. Die Berechnung dieser, auch als Rückkriechen bezeichneten Verformungskomponente, erfolgt in der Baupraxis häufig anhand des Superpositionsprinzips von BOLTZMANN. In Anlehnung an Abb. 2-8 entspricht die zugehörige Lastgeschichte einem Mehrstufenversuch, in dem die Spannung ab dem Betonalter t_1 über $\Delta\sigma = -\sigma_0$

zu Null gesetzt wird. Im Allgemeinen überschätzt die Vorhersage mittels Superpositionsprinzip die tatsächlich im Versuch auftretenden Rückverformungen, sodass auch hier eine gewisse Art der Nichtlinearität vorliegen muss [Baz 89a, CEB 199].

Im Rahmen einer umfassenden Literatursichtung wurde von MÜLLER [Mül 86] bei normalfesten Betonen ein überwiegend linearer Zusammenhang zwischen der im Kriechversuch aufgebrachten Spannung und der Höhe der anschließenden verzögert elastischen Rückverformung festgestellt. Untersuchungen von ROTTLER [Rot 98] an einem hochfesten Beton (A) mit einer Zylinderdruckfestigkeit von ca. 70 N/mm^2 und einem normalfesten Beton (B) mit einer Festigkeit von ca. 30 N/mm^2 konnten dies jedoch nur bedingt bestätigen. Abb. 2-10 zeigt exemplarisch das Rückkriechmaß $\bar{\varepsilon}_r$ versiegelt gelagerter Proben, die im Alter t_0 von 1 d bzw. 3 d für mindestens 100 d unter verschiedenen Belastungsgraden $\bar{\sigma}$ belastet wurden. Das Rückkriechmaß berechnet sich hierbei in Anlehnung an Gl. 2-5 aus den Rückkriechverformungen nach einer Entlastungsdauer $t - t_e$ von 100 Tagen und der zuvor aufgebrachten Spannung. Beim normalfesten Beton B mit einem Belastungsalter von 1 d und beim hochfesten Beton A mit einem Belastungsalter von 3 d war eine deutliche Überproportionalität des Rückkriechens zu beobachten. Die des Weiteren dargestellten Versuchsergebnisse zeigen ein nahezu lineares Rückkriechverhalten. Somit weisen die Versuche von ROTTLER auf eine eventuell vorhandene Nichtlinearität der verzögert elastischen Rückverformung hin, eindeutige Aussagen bezüglich des Einflusses der Betonfestigkeit und des Belastungsalters sind jedoch nicht möglich.

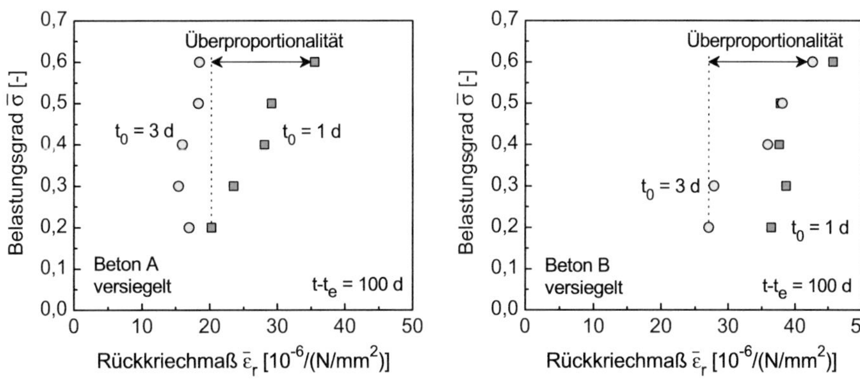

Abb. 2-10 Rückkriechmaß der Betone A (links) und B (rechts) in Abhängigkeit vom Belastungsgrad und dem Belastungsalter nach einer Entlastungsdauer von 100 d [Rot 98]

Bestätigt wird diese uneinheitliche Tendenz durch die Untersuchungen von NECHVATAL et al. [Nec 94] und PERSSON [Per 98] anhand derer ebenfalls keine gesicherte Aussage bezüglich eines nichtlinearen Zusammenhangs zwischen Spannung und verzögert elastischer Rückverformung möglich ist.

Neben einer unzureichenden Genauigkeit der Verformungsberechnung wird anhand einiger Kriechmodelle eine Dehnungsumkehr der verzögert elastischen Rückverformung vorhergesagt, siehe Abb. 2-11. Beispiel hierfür ist der Ansatz in der DIN 1045-1 [DAf 525]. Eine im Rahmen dieser Arbeit durchgeführte Parameterstudie hat gezeigt, dass die Dehnungsumkehr umso früher auftritt, je jünger der Beton zum Belastungszeitpunkt t_0 und je kürzer die Belastungsdauer $t_1 - t_0$ ist. Auch bei hohen Belastungsaltern kann eine Dehnungsumkehr nicht vollständig vermieden werden, sie tritt lediglich zu einem späteren Zeitpunkt auf. Diese Modellschwäche liegt in der Divergenz der bei der Superposition verwendeten Kriechkurven mit den unterschiedlichen Belastungsaltern t_0 und t_1 begründet. Sie tritt nicht auf, sobald die Kriechfunktion J der in Abb. 2-11 rechts angegebenen mathematischen Bedingung genügt.

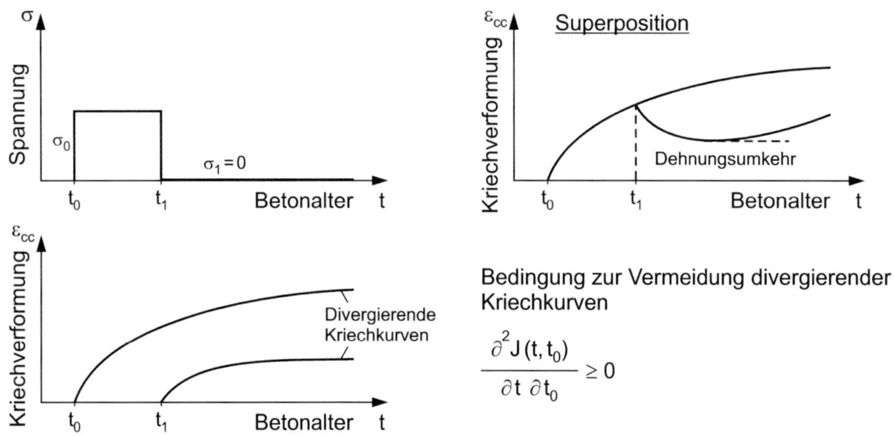

$$\frac{\partial^2 J(t, t_0)}{\partial t \, \partial t_0} \geq 0$$

Abb. 2-11 Vorhersage einer Dehnungsumkehr der verzögert elastischen Rückverformung infolge der Divergenz der zur Superposition herangezogenen Kriechkurven, nach [Baz 85]

Eine alternative Vorgehensweise zur Vermeidung einer Dehnungsumkehr wird von YUE und TAERWE [Yue 93] verfolgt. Für den Fall von abnehmenden Spannungen bzw. einer vollständigen Entlastung im Kriechversuch führen sie in ihrer Two-Function Method eine eigens entwickelte lineare Rückkriechfunktion ein. Dieses Vorgehen ermöglicht eine optimale und in Bezug auf die Dehnungsumkehr widerspruchsfreie Anpassung an die Versuchsdaten. Das gesamte Stoffgesetz ist jedoch inkonsistent, da die Spannungs-Dehnungsbeziehung und damit die Materialkennwerte des Betons in Abhängigkeit der Spannungsgeschichte unterschiedlich definiert sind. Aus diesem Grund wird ein solcher Grundansatz im Rahmen dieser Arbeit nicht weiterverfolgt.

2.3 Relaxationsverhalten von Beton

Wie bereits erläutert, resultiert die Belastung eines Bauteils aus Beton in einer mit der Zeit beständig zunehmenden Verformung. In der Baupraxis kann sich infolge der Einbindung des Bauteils in das statische System des gesamten Bauwerks, die Verformung jedoch nicht ungehindert einstellen. Die hieraus entstehenden Zwangspannungen bewirken Verformungsmechanismen in der Mikrostruktur, die sowohl einen weiteren Verformungszuwachs infolge Kriechens als auch einen gleichzeitig auftretenden, relaxationsbedingten Spannungsabbau zur Folge haben.

Unter dem Begriff der Relaxation versteht man allgemein den zeitabhängigen Abfall der Spannung in einem Probekörper unter einer konstanten Dehnung. Entsprechend Abb. 2-12 links wird der Beton zu Beginn eines Relaxationsversuchs mit einer Anfangsdehnung $\varepsilon_{c\sigma}(t_0)$ auf Druck belastet. Unter der Annahme konstanter Temperaturbedingungen treten zusätzlich zu dieser Dehnung lastunabhängige, mit der Zeit zunehmende Schwindverformungen ε_{cs} auf. Da diese per Definition keine relaxationsbedingten Spannungsänderungen erzeugen, ist die Anfangsdehnung über die gesamte Versuchsdauer um die lastunabhängigen Verformungen zu korrigieren.

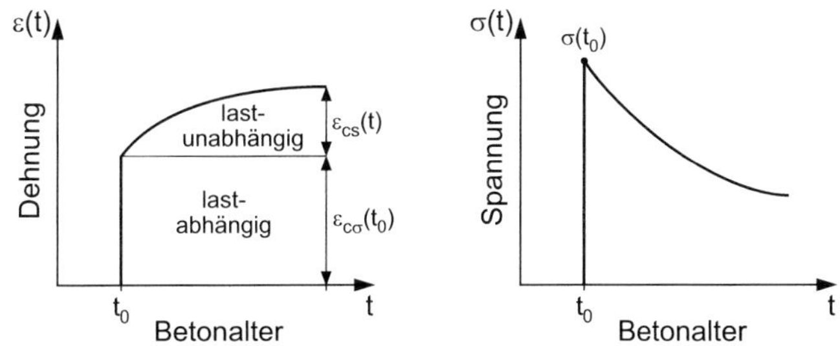

Abb. 2-12 Dehnungsgeschichte im Relaxationsversuch (links) sowie der daraus resultierende relaxationsbedingte Spannungsabfall (rechts)

Das Aufbringen konstanter Dehnungen sowie die Korrektur um die lastunabhängigen Verformungen stellen hohe Anforderungen an die Regelung von Relaxationsständen und entsprechend wenige Relaxationsdaten sind in der Literatur veröffentlicht. Nach ersten Einzeluntersuchungen von ROSS [Ros 58] und HANSON [Han 53], die jedoch keine Rückschlüsse auf verschiedene Einflussparameter auf das Relaxationsverhalten von Beton erlauben, wurde ein umfassendes Versuchsprogramm von ROSTASY, TEICHEN und ENGELKE [Ros 72] durchgeführt.

Als Referenz (Reihe O) diente ein Normalbeton mit einer Würfeldruckfestigkeit von ca. 45 N/mm^2 und einem w/z-Wert von 0,56. Im Anschluss an eine 7-tägige Nachbehandlung in der Nebelkammer lagerten die unversiegelten Proben unter einer Temperatur von 20 °C und einer relativen Feuchte von 65 %. Mischung L enthielt zusätzlich einen Luftporenbildner, wodurch zur Einstellung der gleichen Konsistenz und einer vergleichbaren Druckfestigkeit der Wasserzementwert auf 0,41 zu verringern war. Die

Mischungen LS und LF entsprachen in der Zusammensetzung dem Referenzbeton, die Proben der Reihe LF wurden jedoch dauernd feucht gehalten und an der Reihe LS wurde der Einfluss einer Vorlast auf das Relaxationsverhalten untersucht.

Die Belastung der Probenserien O, L und LF erfolgte im Alter t_0 von 28 d mit einer Anfangsspannung von 20 % der Würfeldruckfestigkeit. Bei der Reihe LS wurde im Betonalter von 2 d eine Vorlast von 2 % der Würfeldruckfestigkeit nach 28 d aufgebracht und diese im Alter von 7 d und 28 d auf 6 % bzw. 20 % erhöht.

Abb. 2-13 links veranschaulicht die zeitliche Entwicklung der Spannungen $\sigma(t)$ in Bezug auf die zu Versuchsbeginn aufgebrachte Spannung $\sigma(t_0)$. Den raschesten Spannungsabfall und damit das größte Relaxationsvermögen zeigte der Referenzbeton O. Sowohl die Verringerung des Wasserzementwertes (trotz künstlich eingebrachter Luftporen von 5 Vol.-%) als auch die ständige Feuchtlagerung und das Aufbringen einer Vorlast führten zu einem langsameren Spannungsabfall. Die sich einander annähernden Kurvenverläufe nach sehr langen Belastungsdauern $t - t_0$ lassen jedoch darauf schließen, dass die einzelnen Versuchsparameter zwar den jeweiligen Relaxationsverlauf beeinflussen, der maximale Spannungsabfall davon aber unberührt bleibt.

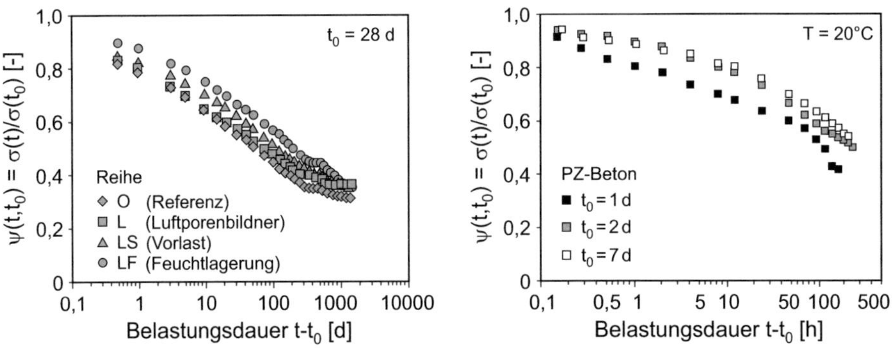

Abb. 2-13 Zeitliche Entwicklung des Spannungsabfalls infolge Relaxation. Versuche von ROSTASY et al. [Ros 72] und Druckbeanspruchung (links) sowie Versuche von GUTSCH [Gut 99] unter Zugbeanspruchung (rechts)

Langzeitversuche zum Relaxationsvermögen bei sehr hohen Belastungsaltern wurden von TROST et al. [Tro 78] an zwei nahezu 40 Jahre alten, unversiegelten Betonen mit einer Druckfestigkeit zu Versuchsbeginn von 38 N/mm^2 bzw. 51 N/mm^2 durchgeführt. Der beobachtete Spannungsabfall nach einer Belastungsdauer von über 300 Tagen auf nahezu 60 % der zu Versuchsbeginn aufgebrachten Druckspannung unterstreicht das auch im hohen Alter nicht vernachlässigbare Relaxationsverhalten von Beton.

BASTGEN [Bas 79] untersuchte in seinem umfassenden Versuchsprogramm zum Kurzzeitrelaxationsverhalten Normalbetone mit w/z-Werten von 0,4, 0,5 und 0,6 unter verschiedenen Belastungsgraden mit Belastungsaltern von 2 d, 7 d und 28 d. In weiteren Versuchsreihen wurde bei konstantem Leimgehalt die normalschwere Gesteinskörnung durch eine leichte Liaporgesteinskörnung ersetzt bzw. wurden drei Mörtelmischungen mit den oben aufgeführten w/z-Werten hergestellt. Während der fünftägigen Belastungsdauer entwickelten sich in den versiegelten Probekörpern keine nennenswerten Schwindverformungen, sodass auf die Korrektur der lastunabhängigen Verformungen im Versuchsstand verzichtet wurde.

BASTGEN beobachtete eine ausgeprägte Abhängigkeit des Relaxationsvermögens vom Belastungsalter t_0. Dies belegen die in Tab. 2-1 angegebenen Relaxationszahlen ψ sowohl für den untersuchten Mörtel als auch die beiden Betone. Ihre Berechnung erfolgte gemäß den Angaben auf der Ordinate in Abb. 2-13 für Versuche unter einem Belastungsgrad $\bar{\sigma}$ von 0,33 nach einer Belastungsdauer von 5 d. Demnach betrug die Druckspannung im Normalbeton zum Ende des Versuchs nur noch 47,5 % der zum Belastungsalter von 2 d aufgebrachten Anfangsspannung. Mit zunehmendem Belastungsalter nahm das Relaxationsvermögen deutlich ab. Dieselbe prinzipielle Abhängigkeit zeigten sowohl der Leichtbeton als auch die Mörtelmischung, wobei der Mörtel das größte Relaxationsvermögen aufwies.

Im Vergleich von Versuchen unter verschiedenen Belastungsgraden war zusätzlich ein mit dem Belastungsgrad ansteigendes, überproportionales Relaxationsvermögen zu beobachten. Der w/z-Wert und damit die zwischen 20 und 52 N/mm^2 angegebenen Betondruckfestigkeiten im Alter von 28 Tagen beeinflussten die Höhe des Spannungsverlustes jedoch nicht die zeitliche Entwicklung der Relaxationszahl.

Tab. 2-1 Relaxationszahl $\psi(t,t_0)$ verschiedener Betone nach einer Belastungsdauer von 5 d unter einem Belastungsgrad $\bar{\sigma}$ von 0,33 [Bas 79]

Belastungsalter t_0	Mörtel	Normalbeton	Leichtbeton
2	0,266	0,475	0,574
7	0,540	0,590	0,675
28	0,650	0,696	0,771

Ein speziell auf das Spannungs-Verformungsverhalten junger Betone unter Zugbeanspruchung ausgerichtetes Versuchsprogramm wurde von GUTSCH [Gut 99] durchgeführt. Er ermittelte unter anderem die in obiger Abb. 2-13 rechts dargestellten Spannungsverläufe für die Belastungsalter t_0 von 1 d, 2 d und 7 d an einem versiegelt gelagerten Portlandzementbeton mit einer Druckfestigkeit von ca. 34 N/mm^2. Sie verdeutlichen insbesondere im Vergleich mit den Daten von ROSTASY et al. das hohe Relaxationsvermögen von im jungen Alter belasteten Betonen. Infolge der kurzen Messdauern von ca. 10 d sind genaue Angaben zur weiteren zeitlichen Entwicklung nicht möglich. Der Einfluss des Belastungsgrads wurde anhand von zusätzlichen Relaxationsversuchen unter sehr hohen Anfangsspannungen von bis zu 90 % der Zugfestigkeit zu Belastungsbeginn sowie unter variablen Dehnungsgeschichten untersucht. Hierbei war keine eindeutige Nichtlinearität der Relaxation unter Zugbeanspruchung festzustellen.

2.4 Zusammenfassung

Das zeit- und lastabhängige Kriechverhalten von Beton ist sowohl von verschiedenen betontechnologischen Parametern als auch von der Probengeometrie und den Lagerungsbedingungen abhängig. Es entsteht vorwiegend aufgrund von Gleitprozessen und Wasserumlagerungen in der Mikrostruktur und wird somit des Weiteren vom Hydratationsgrad des Zementsteins bzw. dem Belastungsalter beeinflusst. Bis heute ungeklärt ist die Frage nach der genauen zeitlichen Entwicklung und der Existenz eines definierten Endwertes des Kriechens. Daher basieren die Kriechmodelle in der Literatur auf den verschiedensten mathematischen Funktionen mit entsprechenden Unterschieden in der Vorhersage der Kriechverformungen nach sehr langen Belastungsdauern.

Die zu einem bestimmten Zeitpunkt gemessenen Kriechverformungen sind sowohl von der Höhe der aufgebrachten Spannung als auch von der vorangehenden Spannungsgeschichte abhängig. Dies äußert sich zum einen in einer mit der Spannung ansteigenden Überproportionalität der Verformungen. Hierbei spiegelt im Bereich der Gebrauchsspannungen die Annahme eines linearen Kriechverhaltens die Realität im Allgemeinen mit ausreichender Genauigkeit wider. Der Übergang vom linearen zum überproportionalen Kriechverhalten hängt maßgeblich von der Betondruckfestigkeit ab. Zum anderen ist infolge der sogenannten spannungsabhängigen Alterung nach einer Spannungserhöhung eine Reduktion des Kriechvermögens im Vergleich zu einer Erstbelastung zu beobachten. Dieses ausgeprägt spannungsabhängige Betonverhalten ist nur über nichtlinear formulierte Kriechmodelle abbildbar. Weiterhin sind hinsichtlich der Zeitabhängigkeit des Kriechens bestimmte mathematische Bedingungen einzuhalten. Ansonsten wird beispielsweise bei der Berechnung der verzögert elastischen Rückverformung eine Dehnungsumkehr vorhergesagt.

Unter Relaxation versteht man den zeitabhängigen Spannungsabfall in einem Probekörper unter konstanter Dehnung. Beim Werkstoff Beton resultieren sowohl das Kriechen als auch die Relaxation aus denselben Mechanismen in der Mikrostruktur. Untersuchungen des Relaxationsverhaltens stellen hohe Anforderungen an die Versuchstechnik und entsprechend wenige Versuchsdaten sind in der Literatur veröffentlicht. Die im folgenden Kapitel vorgestellten Modelle zur Vorhersage der Relaxation basieren daher vorwiegend auf theoretischen Überlegungen, die, von wenigen Ausnahmen abgesehen, nicht anhand von Versuchsdaten optimiert wurden.

Kapitel 3
Ansätze zur Vorhersage des Kriechens und der Relaxation

Der nachfolgende zweite Teil der Literatursichtung beschäftigt sich mit verschiedenen Ansätzen zur Beschreibung des Kriech- und Relaxationsverhaltens von Beton. Diese teils auf empirischem Wege hergeleiteten, teils auf rheologischen Feder- und Dämpferelementen basierenden Modelle bieten verschiedene Möglichkeiten der Erfassung des nichtlinearen Verformungsverhaltens. Die Erarbeitung der Vor- und Nachteile der einzelnen Modelle bildet die Grundlage für die Wahl des Grundansatzes des im Rahmen der vorliegenden Arbeit entwickelten Kriechmodells.

3.1 Grundlagen der rheologischen Modellierung

Ziel der vorliegenden Arbeit ist die Entwicklung eines rheologischen Modells, das sowohl das Kriech- als auch das Relaxationsverhalten von Beton physikalisch widerspruchsfrei zu beschreiben vermag. Grundsätzlich sind für die Entwicklung von Modellen zwei verschiedene Vorgehensweisen denkbar. Bei rein empirischen Modellen werden die einzelnen Einflussparameter aus den vorliegenden Messdaten herausgearbeitet und über frei gewählte Funktionen miteinander verknüpft. Die darin enthaltenen unbestimmten Modellparameter werden anschließend über eine Regressionsanalyse möglichst genau an die Versuchsdaten angepasst.

Insbesondere für die Berücksichtigung des zeitabhängigen Betonverhaltens in Finite-Elemente-Programmen haben sich jedoch Modelle bewährt, deren Funktionen aus verschiedenen rheologischen Grundelementen entwickelt wurden [Baz 89b, Kra 99]. Das in Abb. 3-1 dargestellte einzelne Federelement dient im Allgemeinen der Beschreibung der Werkstoffelastizität und das Dämpferelement der Abbildung viskoser Verformungen. Im Fall eines linear-elastischen Verhaltens und einer konstanten Viskosität werden die beiden Elemente als Hookesche Feder bzw. als Newtonscher Dämpfer bezeichnet. Die Reihenschaltung und die Parallelschaltung dieser beiden Grundelemente sind in der Fachliteratur als Maxwellmodell bzw. Kelvinmodell bekannt.

Zur Charakterisierung der einzelnen Modelle ist neben dem Stoffgesetz das Spannungs-Dehnungs-Zeitverhalten im Kriechversuch mit anschließender Entlastung sowie im Relaxationsversuch unter konstanter Dehnung angegeben. Vereinfachend werden konstante Feder- und Dämpferkennwerte angenommen, das heißt, sogenannte nichtalternde Werkstoffe betrachtet. Die entsprechenden Stoffgesetze mit zeitlich veränderlichen Kennwerten sind beispielsweise in [Hil 87] veröffentlicht.

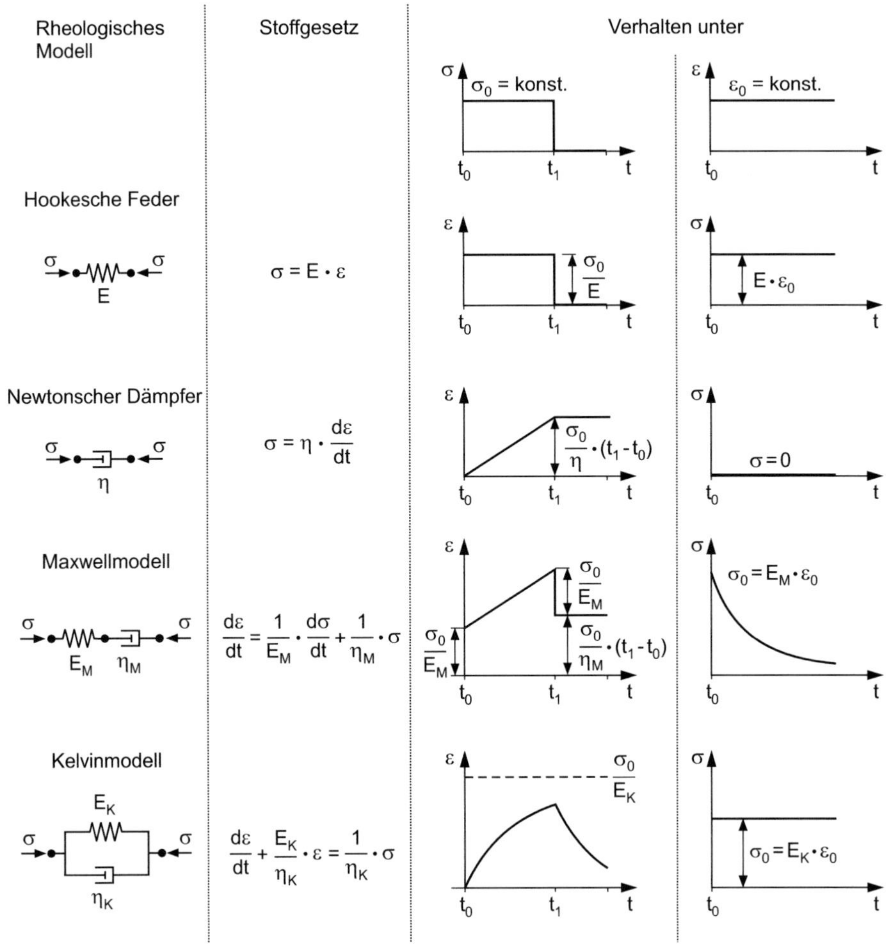

Abb. 3-1 Stoffgesetz und Spannungs-Dehnungs-Zeitverhalten verschiedener rheologischer Elemente [Tro 66]

Das Maxwellmodell eignet sich insbesondere zur Beschreibung des Spannungsabfalls infolge Relaxation, eine Vorhersage der verzögert elastischen Rückverformung ist jedoch nicht möglich. Dementgegen erlaubt das Kelvinmodell eine korrekte Beschreibung der Kriechverformungen unter Dauerlast bzw. einer daran anschließenden vollständigen Entlastung. Allerdings wird der Spannungsabfall infolge Relaxation zu Null vorhergesagt. Eine realitätsnahe Beschreibung des komplexen zeit- und lastabhängigen Verhaltens von Beton ist folglich nur über eine Kombination aus verschiedenen rheologischen Modellen möglich, siehe Kapitel 3.3.3. Das zugehörige Stoffgesetz lautet in allgemeiner Form:

$$\sum_{i=1}^{n} a_i \cdot \frac{d^i \varepsilon}{(dt)^i} = \sum_{k=1}^{m} b_k \cdot \frac{d^k \sigma}{(dt)^k} \qquad \textbf{(3-1)}$$

Die Materialkennwerte a_i und b_k stellen den Elastizitätsmodul der Feder, die Dämpferviskosität oder algebraische Verknüpfungen beider Kennwerte dar. Nach Wahl eines geeigneten Modells werden diese durch Regression an die vorliegenden Versuchsdaten angepasst.

Für die thermodynamisch widerspruchsfreie Formulierung eines rheologischen Modells haben die Federsteifigkeit und die Dämpferviskosität den folgenden Bedingungen zu genügen:

$$E(t) \geq 0 \text{ und } \eta(t) \geq 0 \qquad \textbf{(3-2)}$$

und

$$dE(t)/(dt) \geq 0 \text{ und } d\eta(t)/(dt) \geq 0 \qquad \textbf{(3-3)}$$

Durch Einhaltung der Bedingungen in Gl. 3-2 ist gewährleistet, dass die Spannungen und die auftretenden Verformungen stets dasselbe Vorzeichen besitzen. Die Bedingungen in Gl. 3-3 gelten für alternde Materialien, deren Steifigkeit und Viskosität mit der Zeit zunehmen. Eine Reduktion der Kennwerte durch eine innere Schädigung des Materials findet keine Berücksichtigung. Weitere grundlegende Zusammenhänge sind beispielweise in [Tro 66] und [Baz 89b] beschrieben.

3.2 Vorhersage der Relaxation

Wie bereits in Kapitel 2.3 erläutert, basieren sowohl die Kriechverformungen von Beton als auch der Spannungsabfall infolge Relaxation auf denselben Mechanismen in der Mikrostruktur. Ziel verschiedener Forschungsarbeiten aus der Literatur war daher die Herleitung der Relaxation aus den für das Kriechen entwickelten Stoffgesetzen. Einen möglichen Ansatz bildet die in Kapitel 2.2.3.3 aus dem Superpositionsprinzip von BOLTZMANN entwickelte Gl. 2-8. Ist die Kriechfunktion bekannt, können die Verformungen unter veränderlichen Spannungen leicht berechnet werden. Ist jedoch bei bekannter Kriechfunktion umgekehrt nur die Verformungs- bzw. Dehnungsgeschichte bekannt, so ist die Berechnung des Spannungsverlaufs nicht trivial. Der unbekannte Spannungsverlauf steht im Integralkern, wodurch Gl. 2-8 zu einer Volterra'schen Integralgleichung wird, die nur für Sonderfälle geschlossen lösbar ist.

Analog zu Gl. 2-8 kann bei einer vorgegebenen Dehnungsgeschichte die Lösung nach dem zeitabhängigen Spannungsverlauf $\sigma(t)$ anhand der nachstehend aufgeführten Integralgleichung angegeben werden [Flü 67]:

$$\sigma(t) = \int_{t_0}^{t} R(t,\tau) \cdot \frac{\partial \varepsilon(\tau)}{\partial \tau} d\tau \tag{3-4}$$

Deren Lösung erfordert neben der bekannten Dehnungsgeschichte die Kenntnis der sogenannten Relaxationsfunktion $R(t,\tau)$, also die umfassende Beschreibung des Relaxationsverhaltens. Ist diese in Ermangelung von Versuchen nicht bekannt, muss sie aus Gl. 2-8 ermittelt werden. Hierbei ist eine geschlossene Lösung nur unter bestimmten Voraussetzungen hinsichtlich der mathematischen Formulierung des eingesetzten Kriechmodells möglich. Diese Voraussetzungen erfüllt beispielsweise das Stoffgesetz von DISCHINGER [Dis 37, Dis 39], einer der ersten Ansätze für die Berücksichtigung des Kriechens und der Relaxation bei der Bemessung von Stahlbetonkonstruktionen. Darin wird das Kriechen über die Kriechzahl φ ausgedrückt, deren Endwert φ_∞ nach einer Belastungsdauer von ca. 3 bis 5 Jahren erreicht ist.

$$\varphi(t,t_j) = \varphi_\infty[1 - e^{-(t-t_j)}] \tag{3-5}$$

Unter veränderlichen Spannungen bewirkt eine zum Zeitpunkt t_j aufgebrachte Spannungsstufe $\Delta\sigma_j$ die Dehnungsänderung:

$$\Delta\varepsilon_j = \frac{\Delta\sigma_j}{E_0} \cdot \varphi(t,t_j) = \frac{\Delta\sigma_j}{E_0}[\varphi(t,t_0) - \varphi(t_j,t_0)] \tag{3-6}$$

Neben dem Superpositionsprinzip von BOLTZMANN basiert Gl. 3-6 auf den in Abb. 3-2 dargestellten WHITNEYschen Idealkurven [Whi 32], bei denen der Einfluss des Belastungsalters und der Belastungsdauer über dieselbe Funktion beschrieben wird.

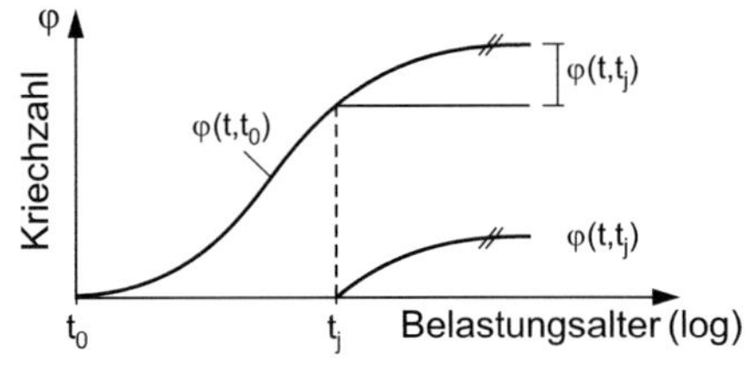

Abb. 3-2 WHITNEYsche Idealkurven, in Anlehnung an [Whi 32]

Das von DISCHINGER hergeleitete Stoffgesetz zum Spannungs-Dehnungs-Zeitverhalten von Beton entspricht der in Abb. 3-1 angegebenen Differenzialgleichung eines Maxwellmodells:

$$\frac{d\varepsilon}{dt} = \frac{1}{E_0} \cdot \frac{d\sigma(t)}{dt} + \frac{\sigma(t)}{E_0} \cdot \frac{d\varphi(t,t_i)}{dt} \tag{3-7}$$

Der Parameter E_0 beschreibt den Elastizitätsmodul zum Zeitpunkt der Erstbelastung. Eine hydratationsbedingte Änderung der Steifigkeit wird somit in diesem ersten Modell noch nicht berücksichtigt.

Unter Verwendung der Gleichungen 3-5 und 3-6 ist Gl. 3-7 für den Lastfall Relaxation mit der Anfangsspannung $\sigma(t_0) = \sigma_0$ direkt lösbar:

$$\sigma(t) = \sigma_0 \cdot e^{-\varphi(t,t_0)} \qquad \textbf{(3-8)}$$

Einen entsprechenden Ansatz entwickelte WITTMANN [Wit 71]. Im Gegensatz zur oben angegebenen Differenzialgleichung von DISCHINGER basiert dessen Herleitung jedoch auf einem stoffmechanisch nicht korrekten Ableitungsweg.

Anhand von Versuchsdaten konnten ROSTASY et al. [Ros 72] zeigen, dass der Ansatz in Gl. 3-8 den Spannungsabfall in vielen Fällen deutlich überschätzt. Eine Verbesserung der Vorhersage wird erreicht, wenn gemäß NIELSEN [Nie 70] anstelle des konstanten Elastizitätsmoduls E_0 ein altersabhängiger fiktiver Elastizitätsmodul angesetzt wird.

Die grundlegende Schwäche des Ansatzes von DISCHINGER besteht in der unterstellten Gültigkeit der WHITNEYschen Idealkurven, anhand derer die Abhängigkeit der Kriechverformungen vom Belastungsalter nicht zutreffend beschrieben werden kann [Sch 72, Tro 67]. Heute gängige Kriechmodelle entkoppeln daher im Allgemeinen den Einfluss des Belastungsalters und der Belastungsdauer auf die Höhe der Kriechverformungen.

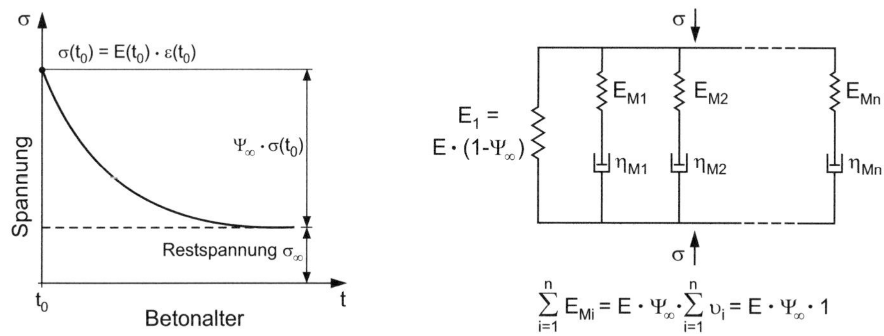

Abb. 3-3 Modellansatz nach TROST [Tro 66] zur Berechnung der Relaxation

TROST [Tro 66] entwickelte seinen Ansatz zur Berechnung der Relaxation direkt aus der in Abb. 3-3 angegebenen Parallelschaltung von n Maxwellelementen und einem Einzelfederelement deren mechanische Kennwerte altersunabhängig formuliert sind:

$$\sigma(t) = E \cdot \varepsilon(t) \cdot \left\{ 1 - \Psi_\infty \sum_{i=1}^{n} \upsilon_i \left[1 - \frac{T_{Mi}}{t}(1 - e^{-t/T_{Mi}}) \right] \right\} \qquad \textbf{(3-9)}$$

Die Dämpferviskosität η_{Mi} und die Federsteifigkeit E_{Mi} des i-ten Maxwellelements sind über die Relaxationszeit $T_{Mi} = \eta_{Mi}/E_{Mi}$ verknüpft, bei der der Spannungsabfall des jeweiligen Elements den 0,632-fachen Endwert erreicht. υ_i ist ein Wichtungsfaktor und die Relaxationszahl berechnet sich anhand der Endkriechzahl φ_∞ zu $\Psi_\infty = \varphi_\infty/(1+\varphi_\infty)$.

Durch eine geeignete Wahl der Feder- und Dämpferkennwerte lässt sich der Spannungsverlauf in Gl. 3-9 an beliebige Versuchsdaten anpassen. Da dies infolge der komplexen Formulierung des Ansatzes sehr aufwendig ist, gibt TROST in [Tro 67] eine für die baupraktische Berechnung hilfreiche Approximation an:

$$\sigma(t) = \left\{\varepsilon(t) - \frac{\sigma(t_0)}{E_{c28}} \cdot [1+\varphi(t,t_0)]\right\} \cdot \frac{E_{c28}}{1+\rho(t,t_0)\varphi(t,t_0)} + \sigma(t_0) \qquad \textbf{(3-10)}$$

Die Ermittlung der Relaxationskennzahl $\rho(t,t_0)$ erfolgte durch numerische Auswertung des Gl. 3-10 zugrunde liegenden Superpositionsprinzips von BOLTZMANN, wobei im verwendeten Kriechmodell die Schwäche der WHITNEYschen Idealkurven hinsichtlich der Abhängigkeit des Kriechens vom Belastungsalter korrigiert wurde. Vergleichende Berechnungen mit der Theorie nach DISCHINGER bzw. der von TROST anhand von rheologischen Modellen aufgestellten Viskoelastizitätstheorie (vgl. Gl. 3-9) resultierten in einer ähnlichen zeitlichen Entwicklung des Spannungsabfalls. Beträchtliche Unterschiede bestehen jedoch in der Größe des ermittelten Spannungsabfalls und es war festzustellen, dass die Güte der Spannungsvorhersage insbesondere von einer verlässlichen Modellierung des Kriechens in Abhängigkeit vom Belastungsalter bestimmt wird.

Die Größe der Relaxationskennzahl variiert in Abhängigkeit vom Belastungsalter t_0 zwischen 0,5 und 1,0 und kann in der Baupraxis mit hinreichender Genauigkeit konstant zu $\rho = 0{,}8$ angenommen werden. Der Parameter E_{c28} beschreibt den Tangentenmodul im Alter von 28 d.

Der Faktor im Produkt von Gl. 3-10 entspricht dem sogenannten wirksamen Elastizitätsmodul E_{eff}, anhand dessen das Spannungs-Dehnungs-Zeitverhalten von Beton auf ein rein elastisches Verformungsverhalten reduziert werden kann.

$$E_{eff} = \frac{E_{c28}}{1+\rho(t,t_0)\varphi(t,t_0)} \qquad \textbf{(3-11)}$$

Dieses, von BAZANT [Baz 72] als „Age-Adjusted Effective Modulus Method“ auf anderem Wege hergeleitete Konzept, ist für die baupraktische Anwendung im Allgemeinen hinreichend genau. Bei Tragwerken unter stark veränderlichen Spannungen sollte gemäß CHIORINO und SASSONE allerdings auf andere Bemessungsansätze zurückgegriffen werden [Chi 05, Sas 05].

Im Gegensatz zum relativ einfachen Modell von DISCHINGER sind die heute gängigen Kriechansätze so komplex, dass eine Überführung der Kriechfunktion in die Relaxationsfunktion in mathematisch geschlossener Form nicht möglich ist. Als Alternative zu den von TROST und BAZANT angegebenen Näherungsfunktionen erlaubt der Einsatz moderner Computertechnik jedoch eine Lösung über numerische Berechnungsverfahren [Baz 89b, Baz 74, CEB 142]. Verschiedene, teilweise auch im Rahmen der vorliegenden Arbeit durchgeführte Studien haben gezeigt, dass je nach mathematischer Formulierung der Kriechfunktion bei der numerischen Überführung in die Relaxationsfunktion ein physikalisch nicht begründbarer Vorzeichenwechsel im Spannungsverlauf vorhergesagt wird. Erfahrungsgemäß verringert sich die Gefahr eines Vorzeichenwechsels, wenn die Kriechkurven verschiedener Belastungsalter nicht divergieren [Baz 85, Baz 85a, Lar 03, Wes 99], siehe Kapitel 2.2.3.3.

3.3 Vorhersage des Kriechens

3.3.1 Einleitung

Auch in der vorliegenden Arbeit erfolgt die Überführung des Kriechens in die Relaxation auf numerischem Weg. Die Entwicklung des hierfür verwendeten Kriechansatzes basiert auf einer umfassenden Überprüfung verschiedener Modelle aus der Literatur hinsichtlich der widerspruchsfreien Vorhersage des Kriech- und Relaxationsverhaltens.

Nach einer kurzen Einführung in den allgemeinen Aufbau von Kriechmodellen werden in diesem Kapitel unter anderem die rheologischen Modelle von BAZANT [Baz 89] und MÜLLER [Mül 86] vorgestellt. Diese wurden nicht explizit für junge Betone entwickelt, das grundlegende Ziel der Modellierung war die Berücksichtigung des komplexen nichtlinearen Verformungsverhaltens von Beton bei einer gleichzeitigen thermodynamisch korrekten Formulierung der gewählten rheologischen Elemente. Nach den Aussagen der Autoren ermöglichen sie zudem eine widerspruchsfreie Vorhersage der Relaxation und bieten damit eine exzellente Grundlage für das in diesem Forschungsprojekt entwickelte Kriechmodell für junge Betone. Weitere rheologische Modelle, in denen das nichtlineare Verhalten von Beton jedoch keine Berücksichtigung findet, sind beispielsweise in [Hag 02, Ume 94] veröffentlicht. In Kapitel 3.3.4 werden des Weiteren speziell für junge Betone entwickelte Modelle vorgestellt. Ihre Herleitung erfolgte auf rein empirischem Wege, sie beinhalten teilweise jedoch interessante Lösungsansätze für eine widerspruchsfreie Vorhersage der Relaxation.

3.3.2 Grundlegender Aufbau von Kriechmodellen

Sämtliche bisher entwickelten Kriechmodelle lassen sich in Abhängigkeit ihrer mathematischen Formulierung sogenannten Produkt- oder Summationsansätzen zuordnen [CEB 199]. Gemäß der ursprünglichen Definition des Summationsansatzes spaltet sich die Kriechzahl in einen reversiblen verzögert elastischen Anteil φ_v und einen irreversiblen Fließanteil φ_f auf:

$$\varphi(t,t_0) = \varphi_v(t,t_0) + [\varphi_f(t) - \varphi_f(t_0)] \qquad \textbf{(3-12)}$$

In Anlehnung an die WHITNEYschen Idealkurven [Whi 32] werden sowohl der Einfluss des Belastungsalters t_0 auf das Fließen als auch dessen zeitlicher Verlauf über dieselbe Funktion beschrieben. Dies führt, wie auch bei DISCHINGER [Dis 37], zu einer deutlichen Unterschätzung der Kriechverformungen von Betonen mit hohem Belastungsalter [Mül 86]. Ein solcher Ansatztyp liegt beispielsweise dem Modell der nicht mehr gültigen DIN 4227 zur Bemessung von Spannbetonbauteilen zugrunde.

Unabhängig von der mathematischen Form der zeitabhängigen Funktionen sind im heutigen Sprachgebrauch unter einem Summationsansatz all die Modelle zusammengefasst, bei denen einzelne Verformungskomponenten zu einer Gesamtverformung aufaddiert werden. Relativ komplexe Modelle wie beispielsweise von MÜLLER [Mül 86] oder BAZANT [Baz 89] unterscheiden zwischen verzögert elastischen Verformungen sowie Fließverformungen und berücksichtigen zusätzlich das Grund- und Trocknungskriechen versiegelt bzw. unversiegelt gelagerter Probekörper.

Beim Produktansatz sind die Funktion zur Berücksichtigung des Einflusses des Belastungsalters $g(t_0)$ und die Zeitfunktion $f(t-t_0)$ multiplikativ miteinander verknüpft. Die Funktionen h_i beinhalten weitere, von der Zeit unabhängige Einflussgrößen auf die Kriechzahl.

$$\varphi(t,t_0) = g(t_0) \cdot \ldots h_i \ldots \cdot f(t-t_0) \qquad \textbf{(3-13)}$$

Um den unterschiedlichen physikalischen Mechanismen des Kriechens Rechnung zu tragen, wird dieser Ansatztyp heutzutage oft zur Beschreibung der einzelnen Verformungskomponenten von Summationsansätzen herangezogen. Beispiel für eine solche Mischform aus Produkt- und Summationsansätzen ist das Kriechmodell in der DIN 1045-1 [DAf 525].

Weitere in der Baupraxis angewandte Vorhersageverfahren sind beispielsweise in [ACI 08, CEB 213, Fib 55, Gar 04a, Sak 04] veröffentlicht. Es handelt sich hierbei jedoch ausschließlich um rein empirische und nicht auf Basis von rheologischen Modellen entwickelte Ansätze. Aus diesem Grund werden sie im Rahmen der vorliegenden Arbeit nicht näher behandelt.

3.3.3 Rheologische Kriechmodelle

Modell von MÜLLER

MÜLLER [Mül 86] beschreibt mit seinem Summationsansatz die zeit- und lastabhängigen Verformungen ε_{cc} normalfester Betone, wobei sowohl zwischen reversiblen und irreversiblen Verformungsanteilen als auch zwischen Grund- und Trocknungskriechverformungen unterschieden wird.

$$\varepsilon_{cc}(t,t_0) = \varepsilon_v(t,t_0) + \varepsilon_{f,g}(t,t_0) + \varepsilon_{f,tr}(t,t_0,\bar{\sigma}) \qquad \textbf{(3-14)}$$

Der gewählte lineare Ansatz für die verzögert elastische Verformung $\varepsilon_v(t,t_0)$ basiert auf einer Reihenschaltung von fünf Kelvinelementen mit alternden Feder- und Dämpferkennwerten, deren Einzelverformungen über die Parameter n_i, a_i und b festgelegt sind, siehe Abb. 3-4.

$$\varepsilon_v(t,t_0) = \sigma \cdot h_1 \cdot h_2 \cdot g_1(t_0) \cdot f_1(t,t_0) \qquad \textbf{(3-15)}$$

$$\text{mit } f_1(t,t_0) = \sum_{i=1}^{5} n_i \cdot \left[1 - e^{-a_i(t^b - t_0^b)}\right]$$

Ein experimenteller Nachweis des der verzögert elastischen Verformung zugrunde liegenden genauen physikalischen Mechanismus steht bis heute aus. Sie resultiert jedoch vermutlich aus einer teilweise reversiblen Umlagerung von Wassermolekülen zur Herstellung eines Gleichgewichtszustands im Spannungsfeld in der Mikrostruktur eines Probekörpers. Vor diesem Hintergrund geht MÜLLER von einem Endwert der verzögert elastischen Verformung aus. Deren genaue zeitliche Entwicklung hängt sowohl von der Belastungsdauer $t - t_0$ als auch vom Belastungsalter t_0 ab, siehe die Funktion $f_1(t,t_0)$.

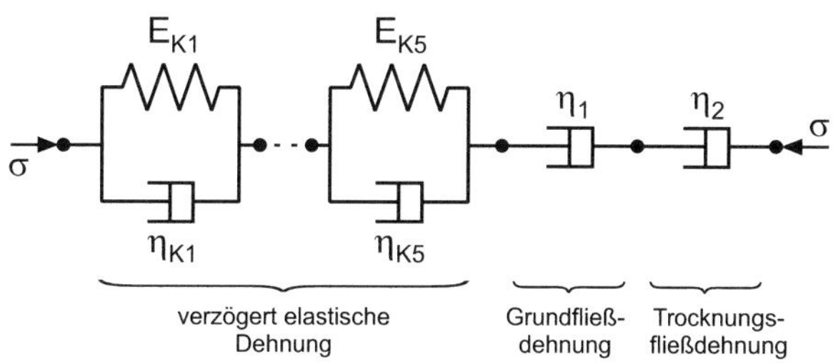

Abb. 3-4 Rheologisches Modell von MÜLLER zur Beschreibung des zeit- und lastabhängigen Verformungsverhaltens von Beton [Mül 86]

Infolge grundlegender Unterschiede im zeitlichen Verlauf werden die irreversible Grundfließverformung $\varepsilon_{f,g}(t,t_0)$ versiegelter Probekörper und die zusätzliche Trocknungsfließverformung $\varepsilon_{f,tr}(t,t_0,\bar{\sigma})$ unversiegelter Proben über zwei separate Ansätze beschrieben. Sie entsprechen jeweils den Verformungen eines rheologischen Dämpferelements.

$$\varepsilon_{f,g}(t,t_0) = \sigma \cdot h_3 \cdot h_4 \cdot f_2(t,t_0) \qquad \textbf{(3-16)}$$

$$\text{mit } f_2(t,t_0) = \ln\left[\left(\frac{1}{b_1} + g_2(t_0)\right) \cdot (t - t_0)^{b_2} + 1\right]$$

$$\varepsilon_{f,tr}(t,t_0,\bar{\sigma}) = \sigma \cdot h_5 \cdot h_6 \cdot h_7(t,t_0,\bar{\sigma}) \cdot g_3(t_0) \cdot f_3(t,t_0) \qquad \textbf{(3-17)}$$

$$\text{mit } f_3(t,t_0) = \left(\frac{t - t_0}{d_1 + t - t_0}\right)^{0,4}$$

Das Grundfließen resultiert gemäß heutigen Vorstellungen aus irreversiblen Gleit- und Bruchprozessen in der Mikrostruktur, der experimentelle Nachweis steht jedoch auch hier noch aus. Die logarithmische Zeitfunktion f_2 in Gl. 3-16, die auch nach langen Belastungsdauern keinem Endwert entgegenstrebt, wurde auf Basis von Langzeituntersuchungen aus der Literatur mit Belastungsdauern von mehreren Monaten bis Jahren entwickelt.

Das Trocknungsfließen ist abgeschlossen, sobald sich ein Feuchtegleichgewicht zwischen Probekörper und Umgebungsluft eingestellt hat. Als Zeitfunktion $f_3(t,t_0)$ wählt MÜLLER folglich eine endliche, rein von der Belastungsdauer $t - t_0$ abhängige Hyperbelfunktion. Die Parameter h_i, b_i und d_1 in den Gleichungen 3-15 bis 3-17 sind von der Betonzusammensetzung, der Probengeometrie und den klimatischen Bedingungen abhängig. Die Abnahme des Kriechvermögens mit zunehmendem Belastungsalter t_0 ist durch die verschiedenen Alterungsfunktionen $g_i(t_0)$ berücksichtigt. Über die Funktion h_7 wird die in Kapitel 2.2.3.2 erläuterte Überproportionalität des Kriechens unter erhöhten Spannungen σ ausschließlich dem Trocknungsfließen zugewiesen. Zusätzliche Einflussparameter sind neben dem Belastungsgrad $\bar{\sigma}$, die Belastungsdauer $t - t_0$ sowie der Wasserzementwert und die Bauteilabmessungen.

Das Modell besitzt ab einem Belastungsalter von einem Tag Gültigkeit. Eine von MÜLLER durchgeführte Überprüfung des Modells ergab, dass nur für sehr junge Belastungsalter $t_0 < 1{,}023\ \text{d}$, in Abhängigkeit von der Größe des Parameters a_i die Bedingung der kontinuierlichen Alterung der Federelemente der Kelvinreihe nicht erfüllt ist, siehe Kapitel 3.1. Innerhalb des sonstigen Gültigkeitsbereichs werden sowohl die Kriechverformungen unter konstanten und veränderlichen Spannungen als auch das Relaxationsverhalten widerspruchsfrei vorhergesagt.

Modell von BAZANT

Die sogenannte „Solidification Theory" von BAZANT basiert auf der Annahme konstanter zeitunabhängiger Materialeigenschaften der Hydratationsprodukte in der Mikrostruktur. Jegliche sich mit zunehmendem Alter ändernden lastabhängigen Eigenschaften des Betons auf Makroebene resultieren daher ausschließlich aus der stetigen Volumenzunahme der Hydratationsprodukte [Baz 77, Baz 89]. Entsprechend einem Summationsansatz unterscheidet BAZANT zwischen verzögert elastischen Verformungen und Fließverformungen und leitet diese aus einer Reihe von n Kelvinelementen mit jeweils konstanten Feder- und Dämpferkennwerten her, siehe Abb. 3-5. Die Anzahl n der betrachteten Kelvinelemente kann hierbei individuell an die Belastungsdauer des betrachteten Kriechversuchs angepasst werden [Baz 89a].

Ausgehend von der Solidification Theory entwickelte BAZANT das für die baupraktische Anwendung geeignete Vorhersagemodell B3 [Baz 91, Baz 95]. Für Belastungsalter $t_0 \geq 1$ Tag berechnen sich die zeit- und lastabhängigen Verformungen versiegelter Probekörper damit wie folgt:

$$\varepsilon(t,t_0) = \sigma \cdot J(t,t_0) = \sigma \cdot (h_1 + h_5(\sigma)C(t,t_0)) \qquad \textbf{(3-18)}$$

mit

$$C(t,t_0) = h_2 \cdot f_2(t,t_0) + h_3 \ln[1 + (t - t_0)] + h_4 \ln\left[\frac{t}{t_0}\right] \tag{3-19}$$

Über den altersunabhängigen Grundwert h_1 wird die Dehnung zu Belastungsbeginn auf eine rein elastische Verformung der in Abb. 3-5 eingezeichneten Einzelfeder E_1 reduziert. Jede insbesondere bei Belastung im jüngeren Betonalter zu beobachtende zusätzliche Dehnung entspricht bei BAZANT einer Kurzzeitkriechverformung, die in Gl. 3-19 enthalten ist.

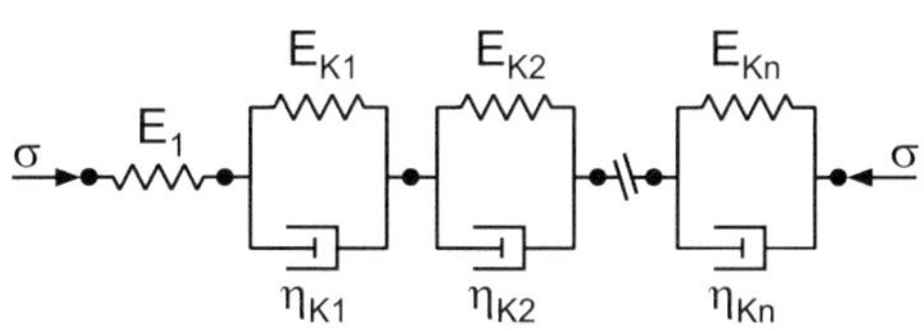

Abb. 3-5 Solidification Theory von Bazant [Baz 89]

Die Summanden mit den von der Betonfestigkeit und der Betonzusammensetzung abhängigen Faktoren h_2, h_3 und h_4 beschreiben den alternden und den nichtalternden verzögert elastischen Verformungsanteil sowie das Fließen. Mit $f_2(t,t_0)$ ist ein mathematisch nicht geschlossen lösbarer Integralausdruck bezeichnet, der über Näherungsgleichungen zu approximieren ist, siehe [Baz 91]. Den verwendeten logarithmischen Funktionen gemäß gehorchend, streben die Kriechverformungen keinem Endwert entgegen.

Der in Gl. 3-20 näher spezifizierte Faktor $h_5(\sigma)$ berücksichtigt die vom Belastungsalter und der Belastungsdauer unabhängige Überproportionalität des Kriechens. Hierin berechnet sich der Belastungsgrad $\bar{\sigma}$ aus dem Verhältnis zwischen der zum Belastungsalter t_0 aufgebrachten Spannung σ und der Druckfestigkeit $f_{cm,28}$ des Betons im Alter von 28 d. Das infolge der sogenannten spannungsabhängigen Alterung reduzierte Kriechvermögen unter veränderlichen Spannungen findet in diesem Ansatz keine Berücksichtigung [Baz 89a].

$$h_5(\sigma) = \frac{1 + 3\bar{\sigma}^5}{1 - \bar{\sigma}^{10}} \text{ mit } \bar{\sigma} = \frac{\sigma(t_0)}{f_{cm,28}} \tag{3-20}$$

Ein Hauptaugenmerk bei der Entwicklung des Vorhersagemodells B3 lag auf der Einhaltung der Bedingung $\partial J(t,t_0)/\partial t \partial t_0 \geq 0$, sodass keine Dehnungsumkehr bei der Vorhersage der verzögert elastischen Rückverformung auftritt (siehe Kapitel 2.2.3.3). Des Weiteren ermöglicht der Ansatz eine widerspruchsfreie Berechnung des Spannungsverlaufs infolge Relaxation [Baz 96].

Die Solidification Theory von BAZANT diente verschiedenen Autoren als Grundlage für die Beschreibung des Zug- und Druckkriechens junger Betone [Alt 01, Oh 00, Ost 01]. Hauptziel dieser Forschungsarbeiten war die Abbildung eigener Versuchsdaten durch die Einführung individueller Zusatzfunktionen. Auf die Erfassung eines eventuellen nichtlinearen Kriechverhaltens sowie der genauen zeitlichen Entwicklung des Kriechens waren die jeweiligen Versuchsprogramme nicht ausgerichtet.

Modell von SHEN

Das nichtlineare Stoffgesetz von SHEN [She 92] ermöglicht die ganzheitliche Abbildung des Spannungs-Dehnungsverhaltens im Kurzzeitdruckversuch sowie unter Langzeitbeanspruchung unterhalb und oberhalb der Dauerstandfestigkeit. Es basiert auf dem in Abb. 3-6 dargestellten Poynting-Thomson-Modell, wobei die Einzelfeder zur Abbildung der Verformungen bei Lastaufbringung und das Kelvinelement zur Beschreibung der zeitabhängigen Verformungen verwendet werden.

Im Fall des Kriechens unter einer konstanten Spannung σ ist die Spannung in der Einzelfeder (Index 1) gleich der Summe der Spannungen im Feder- und Dämpferelement des Kelvinelements (Index K). Hieraus entwickelte SHEN die folgende allgemeine Differenzialgleichung für das in Abb. 3-6 rechts oben gegebene rheologische Modell:

$$\frac{c_1\theta_1-\theta_1^2}{1+(c_1-2)\theta_1}=\frac{c_K\theta_K-\theta_K^2}{1+(c_K-2)\theta_K}+\frac{\dot{\theta}_K}{a_K} \tag{3-21}$$

Mit θ_1 ist die Dehnung der Einzelfeder ε_1 bezogen auf ihre Bruchdehnung bei Erreichen der Kurzzeitdruckfestigkeit ε_β bezeichnet. Gemäß Abb. 3-6 rechts unten definiert die Größe des Parameters c_1 den genauen Verlauf der Spannungs-Dehnungslinie. Die der bezogenen Dehnung θ_1 zugeordnete relative Spannung α_1 berechnet sich aus der tatsächlichen Spannung σ_1 und der Bruchspannung der Feder σ_β.

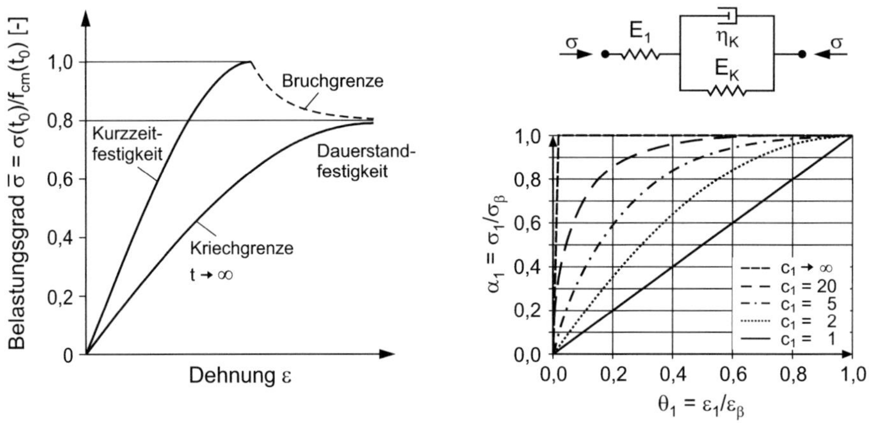

Abb. 3-6 Rheologisches Modell von SHEN [She 92]

Der Parameter θ_K beschreibt die Kriechverformung des Kelvinelements bezogen auf die maximale Kriechverformung im Bereich der Dauerstandfestigkeit. Die Abhängigkeit zwischen Spannung und Verformung wird ebenfalls über die in Abb. 3-6 rechts unten dargestellten Verläufe ausgedrückt. Der anstelle des Parameters c_1 verwendete Parameter c_K erfasst hierbei die von der Spannung abhängige Überproportionalität des Kriechens. Je nach Wahl der Parameter c_K und c_1 kann das nichtlineare Verformungsverhalten zwischen ideal-elastisch und ideal-plastisch variiert werden. In der allgemeinen Herleitung des Modells sind sie jedoch altersunabhängig formuliert, wodurch das Modell für junge Betone, deren Verformungen maßgeblich durch das Belastungsalter beeinflusst werden, nicht anwendbar ist.

Die zeitliche Entwicklung des Kriechens entspricht der Dehngeschwindigkeit $\dot{\theta}_K$ des Kelvinelements. Diese berechnet sich aus der in a_K enthaltenen Dämpferviskosität in Abhängigkeit von der Belastungsdauer und dem Belastungsgrad. Der Endwert der Kriechverformung unter einer bestimmten Spannung ist über die Spannungs-Dehnungsbeziehung der Feder K definiert. Dementsprechend ist in Kriechversuchen unter veränderlichen Spannungen die Berücksichtigung eines verminderten Kriechvermögens infolge der spannungsabhängigen Alterung nicht möglich, siehe Kapitel 2.2.3.3.

Zur Berechnung der verzögert elastischen Rückverformung ist gemäß SHEN das nichtlineare Verformungsverhalten der beiden Federelemente durch eine lineare Spannungs-Dehnungsbeziehung zu ersetzen. Genauere Angaben zu den entsprechenden Federsteifigkeiten sowie zur Dämpferviskosität werden nicht gemacht. Hierdurch wird das oben aufgestellte rheologische Stoffgesetz inkonsistent, da die Feder- und Dämpferkennwerte je nach Belastungsfall unterschiedlich definiert sind.

Im Fall der Relaxation ist die Gesamtdehnung des rheologischen Modells konstant. Die zu Beginn des Versuchs aufgebrachte Anfangsdehnung ist zunächst der Feder 1 zuzuordnen. Der anschließende Spannungsabfall resultiert aus der Rückstellkraft der Feder 1 und der mit zunehmender Belastungsdauer anwachsenden Stauchung des Kelvinelements. Auch hier fehlen Angaben zur Charakterisierung der linearen Rückverformung der Feder 1 sowie deren Abhängigkeit vom Belastungsalter. Entsprechend der oben genannten Begründung, sind auch im Fall der Relaxation die Voraussetzungen für eine stoffgesetzlich konsistente Herleitung des rheologischen Modells nicht mehr gegeben.

3.3.4 Kriechmodelle für junge Betone

Abhängig von den Abmessungen, den klimatischen Randbedingungen und der Betonzusammensetzung entwickeln sich in Bauteilen in den ersten Tagen nach der Herstellung Eigen- und Zwangspannungen infolge abfließender Hydratationswärme. Aufgrund des hohen Verformungsvermögens junger Betone wird ein Teil der Spannungen abgebaut, bevor die Zugfestigkeit des Betons erreicht ist und es zu einer Rissbildung kommt. In der Literatur finden sich verschiedene Untersuchungen zum Kriech- und Relaxationsverhalten junger Betone unter Zug- und Druckbeanspruchung. Diese beschränken sich im Allgemeinen jedoch auf sehr kurze Messdauern von mehreren Stunden bis Tagen. Sie erlauben daher eine Einschätzung der Rissgefahr in den Tagen nach der Betonherstellung, Aussagen über die langfristige zeitliche Entwicklung der Verformungen sind allerdings nicht möglich [Bis 95, Gut 99, Iri 00].

Das hohe lastabhängige Verformungsvermögen junger Betone wird exemplarisch anhand der Modelle von GUTSCH [Gut 99] und DE SCHUTTER et al. [DeS 97] veranschaulicht. Die ebenfalls für junge Betone entwickelten Modelle von EMBORG [Emb 89] und WESTMAN [Wes 99] sind zusätzlich dahin gehend optimiert, dass ein Vorzeichenwechsel bei der Berechnung der Relaxation weitgehend vermieden wird.

Modell von GUTSCH

Der von GUTSCH [Gut 99] entwickelte lineare Potenzansatz zur Beschreibung des Verformungsverhaltens junger Betone basiert auf umfangreichen Kriech- und Relaxationsversuchen unter Zugbeanspruchung.

$$\varphi(t,t_0) = \frac{\varepsilon_{cc}(t-t_0)}{\varepsilon_{ci}(t_0)} = a_1(\alpha_0)[t-t_0]^{a_2(\alpha_0)} \tag{3-22}$$

Die Kriechzahl φ berechnet sich aus dem Verhältnis von Kriechverformung ε_{cc} zu elastischer Verformung ε_{ci} bei Belastungsbeginn. Der Hydratationsgrad α_0 dient als Ersatzparameter für das Belastungsalter (siehe Kapitel 2.2.1) und beeinflusst als Variable der Funktionen a_1 und a_2 sowohl die Größe des Kriechens als auch dessen zeitliche Entwicklung. Die Belastungsdauer $t - t_0$ wird in Stunden eingesetzt.

Die in Abb. 3-7 links dargestellten Kriechzahlen wurden aus den Kriechverformungen eines versiegelt gelagerten Portlandzementbetons mit einer mittleren Druckfestigkeit im Alter von 28 d von 34 N/mm² ermittelt. Im Bereich der Messdaten zeigt sich eine gute Übereinstimmung zwischen Versuch und Vorhersage. Eine gesicherte Abschätzung der weiteren zeitlichen Entwicklung des Kriechens ist infolge der kurzen Messdauern nicht möglich. Mit der Wahl einer Potenzfunktion trifft GUTSCH die Annahme, dass die Verformungen keinem Endwert entgegen streben.

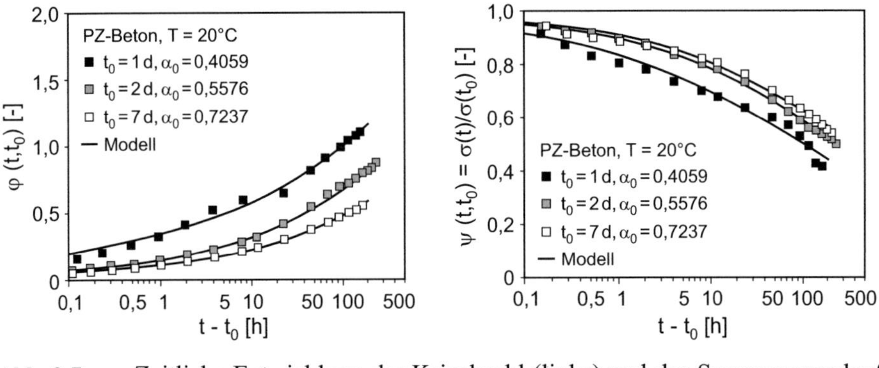

Abb. 3-7 Zeitliche Entwicklung der Kriechzahl (links) und des Spannungsverlaufs infolge Relaxation (rechts) in Abhängigkeit vom Belastungsalter [Gut 99]

Bei der Berechnung der verzögert elastischen Rückverformung mittels des Superpositionsprinzips von BOLTZMANN ist beim Modell von GUTSCH unabhängig vom Belastungsalter und der Belastungsdauer eine Dehnungsumkehr (siehe Abb. 2-11 rechts) zu beobachten. Weiterhin wird bei der numerischen Umrechnung des Kriechens in die Relaxation ein Vorzeichenwechsel im Spannungsverlauf mit einer anschließenden Umkehr des Spannungsabfalls vorhergesagt. Diese Schwäche tritt bei der in Anlehnung an den Ansatz von TROST [Tro 67] entwickelten, ebenfalls linearen, Näherungslösung nicht auf:

$$\Psi(t,t_0,\alpha_0) = \frac{\sigma(t-t_0)}{\sigma(t_0)} = \frac{1}{1 + b_1(\alpha_0)[t-t_0]^{b_2(\alpha_0)}} \quad \textbf{(3-23)}$$

Die vom Hydratationsgrad abhängigen Funktionen b_1 und b_2 wurden von GUTSCH durch Regression an vorliegende Versuchsdaten angepasst und erlauben eine entsprechend gute Vorhersage des Spannungsverlaufs, siehe Abb. 3-7 rechts.

Modell von DE SCHUTTER UND TAERWE

Das hohe Verformungsvermögen junger Betone zeigt sich ebenfalls in den von DE SCHUTTER und TAERWE [DeS 97] unter Druckspannungen durchgeführten Kriechversuchen. Abb. 3-8 veranschaulicht hierzu exemplarisch das Kriechmaß $\bar{\varepsilon}_{cc}$ für einen versiegelten Beton mit einer Würfeldruckfestigkeit von 60 N/mm^2 (CEM I 52,5 R) und einen versiegelten Beton mit einer Druckfestigkeit von 41 N/mm^2 (CEM III/B 32,5).

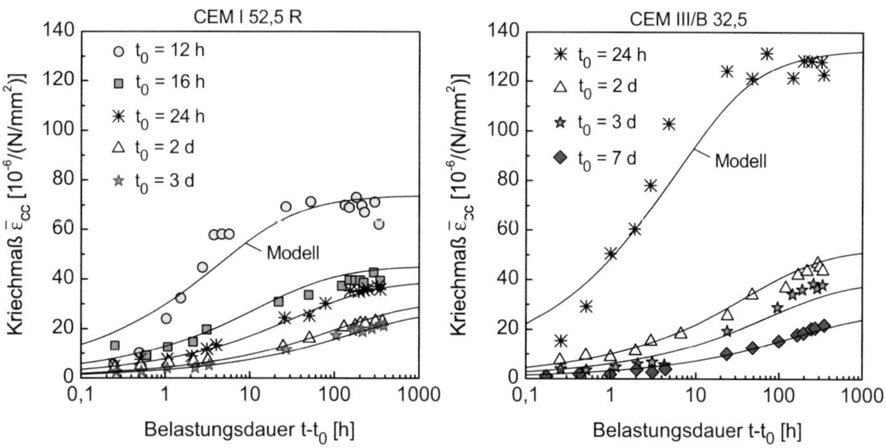

Abb. 3-8 Zeitliche Entwicklung des Kriechmaßes unterschiedlicher, versiegelter Betone in Abhängigkeit vom Belastungsalter bei einem Belastungsgrad von 0,2 [DeS 97]

Im Gegensatz zum Potenzansatz von GUTSCH beschreiben DE SCHUTTER und TAERWE die zeitliche Entwicklung des Kriechmaßes $\bar{\varepsilon}_{cc}$ anhand einer Hyperbelfunktion, deren Verlauf vom Hydratationsgrad bei Belastungsbeginn α_0 abhängig ist.

$$\bar{\varepsilon}_{cc}(t - t_0,\alpha_0,\bar{\sigma}) = a(\alpha_0,\bar{\sigma})\left(\frac{t - t_0}{b(\alpha_0) + t - t_0}\right)^{0,35} \qquad \textbf{(3-24)}$$

$$\text{mit } a(\alpha_0,\bar{\sigma}) = \frac{1}{E_{28}} \cdot a_1(\alpha_0)(1 + a_2(\alpha_0)\bar{\sigma}^2) \text{ und } b(\alpha_0) = 600\alpha_0^3$$

Anhand der Funktionen a_1 und a_2 ist das Modell unmittelbar an das Verformungsverhalten der untersuchten Betone angepasst. Über den Endwert des Kriechmaßes $a(\alpha_0,\bar{\sigma})$ ist mit der Einführung des Belastungsgrades $\bar{\sigma}$ die Überproportionalität des Kriechens unter erhöhten Spannungen berücksichtigt. Die Belastungsdauer $(t - t_0)$ wird in Stunden eingesetzt und der Parameter E_{28} beschreibt den Elastizitätsmodul im Alter von 28 Tagen.

Aufgrund fehlender Angaben zur genauen zeitlichen Entwicklung des Hydratationsgrades ist im Rahmen dieser Arbeit eine Untersuchung des Modells hinsichtlich der physikalisch korrekten Vorhersage der Relaxation nicht möglich. Bei der Berechnung der verzögert elastischen Rückverformung anhand für einzelne Belastungsalter angegebener Hydratationsgrade wurde keine Dehnungsumkehr beobachtet.

Modell von EMBORG

Ziel der Dissertation von EMBORG [Emb 89] war die Entwicklung eines Computerprogramms zur Berechnung hydratationswärmebedingter Zwangspannungen in Betonbauteilen und der daraus resultierenden Rissbildung. Unter der Annahme eines äquivalenten Verformungsverhaltens unter Zug- und Druckbeanspruchung basiert die Berücksichtigung des Kriech- und Relaxationsverhaltens auf dem linearen „Triple Power Law“ (TPL) von BAZANT et al. [Baz 85].

Das linke Diagramm in Abb. 3-9 zeigt exemplarisch die Kriechfunktion J eines Betons mit einer Druckfestigkeit im Alter von 28 d von ca. 66 N/mm^2 in Abhängigkeit vom Belastungsbeginn im Betonalter $t \geq 8$ h. Zur Abbildung des hohen Verformungsvermögens der jungen Betone sowohl während der Lastaufbringung als auch im anschließenden Kriechversuch wurde das TPL um zwei additive Korrekturterme erweitert:

$$J(t,t_0) = \frac{1}{E_q} + \frac{a_1}{E_q}(t_0^{-a_2} + a_3)[(t - t_0)^{a_4} - B(t, t_0;n)] + \frac{G(t_0)}{E_q} + \frac{H(t,t_0)}{E_q} \qquad \textbf{(3-25)}$$

Die Parameter E_q und $a_1 \ldots a_4$ sind von der Betonrezeptur und der Betonfestigkeit abhängig. Das geschlossen nicht lösbare binomische Integral $B(t,t_0;n)$ resultiert aus der mathematischen Herleitung des TPL. Es kann beispielsweise über Potenzreihen angenähert werden.

Die Zusatzfunktion

$$G(t_0) = b_1 \exp[-c_1(t_0 - t_q)] + b_2 \exp[-c_2(t_0 - t_q)] \qquad \textbf{(3-26)}$$

beschreibt das hohe Verformungsvermögen junger Betone zu Belastungsbeginn. Für Belastungsalter t_0 größer 24 h wird sie vernachlässigbar klein, siehe Abb. 3-9, rechts. Das Bezugsalter t_q ist entsprechend der Erhärtungsgeschwindigkeit des betrachteten Betons festzulegen. Die dimensionslosen Parameter b_1, b_2, c_1 und c_2 sind von der Zementart abhängig.

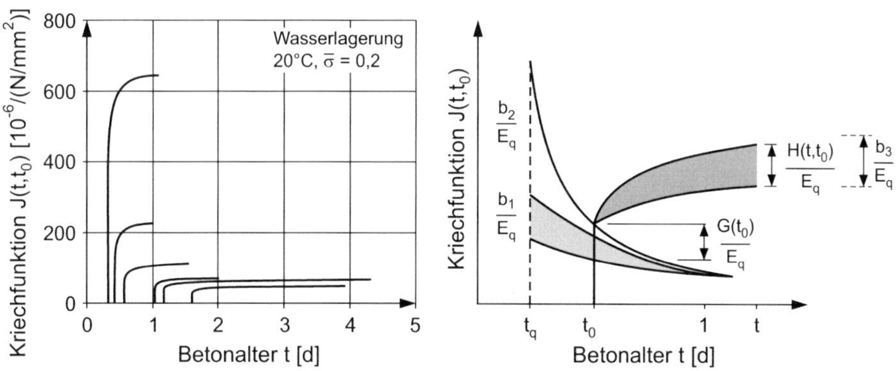

Abb. 3-9 Kriechfunktion in Abhängigkeit vom Betonalter zu Belastungsbeginn (links), Abhängigkeit der Zusatzfunktionen H und G vom Betonalter (rechts) [Emb 89]

Das ausgeprägte Kriechvermögen junger Betone erfasst EMBORG über die Zusatzfunktion

$$H(t,t_0) = b_3(1 - \exp[(-c_3)\sqrt{t-t_0}]) \tag{3-27}$$

Darin sind b_3 und c_3 vom Belastungsalter abhängige Parameter. Für Belastungsalter t_0 größer 1,5 d streben der Parameter b_3 und damit die Funktion $H(t,t_0)$ gegen Null.

Bei der numerischen Überführung der Kriechfunktion in die Relaxationsfunktion tritt beim Triple Power Law von BAZANT ein Vorzeichenwechsel im Spannungsverlauf auf. Gemäß den Angaben von EMBORG verbessert sich das Modellverhalten durch die Einführung der Zusatzfunktionen; für Belastungsalter kleiner 24 h und einer Belastungsdauer über 400 Tagen ist jedoch weiterhin ein Vorzeichenwechsel zu beobachten. Bei der Berechnung der verzögert elastischen Rückverformung zeigen sowohl das TPL im Original als auch das erweiterte Modell von EMBORG eine Dehnungsumkehr.

Modell von WESTMAN

WESTMAN beschäftigte sich im Rahmen seiner Dissertation [Wes 99] mit dem Kriech- und Relaxationsverhalten hochfester Betone und dessen Auswirkungen auf die zeitliche Entwicklung thermisch bedingter Spannungen. Sein für die Baupraxis entwickeltes lineares Modell basiert auf einer Vielzahl von Kriechversuchen an verschiedenen hochfesten Betonen mit Würfeldruckfestigkeiten bis zu 144 N/mm^2.

Die entsprechend Gl. 2-4 definierte Kriechzahl berechnet sich in allgemeiner Form wie folgt:

$$\varphi(t,t_0) = h \cdot g(t_0) \cdot f(t-t_0) \tag{3-28}$$

Darin sind h ein für die einzelnen untersuchten hochfesten Betone individuell festgelegter Referenzwert und $g(t_0)$ eine Funktion zur Berücksichtigung des Belastungsalters t_0. Bei der Festlegung der Zeitfunktion $f(t-t_0)$ greift WESTMAN auf die hyperbolische Funktion des Kriechmodells im MODEL CODE 1990 [CEB 213] zurück. Diese berücksichtigt nicht die in Abb. 3-10 erkennbare Abhängigkeit der zeitlichen Entwicklung des Kriechens vom Belastungsalter, woraus sich die teilweise deutlichen Unterschiede zwischen den Messdaten und der entsprechenden Vorhersage ergeben.

Bei der numerischen Lösung des Stoffgesetzes für den Fall der Relaxation tritt bei diesem Modell insbesondere für kleine Belastungsalter ein Vorzeichenwechsel im Spannungsverlauf auf. Entsprechend der von BAZANT [Baz 85] geäußerten Hypothese, dass ein Vorzeichenwechsel vermieden werden kann, wenn die Kriechkurven verschiedener Belastungsalter nicht divergieren, formuliert WESTMAN folgende Bedingungen für die Wahl der Zeitfunktion, siehe Kapitel 2.2.3.3.

Für Belastungsdauern $t-t_0 < (t-t_0)_{age}$ berechnen sich die Verformungen für beliebige Belastungsalter t_0 gemäß Gl. 3-28. Gehen die Belastungsdauern darüber hinaus, werden die Steigungen sämtlicher Kriechkurven mit den Belastungsaltern $t_0 < (t_0)_{age}$ so modifiziert, dass sie parallel zur Kurve für das Belastungsalter $t_0 = (t_0)_{age}$ verlaufen, siehe Abb. 3-10 links. Je nach betrachtetem Beton liegen die Werte für $(t-t_0)_{age}$ und $(t_0)_{age}$ üblicherweise in den Grenzen zwischen 2 d und 4 d.

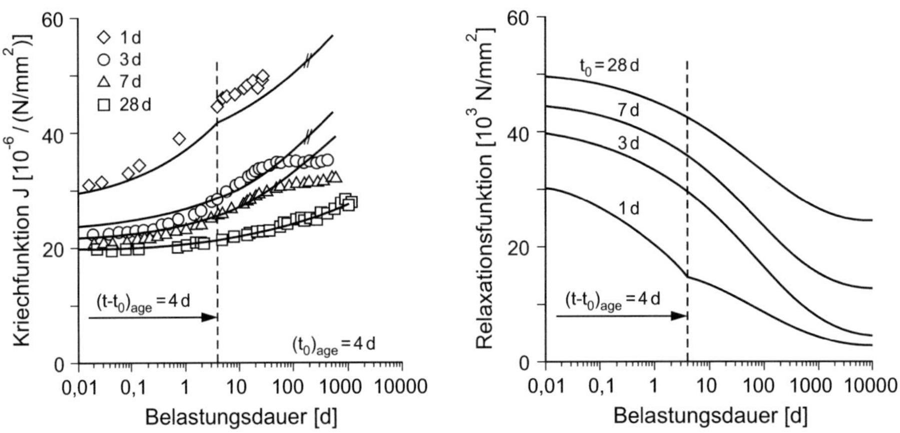

Abb. 3-10 Zeitliche Entwicklung der gemessenen Kriechfunktion für verschiedene Belastungsalter im Vergleich mit der Vorhersage (links), numerische Berechnung der Relaxationsfunktion in Abhängigkeit des Belastungsalters (rechts) [Wes 99]

Gemäß den Angaben von WESTMAN kann auf diese Weise die Gefahr eines Vorzeichenwechsels minimiert, jedoch für lange Belastungsdauern von über 30 Jahren nicht vollständig vermieden werden. Die sowohl beim Kriechen als auch bei der Relaxation aus der algebraischen Anpassung resultierenden Knicke im Kurvenverlauf sind physikalisch nicht begründet. Das Konzept der modifizierten Steigungen wurde später von LARSON et al. auf entwickelte Modelle sowie verschiedene Ansätze aus der Literatur angewendet. Auch dort konnte der Vorzeichenwechsel im Spannungsverlauf nicht vollständig vermieden werden [Lar 03, Lar 03a].

Wie bereits in Kapitel 2.2.1 erläutert, weisen insbesondere die Festigkeiten im jungen Betonalter starke Streuungen auf. Die daraus resultierenden Unterschiede zwischen gemessenen und berechneten Kriechverformungen vermindert WESTMAN durch Einführung eines effektiven Betonalters t_{eff}.

$$t_{eff} = t_1 \cdot \exp\left(\frac{f_{cm}(t_0)/f_{cm} - 0{,}25}{a}\right) \qquad \textbf{(3-29)}$$

Dieses berechnet sich aus dem Verhältnis zwischen der Festigkeit zum Zeitpunkt t_0 und der Festigkeit f_{cm} im Alter von 28 Tagen. Infolge des nichtlinearen Anstiegs der Festigkeit mit dem Betonalter ist der Parameter a ebenfalls von diesem Verhältnis abhängig. Die Zeit t_1 wird konstant zu einem Tag gesetzt.

3.4 Zusammenfassung

Ziel der vorliegenden Arbeit ist die Entwicklung eines rheologischen Modells zur Beschreibung des nichtlinearen Kriech- und Relaxationsverhaltens von Beton. Die Wahl des Ansatzes erfolgte auf Basis einer umfassenden Auswertung verschiedener rheologischer und empirischer Modelle aus der Literatur. Das Hauptaugenmerk lag hierbei auf der Berücksichtigung des in Kapitel 2.2.3 beschriebenen nichtlinearen Kriechverhaltens unter konstanten und veränderlichen Spannungen sowie der physikalisch widerspruchsfreien Vorhersage der Relaxation und der verzögert elastischen Verformung.

Nachfolgende Tab. 3-1 gibt einen Überblick über die in Kapitel 3 näher beleuchteten Modelle. Es wird deutlich, dass insbesondere die widerspruchsfreie Vorhersage des Spannungs-Dehnungsverhaltens nur anhand von Summationsansätzen und einer entsprechenden Unterscheidung zwischen reversiblen und irreversiblen Verformungsanteilen möglich ist.

Grundsatz der Summationsansätze von BAZANT [Baz 89] und MÜLLER [Mül 86] war bereits bei der Herleitung die physikalisch korrekte Definition der einzelnen Kennwerte der rheologischen Grundelemente. Beide Modelle berücksichtigen das komplexe nichtlineare Kriechverhalten und ermöglichen die widerspruchsfreie Vorhersage des Relaxationsverlaufs und der verzögert elastischen Verformung. Nachteil des Ansatzes von BAZANT ist der mathematisch nicht geschlossen lösbare Integralausdruck, der für die praktische Anwendung über Ersatzfunktionen angenähert werden muss.

Tab. 3-1 Überblick über die Eigenschaften der in Kapitel 3 behandelten Modelle

	Grundansatz				Spannungsabhängigkeit des Kriechens			Widerspruchsfreie Vorhersage?		
					Überproportionalität des Kriechens					
	rheologisch	empirisch	Summations-ansatz	Produkt-ansatz	berücksich-tigt?	Abhängig-keit von $t-t_0$?	Spannungs-abhängige Alterung?	Dehnungs-umkehr	Vorzeichen-wechsel bei Relaxation	Gültig für $t_0 < 1$ d?
Müller	x		x		ja	ja	ja	nein	nein	nein
Bazant	x		x		ja	nein	nein	nein	nein	nein
Shen	x		- [a)]	-	ja	nein	nein	n. b. [b)]		nein [c)]
Gutsch		x		x	nein [d)]	nein	nein	ja	ja	ja
De Schutter		x		x	ja	nein	nein	n. b.	n. b.	ja
Emborg		x		x	nein	nein	nein	ja	ja	ja
Westmann		x		x	nein	nein	nein	n. e.	ja [e)]	ja

a) Lösung der Differenzialgleichung über eine Rekursionsformel

b) Umdefinition von Materialkennwerten für die Berechnung der verzögert elastischen Rückverformung bzw. der Relaxation ⟶ stoffgesetzliche Inkonsistenz

c) Modell basiert teilweise auf nichtalternden Parametern, daher für junge Betone nicht anwendbar

d) In den zugrunde liegenden Kriechversuchen unter Zugbeanspruchung wurde keine eindeutige Überproportionalität festgestellt

e) Aus algebraischer Anpassung der Zeitfunktion resultierende Knicke im Kurvenverlauf sind physikalisch nicht begründet

n. b.: nicht bestimmbar infolge unvollständiger Modellangaben

n. e.: nicht ermittelt

Das ebenfalls vorgestellte Modell von SHEN [She 92] bietet einen interessanten Ansatz zur Berücksichtigung der Nichtlinearität des Spannungs-Dehnungsverhaltens unter Kurzzeitbeanspruchung sowie des Kriechens unter konstanten Spannungen. Die Abbildung eines reduzierten Kriechvermögens unter veränderlichen Lasten infolge einer spannungsabhängigen Alterung ist jedoch nicht möglich. Zudem ist es aufgrund der Herleitung auf Basis verschiedener altersunabhängiger Kennwerte für die Beschreibung des Verformungsverhaltens junger Betone ungeeignet. In Bezug auf die Berechnung der verzögert elastischen Rückverformung und der Relaxation ist das rheologische Modell stoffgesetzlich inkonsistent, da die mechanischen Feder- und Dämpferkennwerte je nach Lastfall unterschiedlich definiert werden.

Vor diesem Hintergrund bildete das rheologische Modell von MÜLLER den Ausgangspunkt für den im Rahmen dieser Arbeit entwickelten nichtlinearen Summationsansatz. Die Wahl und Optimierung der Funktionen zur Beschreibung der verzögert elastischen Verformung und des Fließens erfolgte auf Basis des in den folgenden Kapiteln vorgestellten Versuchsprogramms und Erkenntnissen aus der Literatur. Hierbei wurden die Modellparameter so gewählt, dass sowohl das in Kapitel 3.3.4 beschriebene hohe Verformungsvermögen junger Betone Berücksichtigung findet als auch die einzelnen rheologischen Feder- und Dämpferkennwerte physikalisch korrekt definiert sind.

Kapitel 4
Versuchsprogramm zum Kriech- und Relaxationsverhalten junger Betone

Das im Folgenden erläuterte Versuchsprogramm an zwei Betonen unterschiedlicher Festigkeit bildet die Grundlage für die Modellierung des nichtlinearen Kriech- und Relaxationsverhaltens junger Betone. Neben Hintergründen zu den einzelnen Versuchsparametern werden die verwendeten Versuchseinrichtungen vorgestellt und Informationen zur Mischungszusammensetzung der Betone sowie der Lagerung und Prüfung der Probekörper gegeben.

4.1 Untersuchte Betone

Im Rahmen des Versuchsprogramms zum Kriechen und der Relaxation wurden zwei Betone A und B untersucht, die sich sowohl in der Druckfestigkeit im Alter von 28 d als auch in der zeitlichen Entwicklung der Druckfestigkeit unterscheiden. Dies resultiert aus den verschiedenen Wasserzementwerten sowie der Zugabe einer Silikasuspension bei Beton B. Hauptbestandteil des darin enthaltenen Mikrosilikas ist glasig erstarrtes, amorphes Siliziumdioxid. Es erhöht die Packungsdichte, führt zu einer homogeneren Verteilung der Hydratationsprodukte und verbessert infolge der puzzolanischen Reaktion die Kontaktzone zwischen Gesteinskörnung und Zementsteinmatrix [Kön 01, Mül 94]. Der Leimgehalt, ein gemäß Kapitel 2.2.1 weiterer maßgeblicher Einflussparameter auf das Kriechen, ist bei beiden Betonen gleich groß. Beide Mischungsentwürfe sowie ausgewählte Frisch- und Festbetonkennwerte sind in Tab. 4-1 zusammengestellt. Bezüglich näherer Informationen zu den verwendeten Ausgangsstoffen siehe Anhang A.

Tab. 4-1 Mischungsentwurf der untersuchten Betone A und B sowie ausgewählte Frisch- und Festbetonkennwerte

Mischungsentwurf / mittlere Frischbeton- und Festbetonkennwerte	Einheit	Beton A	Beton B
Zement CEM I 42,5 R-LA	kg/m^3	435	480
Wasser [a)]	kg/m^3	195,8	158,4
Silikasuspension [b)]	kg/m^3	-	95,4
Fließmittel	kg/m^3	-	3,4
Mainsand 0/2	kg/m^3	565	565
Rheinkies 2/8	kg/m^3	565	565
Rheinkies 8/16	kg/m^3	580	580
w/z-Wert	-	0,45	0,33
Gesamtleimvolumen	dm^3\m^3	350,7	350,2
Volumen der Gesteinskörnung	dm^3\m^3	649,3	649,8
Ausbreitmaß	cm	48	56
Frischbetonrohdichte	kg/dm^3	2,36	2,41
LP-Gehalt	Vol.-%	0,89	1,22
Mittlere Zylinderdruckfestigkeit im Alter von 28 d [c)]	N/mm^2	55	97
Standardabweichung der Druckfestigkeit	N/mm^2	2,3	3,2

a) Die Feuchte der Gesteinskörnung sowie der Wassergehalt des Fließmittels und der Silikasuspension sind in den Wassergehalt eingerechnet.

b) Der Feststoffgehalt der Silikasuspension entspricht 10 % der Zementmasse.

c) Zylindergeometrie d/h = 150/300 mm

4.2 Lagerung und Prüfung der Probekörper

Sämtliche Langzeitversuche zum Kriechen, Schwinden und der Relaxation wurden unter Normaltemperatur von 20 °C an jeweils zwei Zylindern mit einem Durchmesser d von 150 mm und einer Höhe h von 450 mm durchgeführt. Da Trocknungsprozesse im jungen Betonalter und bei praxisüblichen Querschnittsabmessungen von Bauteilen noch eine untergeordnete Rolle spielen, beschränkt sich diese Arbeit ausschließlich auf die Untersuchung versiegelter Proben. Als Versiegelungsmaterial diente ein unmittelbar nach dem Ausschalen aufgebrachtes aluminiumkaschiertes Butylkautschukband, das erfahrungsgemäß einen sicheren, dauerhaften Schutz gegen Austrocknung bietet.

Zur Ermittlung der zeitlichen Entwicklung der mechanischen Festbetoneigenschaften wurden Prüfungen der Zylinderdruckfestigkeit und des statischen Elastizitätsmoduls gemäß DIN EN 12390-3 und DIN 1048-5 durchgeführt. Die Prüfung erfolgte an jeweils drei zylindrischen Probekörpern mit einem Durchmesser von 150 mm und einer Höhe von 300 mm. In Anlehnung an die ausschließlich an versiegelten Probekörpern durchgeführten Kriech-, Schwind- und Relaxationsversuche wurden die Zylinder bis zum Prüftermin gemäß DIN EN 12390-2 bei einer Umgebungstemperatur von 20 °C unter feuchter Jute gelagert.

Neben der Charakterisierung der untersuchten Betone dienten die Festigkeitswerte zusätzlich der Ermittlung der in den Kriechversuchen aufgebrachten Spannungen. Gemäß Grübl [Grü 01] ist hierbei der Einfluss der unterschiedlichen Höhen der Probekörper von 300 mm bzw. 450 mm bei gleichem Durchmesser vernachlässigbar. Eine Umrechnung der Zylinderdruckfestigkeiten war folglich nicht notwendig. Zur Festlegung der in den Relaxationsversuchen aufgebrachten Anfangsdehnungen wurde vor Versuchsbeginn an drei zylindrischen Probenkörpern (d/h = 150/450 mm) die Spannungs-Dehnungsbeziehung im Kurzzeitdruckversuch aufgezeichnet.

4.3 Versuchseinrichtung zur Untersuchung des Kriechens und Schwindens

Zur Untersuchung des zeit- und lastabhängigen Verformungsverhaltens von Beton stehen am Institut für Massivbau und Baustofftechnologie zwanzig hydraulische Kriechstände zur Verfügung, siehe Abb. 4-1 links. In jedem Kriechstand werden zwei zylindrische Probekörper (d/h = 150/450 mm) in vertikaler Richtung belastet. Hierbei ist die untere Druckplatte verschieblich gelagert, während die obere Druckplatte als Widerlager der im Kriechversuch aufgebrachten Last dient. Im Kompensator am Fuß des Kriechstands befindet sich eine von Hydrauliköl umgebene Stahlfeder mit einem Gesamtverformungsweg von 8 mm. Die Lastaufbringung zu Beginn des Versuchs erfolgt mittels Stickstoff, der in das teilweise mit Hydrauliköl gefüllte und mit dem Kompensator direkt verbundene Druckreservoir gepresst wird. Im weiteren Verlauf des Versuchs gleicht der darin enthaltene Stickstoffvorrat den leichten Druckabfall im Kriechstand infolge der zeit- bzw. lastbedingten Verformungen des Betons aus. Eine Nachregelung des Drucks durch eine zusätzliche Stickstoffzufuhr von außen ist daher im Allgemeinen nur in den ersten Tagen nach Versuchsbeginn notwendig. Die Überwachung des aufgebrachten Drucks erfolgt sowohl über die im Versuchsstand eingebauten Manometer als auch über die an die Messanlage angeschlossenen Druckaufnehmer. Je nach Kompensatortyp beträgt die Maximallast des Versuchsstands 500 kN bzw. 1000 kN.

Im Kriechversuch gemessen werden die in Abb. 2-1 dargestellten Gesamtverformungen. Diese setzen sich aus der sofortigen Dehnung zu Versuchsbeginn sowie den anschließenden zeitabhängigen Kriech-, Schwind- und Temperaturdehnungen zusammen. Während die sofortige Dehnung aus den im Kriechversuch gewonnenen Versuchsdaten direkt ablesbar ist, werden die Schwindverformungen und die hydratationswärmebedingten Temperaturverformungen an zwei unbelasteten Begleitproben aus derselben Betoniercharge aufgezeichnet und gemittelt. Die Messung der Probenlängsverformungen erfolgt mittels der in Abb. 4-1 rechts dargestellten Messstäbe aus Federstahl, die in drei Achsen gleichmäßig um den Probenumfang angeordnet sind. Der Verbund mit dem Probekörper wird in jeder Achse über eine verschiebliche und eine unverschiebliche Halterung hergestellt, die in bereits bei der Probenherstellung einbetonierte Rampamuffen eingeschraubt werden. Zu Beginn jedes Versuchs wird bei allen Messstäben anhand der verschieblichen Halterungen eine definierte Anfangsdurchbiegung eingestellt. Anschließend im Kriechversuch auftretende Änderungen dieser Durchbiegung werden mittels Dehnmessstreifen (DMS) erfasst, die Werte über die drei Achsen elektronisch gemittelt und in die zeit- und lastabhängigen Längsverformungen umgerechnet. Die jeweiligen Umrechnungsfaktoren für die einzelnen Messstäbe wurden nach ihrer Herstellung an speziellen Eichkörpern ermittelt. Eine beidseitige Applikation der DMS in der Mitte der Messstäbe sowie eine entsprechende Verschaltung ermöglichen die Kompensation temperaturbedingter Längenänderungen des Messstabes [Hof 74, Hof 87, Kvi 10].

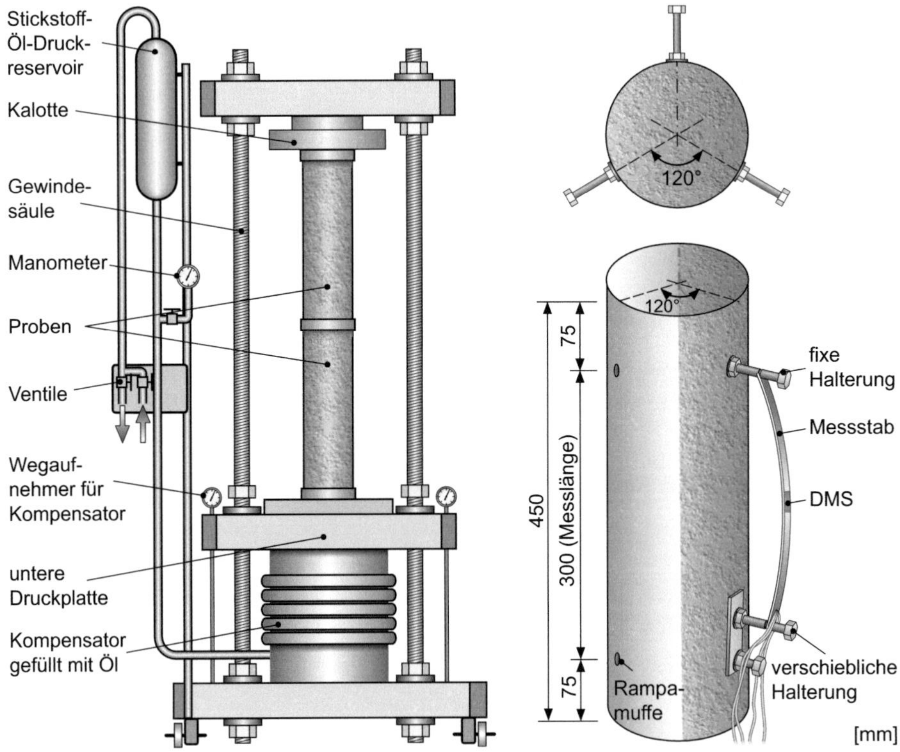

Abb. 4-1 Schematische Darstellung eines Kriechstandes (links) sowie Angaben zum Messsystem und dem verwendeten Probekörper (rechts)

Die programmgesteuerte Erfassung, Umrechnung und Speicherung aller Messdaten erfolgt zeitgleich für sämtliche an eine zentrale Messanlage angeschlossenen Probekörper. Das beschriebene Messverfahren besitzt eine Auflösung von ± 0,001 mm bzw. bezogen auf die Messlänge von 300 mm eine Auflösung von ± 3,33 µm/m. Das Messintervall wird entsprechend der im Versuch auftretenden Verformungsgeschwindigkeit gewählt. Die Aufzeichnung der hohen sofortigen Verformungen bei Lastaufbringung erfolgt im Abstand von 2 Sekunden. Im Anschluss daran reduziert sich die Verformungsgeschwindigkeit kontinuierlich, sodass das Messintervall entsprechend angepasst werden kann. Nach einer Belastungsdauer von einer Woche ist eine Speicherung der Daten im Abstand von sechs Stunden ausreichend.

4.4 Versuchseinrichtung zur Untersuchung der Relaxation

Aufgrund der erforderlichen verformungsgesteuerten Versuchsdurchführung und der hohen Anforderungen an die Regelungstechnik war es nicht möglich, für die Untersuchungen des Relaxationsverhaltens von Beton auf bestehende Versuchsstände zurückzugreifen. Abb. 4-2 zeigt die schematische Darstellung einer der beiden vollständig neu konzipierten Relaxationsstände sowie der Messtechnik und des verwendeten Probekörpers ($d/h = 150/450$ mm). Nähere Angaben zur Versuchssteuerung finden sich in Abb. 4-3.

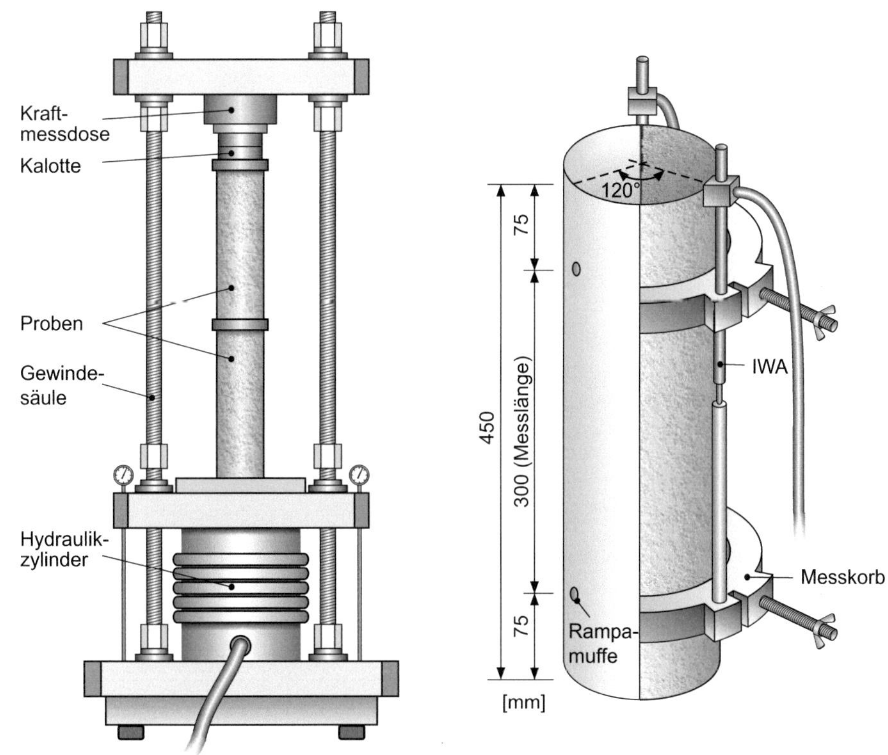

Abb. 4-2 Schematische Darstellung eines Relaxationsstands (links) sowie Angaben zum Messsystem und dem verwendeten Probekörper (rechts)

Die Lastaufbringung im Versuchsstand erfolgt über ein Hydraulikaggregat, welches einen dem Hydraulikzylinder vorgeschalteten Blasenspeicher bedient. Im weiteren Versuchsverlauf wird das zur Regelung der Dehnungen benötigte Hydrauliköl dem Blasenspeicher entnommen. Hierdurch beschränkt sich die Betriebszeit des Hydraulikaggregates auf das Befüllen des Speichers, welches in Abhängigkeit des eingestellten Drucks ungefähr alle 15 min erfolgt. In jedem der beiden verwendeten Versuchsstände werden stets zwei zentrisch übereinander eingebaute Probekörper untersucht. Die Verformungsmessung erfolgt mittels drei gleichmäßig um den Probenumfang angeordneter induktiver Wegaufnehmer (IWA). Entsprechend Abb. 4-2 sind diese in einen Messkorb eingespannt, dessen starre Verbindung mit dem Beton durch bereits bei der Probenherstellung einbetonierte Rampamuffen gewährleistet ist. Der relaxationsbedingte Kraftabfall in den Probekörpern wird über eine Kraftmessdose mit einer maximalen Belastbarkeit von 1000 kN aufgezeichnet.

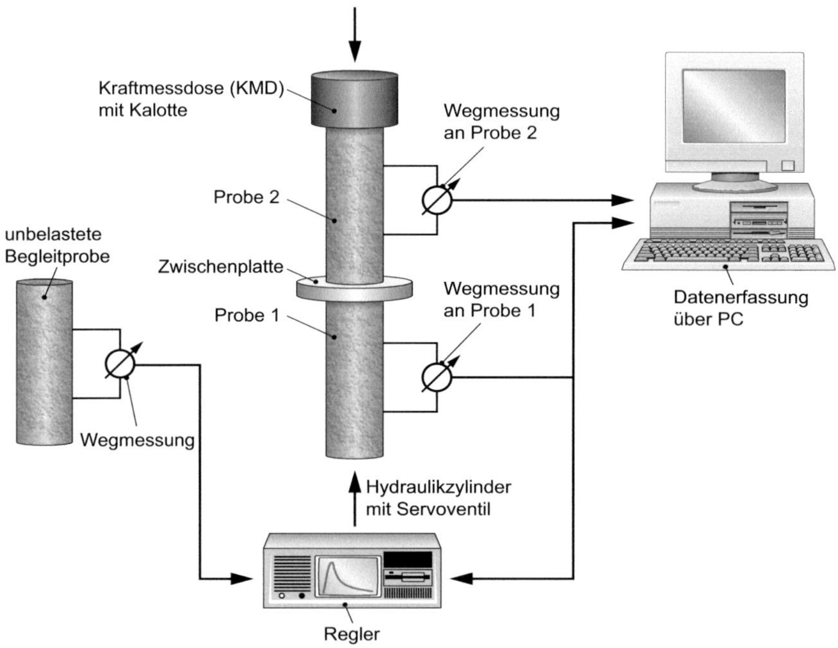

Abb. 4-3 Prinzipskizze der Dehnungsregelung im Relaxationsversuch

Die Regelung der konstanten Dehnungen bzw. deren Korrektur, um die insbesondere im jungen Betonalter auftretenden hohen lastunabhängigen Verformungen auszugleichen, geschieht ausschließlich auf Basis der gemittelten Wegmessung an der Probe 1, siehe Abb. 4-3. Die Lastaufbringung erfolgt kraftgesteuert bis ungefähr 0,01 mm unterhalb der gewählten Anfangsverformung des Relaxationsversuchs. Anschließend wird die Anfangsverformung dem Regler als Sollwert vorgegeben und auf eine verformungsgesteuerte Regelung umgeschaltet. Die kontinuierliche Regelung der Verformungen in Probe 1 auf den vorgegebenen Sollwert setzt ab einer Abweichung von

0,001 m, d. h. der Auflösung des Messverfahrens ein (3,33 µm/m bezogen auf die Messlänge von 300 mm). Die Korrektur des Sollwertes, um die an der unbelasteten Begleitprobe gemessene lastunabhängige Verformung auszugleichen, erfolgt ebenfalls ab einer Verformungsänderung von 0,001 mm.

Zur Erreichung einer höheren Genauigkeit sollten die lastunabhängigen Verformungen stets an zwei Begleitproben aufgezeichnet und die gemittelten Verformungen zur Korrektur des Sollwertes im Relaxationsversuch herangezogen werden. Dies war aus versuchstechnischen Gründen aber nicht möglich. Aus der Vielzahl der durchgeführten Kriechversuche lagen jedoch gesicherte Erkenntnisse zum Streubereich der lastunabhängigen Verformungen beider Betone A und B vor. Im Vergleich mit diesen Daten konnte ein davon abweichendes Verformungsverhalten der Begleitprobe im Relaxationsversuch erkannt und der Versuch gegebenenfalls wiederholt werden.

Über die Regelung des Relaxationsversuchs auf Basis der Wegmessung an der Probe 1 ist gewährleistet, dass die aufgebrachte Dehnungsgeschichte auf das zeitabhängige Verformungsverhalten dieser Probe genau abgestimmt ist. In der anschließenden Datenauswertung zeigt der Vergleich der Verformungen mit denen der Probe 2, ob das ermittelte Kraft-Verformungsverhalten als repräsentativ für sämtliche aus derselben Betoniercharge hergestellte Probekörper angesehen werden kann. Ist dies nicht der Fall, ist eine Wiederholung des Versuchs erforderlich.

Relaxationsversuche sind insbesondere in den ersten Tagen nach Belastungsbeginn durch einen raschen Spannungsabfall gekennzeichnet, dessen Geschwindigkeit mit zunehmender Belastungsdauer kontinuierlich abnimmt. Entsprechend erfolgt die automatische Datenerfassung mittels PC im vorliegenden Versuchsprogramm bei Lastaufbringung mit einem Messintervall von 2 Sekunden. Dieses wird innerhalb der nächsten 7 Tage schrittweise auf 6 Stunden verlängert, siehe Tab. 4-2. Neben den Kraft-Verformungswerten der Relaxationsproben und den lastunabhängigen Verformungen der Begleitprobe wird die Temperatur in der Klimakammer aufgezeichnet. Dieses ist notwendig, da Abweichungen von der Solltemperatur von 20 °C Temperaturverformungen des Messkorbes und somit relaxationsunabhängige Veränderungen im Spannungsverlauf bewirken.

Tab. 4-2 Richtwerte für die Messintervalle zur Speicherung der Kraft-Verformungswerte im Relaxationsversuch

Messintervall zwischen der Speicherung von zwei Kraft-Verformungswerten	bis zu einer Belastungsdauer $t\text{-}t_0$
2 s	Lastaufbringung
10 min	1 d
30 min	2 d
1 h	4 d
3 h	7 d
6 h	> 7 d

4.5 Versuchsprogramm

4.5.1 Kriechen unter konstanten Spannungen

Das im Folgenden vorgestellte Versuchsprogramm zum Kriechen von Beton unterteilt sich in sogenannte Einstufenversuche unter jeweils einer konstanten Spannung sowie Mehrstufenversuche unter zwei verschiedenen Spannungen.

Die Einstufenversuche dienten der Erfassung der Größe und der zeitlichen Entwicklung der Kriechverformungen. Diese werden sowohl durch das Belastungsalter und die Belastungsdauer als auch durch die Höhe des aufgebrachten Belastungsgrades beeinflusst (siehe das in Kapitel 2.2.3.2 erläuterte überproportionale Kriechverhalten). Tab. 4-3 gibt einen Überblick über die im jungen Betonalter durchgeführten 40 Einstufenversuche. Der angegebene Belastungsgrad $\bar{\sigma}_0$ ist definiert als das Verhältnis zwischen der im Versuch aufgebrachten Spannung und der Festigkeit der Proben im Belastungsalter t_0. Hierbei bezieht sich das Belastungsalter auf den Zeitpunkt der Wasserzugabe bei der Betonherstellung.

Zur Ermittlung der Zeitfunktion bzw. der Funktion zur Extrapolation von Messreihen mit kürzeren Versuchsdauern wurden ausgewählte Versuche über einen Zeitraum von bis zu 275 Tagen aufgezeichnet. Die Belastungsdauer sämtlicher weiterer Versuche lag zwischen 28 und 90 Tagen. Für eine Abschätzung des Streubereichs der Kriechverformungen wurden nahezu alle Einstufenversuche zweimal durchgeführt und die jeweiligen Probekörper in zwei unterschiedlichen Betonierchargen hergestellt, siehe die Zahlenangaben in Tab. 4-3. Weitere, nähere Angaben zu den 40 Einstufenversuchen finden sich in den Tabellen C-1 und C-2 in Anhang C.

Tab. 4-3 Anzahl der an versiegelten Proben durchgeführten Einstufenkriechversuche im jungen Betonalter [a)]

		Belastungsgrad $\bar{\sigma}_0$ [-]				
Beton	Belastungsalter t_0 [h]	0,2	0,3	0,4	0,5	0,6
A	16	2		1		2
	20	3	2	2		2
	24	2		2		2
B	12	2		1		2
	16	3	2	2		2
	24	2		2		2

a) Jeder Kriechversuch wurde an zwei Kriechproben durchgeführt, siehe Kapitel 4.3.

Grundvoraussetzung für die verlässliche Erfassung der Verformungen mittels des in Abb. 4-1 dargestellten Messsystems ist eine starre Verbindung zwischen Beton und den einbetonierten Rampamuffen. Wie sich aus Vorversuchen ergab, besteht diese ab einer Druckfestigkeit von ungefähr 7 N/mm^2. Infolge der rascheren Festigkeitsentwicklung des Betons B konnte mit diesen Versuchen bereits im Betonalter von 12 h begonnen werden. Eine Anbringung des Messsystems an die Probekörper aus Beton A war frühestens ab einem Alter von 16 h möglich. Zur Modellierung der Überproportionalität des Kriechens wurden zu jedem Belastungsalter verschiedene Belastungsgrade zwischen 0,2 und 0,6 betrachtet.

Ziel der vorliegenden Arbeit war die Entwicklung eines rheologischen Modells, welches das Kriechen für sämtliche Belastungsalter widerspruchsfrei zu beschreiben vermag. Hierfür waren die Erkenntnisse aus dem vorliegenden Versuchsprogramm an jungen Betonen mit der Vorhersage verschiedener Modelle aus der Literatur zu verknüpfen. Die Entwicklung dieser Modelle basierte vorwiegend auf Kriechversuchen mit höheren Belastungsaltern von mehreren Tagen bis Wochen. Für eine nahtlose Anbindung der Versuchsdaten wurden daher die in Tab. 4-3 angegebenen Hauptversuche um Nebenversuche mit Belastungsaltern t_0 von 3 d, 4 d, 8 d und 28 d unter einem Belastungsgrad von 0,2 ergänzt, siehe Kapitel 5.4 bzw. Anhang C.

Beim in Kapitel 5 vorgestellten Kriechmodell wird zwischen reversiblen verzögert elastischen Verformungen und einem irreversiblen Fließanteil unterschieden. Bei den unter Lasteinwirkung aufgezeichneten Kriechdehnungen ist eine direkte Trennung in diese beiden Verformungskomponenten jedoch nicht möglich. Für die Entwicklung und Optimierung des Ansatzes für die verzögert elastische Verformung wurde daher im Anschluss an verschiedene der in Tab. 4-3 angegebenen Einstufenkriechversuche die verzögert elastische Rückverformung aufgezeichnet. Der Entlastungszeitpunkt wurde hierbei so gewählt, dass neben dem Belastungsalter t_0 und dem Belastungsgrad $\bar{\sigma}_0$, die Belastungsdauer $t_1 - t_0$ als zusätzlicher Einflussparameter untersucht werden konnte, siehe Tab. 4-4 sowie die Tabellen C-1 und C-2 in Anhang C. Die Aufzeichnung der Rückverformung erfolgte über Zeiträume zwischen 28 d und 190 d zur Erfassung der genauen zeitlichen Entwicklung.

Tab. 4-4 An versiegelten Proben durchgeführte Einstufenversuche mit anschließender Aufzeichnung der verzögert elastischen Rückverformung

Beton	Belastungsalter	Belastungsdauer	Belastungsgrad
	t_0 [h]	t_1-t_0	$\bar{\sigma}_0$
A	16	28	0,4
			0,6 [a)]
		91	0,2
	20	28	0,2
			0,4
			0,6
		91	0,2
		180	0,2
	24	28	0,2
			0,4
			0,6
		91	0,2

Tab. 4-4 An versiegelten Proben durchgeführte Einstufenversuche mit anschließender Aufzeichnung der verzögert elastischen Rückverformung (Forts.)

Beton	Belastungsalter	Belastungsdauer	Belastungsgrad
	t_0 [h]	t_1-t_0	$\bar{\sigma}_0$
B	12	28	0,4
			0,6
		91	0,2
	16	28	0,2
			0,4
			0,6
		91	0,2
		180	0,2
	24	28	0,2
			0,4
			0,6
		91	0,2

a) Kriechversuch musste aufgrund von Problemen mit der Messtechnik nach Entlastung der Probekörper abgebrochen werden.

Des Weiteren wurden im Anschluss an sämtliche Einstufenversuche sowie an die im folgenden Kapitel vorgestellten Mehrstufenversuche die Festigkeiten der Kriech- und Schwindproben ermittelt. Dies diente der Untersuchung der teilweise in der Literatur beobachteten zeit- und lastabhängigen Veränderung der Druckfestigkeit, siehe Kapitel 2.2.3.3 bzw. die Prüfergebnisse in den Tabellen C-9 und C-10 in Anhang C.

4.5.2 Kriechen unter veränderlichen Spannungen

Die unter jeweils zwei unterschiedlichen Spannungen durchgeführten Mehrstufenversuche dienten der Überprüfung der in Kapitel 2.2.3.3 vorgestellten Superpositionsprinzipien sowie der Quantifizierung und Modellierung des Einflusses einer veränderlichen Spannungsgeschichte auf das Kriechverhalten junger Betone.

Tab. 4-5 An versiegelten Proben durchgeführte Mehrstufenkriechversuche im jungen Betonalter

Beton	t_0 [h]	$\bar{\sigma}_0$ [-]	t_1 [d]	$\bar{\sigma}_1$ [-]
A	16, 20, 24	0,2	4, 8	0,4
		0,2		0,6
		0,4		0,6
B	12, 16, 24	0,2	4, 8	0,4
		0,2		0,6
		0,4		0,6

Entsprechend den Angaben in Tab. 4-5 wurde je Beton zu drei verschiedenen Belastungsaltern t_0 die erste Laststufe mit einem Belastungsgrad $\bar{\sigma}_0$ von 0,2 bzw. 0,4 aufgebracht. Im Betonalter t_1 von 4 d folgte eine Erhöhung der Spannungen auf Belastungsgrade $\bar{\sigma}_1$ von 0,4 bzw. 0,6. Zur Erfassung des Einflusses der Belastungsdauer in der ersten Laststufe auf das Kriechverhalten nach einer Spannungsänderung wurden dieselben Laststufenkombinationen zusätzlich mit einem Umbelastungsalter t_1 von 8 d durchgeführt. Hieraus ergibt sich ein Versuchsprogramm von 18 Mehrstufenversuchen je Beton. Die Belastungsgrade $\bar{\sigma}_0$ und $\bar{\sigma}_1$ berechneten sich stets aus der jeweils aufgebrachten Spannung bezogen auf die Druckfestigkeit im Erstbelastungsalter t_0.

Die in den Tabellen 4-3 und 4-5 vorgegebenen Belastungsgrade bildeten die Berechnungsgrundlage für den im Hydraulikzylinder des Kriechstands einzustellenden Druck. Infolge der manuellen Befüllung der Versuchsstände mit Stickstoff war jedoch eine genaue Regelung der vorgegebenen Belastungsgrade nicht immer möglich. Insbesondere bei kleinen Belastungsgraden und entsprechend geringen Drücken ergaben sich daher versuchsbedingte Abweichungen von bis zu 20 %. Eine detaillierte Aufschlüsselung sämtlicher tatsächlich im Versuch aufgebrachter Belastungsgrade findet sich in den Tabellen C-1 bis C-4 in Anhang C. Diese und nicht die in den obigen Tabellen 4-3 und 4-5 angegebenen Sollwerte fanden Eingang in die später erläuterte Modellierung.

4.5.3 Relaxation

Die weitere Optimierung des entwickelten Stoffgesetzes erfolgte anhand von an beiden Betonen A und B durchgeführten Relaxationsversuchen mit verschiedenen Belastungsaltern t_0, siehe Tab. 4-6. Dementsprechend wurden insgesamt 12 Versuche an je zwei Relaxationsproben und einer Schwindprobe durchgeführt.

Tab. 4-6 An versiegelten Proben durchgeführte Relaxationsversuche

Beton	t_0	$\bar{\sigma}_0$ [-]
A	16 h, 24 h, 3 d	0,3 0,6
B	12 h, 24 h 3 d	0,3 0,6

Zur Ermittlung der zu Beginn des Relaxationsversuchs aufzubringenden Anfangsdehnung wurde an drei Begleitproben aus derselben Betoniercharge die Spannungs-Dehnungslinie im Kurzzeitdruckversuch aufgezeichnet. Die eingestellte Anfangsdehnung entsprach hierbei der aus den drei Kurzzeitversuchen gemittelten Verformung unter dem Belastungsgrad $\bar{\sigma}_0$. Des Weiteren bildete die daraus resultierende Spannung den Ausgangspunkt für den relaxationsbedingten Spannungsabfall. Dessen zeitliche Entwicklung wurde aufgezeichnet, bis der über einen Zeitraum von 10 Tagen gemessene mittlere Spannungsabfall kleiner als 0,05 N/mm^2/d betrug. Die Ergebnisse sämtlicher Relaxationsversuche sind in Kapitel 6.3 dokumentiert.

4.6 Zusammenfassung

Das vorgestellte Versuchsprogramm an zwei versiegelt gelagerten Betonen unterschiedlicher Festigkeit ist speziell für die Entwicklung eines nichtlinearen Stoffgesetzes zur Vorhersage des Kriech- und Relaxationsverhaltens junger Betone konzipiert. Die verschiedenen Kurz- und Langzeitversuche unter konstanten Spannungen ermöglichen Rückschlüsse auf die Höhe bzw. die zeitliche Entwicklung des Kriechens in Abhängigkeit des Belastungsalters sowie die Erfassung der Überproportionalität. Anhand der Mehrstufenversuche erfolgt die Wahl des für die Vorhersage des Kriechens unter veränderlichen Spannungen anzuwendenden Superpositionsprinzips und die Modellierung der Abhängigkeit von der Spannungsgeschichte. Die Aufzeichnung des Rückkriechens nach Beendigung ausgewählter Kriechversuche unter konstanten Spannungen bildet die direkte Grundlage für die Entwicklung des Modells zur Beschreibung der verzögert elastischen Verformung. Nach der numerischen Ableitung der relaxationsbedingten Spannungsverläufe aus dem für das Kriechen entwickelten Stoffgesetz dient der Vergleich der Berechnung mit den gemessenen Relaxationsdaten der weiteren Optimierung der Modellparameter. Zusätzlich geben die Relaxationsversuche einen Einblick in die Abhängigkeit des Spannungsverlaufs vom Belastungsalter und des zu Beginn aufgebrachten Belastungsgrads.

Kapitel 5
Diskussion der Versuchsergebnisse und Entwicklung des Kriechmodells

---

In diesem Kapitel werden die Ergebnisse der Kriechversuche und der Kurzzeitdruckversuche sowie der zur Charakterisierung der Festigkeitsentwicklung junger Betone durchgeführten Begleituntersuchungen vorgestellt und diskutiert. Diese bilden die Grundlage für die anschließende Entwicklung des nichtlinearen Kriechmodells, anhand dessen zwischen sofortigen und verzögert elastischen Verformungen sowie Fließverformungen unterschieden wird. Die einzelnen Ansätze basieren auf rheologischen Feder- und Dämpferelementen, deren Verformungsverhalten und entsprechende Kennwerte innerhalb des gesamten Gültigkeitsbereichs des Modells thermodynamisch widerspruchsfrei formuliert sind.

5.1 Zeitliche Entwicklung der Betonfestigkeit

Einfluss der Frischbetontemperatur

Wie bereits in Kapitel 2.2 erläutert, ist die Höhe der im Kriechversuch gemessenen Verformungen maßgeblich von der Festigkeit des Betons zu Belastungsbeginn abhängig. Deren Einfluss sinkt mit zunehmendem Belastungsalter, indem ein nur geringer Zuwachs an Betondruckfestigkeit weiterhin mit einer nennenswerten Abnahme des Verformungsvermögens von Beton verbunden ist. Daher wird bei verschiedenen Kriechmodellen aus der Literatur, die vorwiegend auf Basis von Versuchen mit höheren Belastungsaltern von mehreren Tagen bis Wochen entwickelt wurden, das Kriechen nicht über die Betonfestigkeit, sondern über das Belastungsalter t_0 ausgedrückt, siehe Kapitel 3.3. Insbesondere in den ersten Stunden nach der Betonherstellung wird die Hydratationsgeschwindigkeit neben dem Betonalter von verschiedenen anderen Faktoren beeinflusst. Hierzu gehören beispielsweise die Reaktivität der Bindemittel bzw. die Wirkungsweise von Zusatzmitteln, die Frischbetontemperatur und die Hydratationswärmeentwicklung im Bauteil.

Der in den durchgeführten Versuchen festgestellte Einfluss der Frischbetontemperatur T_0 auf die zu einem bestimmten Betonalter t_0 ermittelte Druckfestigkeit f_{cm} ist in Abb. 5-1 veranschaulicht. Jedes Symbol kennzeichnet den Mittelwert der Festigkeiten von drei zylindrischen Probekörpern (d/h = 150/300 mm) aus derselben Betoniercharge. Des Weiteren sind die Regressionsgerade und die maximale Standardabweichung angegeben. Tendenziell steigt die Druckfestigkeit mit der Frischbetontemperatur an, wobei der Einfluss der Temperatur bei den Betonen A und B verschieden stark ausgeprägt ist. Dies ist auf Unterschiede in der Mischungszusammensetzung hinsichtlich des Wasser- und Zementgehaltes bzw. der Zugabe von Fließmittel und Mikrosilika zurückzuführen, siehe Tab. 4-1. Gemäß der ebenfalls in Abb. 5-1 rechts eingezeichneten Regressionsgerade für das Belastungsalter t_0 von 12 h führt bei Beton B eine Erhöhung der Frischbetontemperatur um 1 °C zu einer um 3 N/mm^2 höheren Druckfestigkeit. Dieser Temperatureinfluss nimmt mit zunehmendem Betonalter kontinuierlich ab. Lässt man für das Alter von 24 h den Festigkeitswert für die geringste Frischbetontemperatur außer Acht, ist die Festigkeitsentwicklung von der Frischbetontemperatur unabhängig.

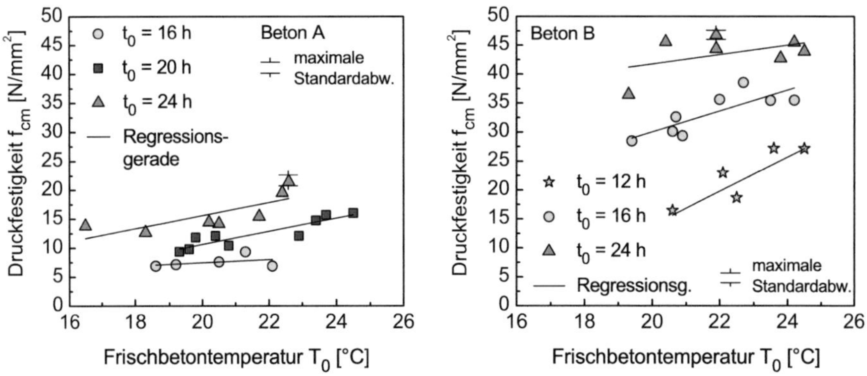

Abb. 5-1 Druckfestigkeit der Betone A (links) und B (rechts) in Abhängigkeit von der Frischbetontemperatur für unterschiedliche Prüfalter t_0

Bei Beton A erscheint der Einfluss der Frischbetontemperatur weniger ausgeprägt. Im Prüfalter t_0 von 16 h ist der Festigkeitsanstieg von 0,3 (N/mm^2)/°C vernachlässigbar klein und steigt im Alter von 20 h bzw. 24 h lediglich auf 1,1 (N/mm^2)/°C an. Bei den hier nicht dargestellten Festigkeitswerten im Betonalter von 3 d ist kein Einfluss der Frischbetontemperatur auf die Zylinderdruckfestigkeit f_{cm} mehr zu erkennen.

Hydratationswärmeentwicklung der Probekörper

Neben der Frischbetontemperatur bei der Betonherstellung wird die Festigkeitsentwicklung von Beton durch die Umgebungstemperatur während der Hydratation beeinflusst. Lagerungstemperaturen größer als 20 °C beschleunigen die Hydratation, was beispielsweise über die Berechnung eines erhöhten wirksamen Belastungsalters gemäß der in Gl. 2-1 angegebenen Reifefunktion berücksichtigt wird. Entsprechend der ausgeprägten Altersabhängigkeit sinken die beobachteten Kriechverformungen mit der Höhe des wirksamen Belastungsalters. Andererseits bewirken erhöhte Temperaturen einen generellen Anstieg des Kriechvermögens von Beton. Ein entsprechendes Modell findet sich unter anderem im MODEL CODE 2010 [Fib 55].

Im vorliegenden Versuchsprogramm wurden sämtliche Probekörper in Stahlschalungen hergestellt und direkt im Anschluss im Klimaraum bei einer Temperatur von 20 ± 1°C gelagert. Vor obigem Hintergrund war zu prüfen, inwieweit die bei der Betonerhärtung entstehende Hydratationswärme eine Erwärmung der Proben bewirkt. Hierzu wurde bei unterschiedlichen Betonierchargen die Temperatur in der Mitte eines zusätzlich hergestellten zylindrischen Probekörpers aufgezeichnet (d/h = 150/300 mm).

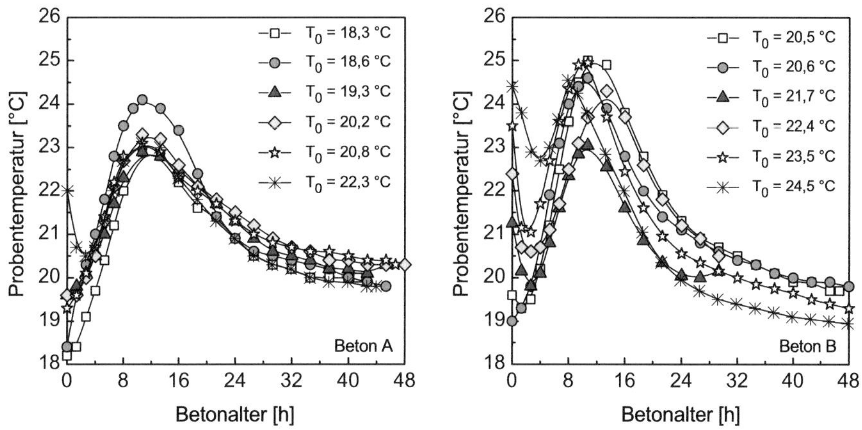

Abb. 5-2 Probentemperatur in Zylindermitte (d/h = 150/300 mm) der Betone A (links) und B (rechts) in Abhängigkeit von der Frischbetontemperatur T_0 beim Befüllen der Stahlschalungen

Gemäß den in Abb. 5-2 angegebenen Temperaturaufzeichnungen wird unabhängig von der unterschiedlichen Mischungszusammensetzung der beiden Betone A und B das Temperaturmaximum bereits im Betonalter von ca. 12 h (Zeitpunkt nach Wasserzugabe bei der Betonherstellung) durchschritten. Ein direkter Zusammenhang zwischen der Frischbetontemperatur T_0 der jeweiligen Betoniercharge und der Höhe des Temperaturmaximums ist nicht festzustellen. Dieser Zusammenhang ist in der Praxis bei konstanten Umgebungstemperaturen zu beobachten, wenn die Erwärmung der Probekörper ausschließlich aus der Hydratationswärmeentwicklung resultiert. Dementgegen sind im vorliegenden Versuchsprogramm die Labortemperatur und damit die Frischbetontemperatur zwar jahreszeitbedingten Schwankungen unterworfen, die Probekörper werden jedoch direkt im Anschluss an die Herstellung in einen Klimaraum mit einer Temperatur von 20 ± 1 °C umgelagert. Hierin liegt beispielsweise der bei verschiedenen Kurven in Abb. 5-2 auftretende Temperaturabfall begründet. Im Betonalter von 32 h ist die Abkühlung der Proben auf Raumtemperatur nahezu abgeschlossen. Vor diesem Hintergrund erfordert der verhältnismäßig geringe Temperaturanstieg auf Werte zwischen 23 °C und 25 °C keine spezielle Berücksichtigung der Probentemperatur auf die Höhe des Kriechens junger Betone.

Von geringfügigen Unterschieden bei der Fließmitteldosierung zur Steuerung der Konsistenz abgesehen, wurden die beiden untersuchten Betone A und B stets mit derselben Mischungszusammensetzung hergestellt. Auf eine gesonderte Untersuchung des Einflusses der Reaktivität der Bindemittel sowie der Fließmittelmenge auf die Hydratationsgeschwindigkeit konnte daher verzichtet werden.

Ermittlung des wahren Belastungsalters t_{0w}

Aus den zu Beginn des Kapitels 5.1 erläuterten Gründen wird in verschiedenen Ansätzen aus der Literatur die Höhe des Kriechens nicht in Abhängigkeit der Betondruckfestigkeit, sondern anhand des Belastungsalters ausgedrückt. Dieses Konzept wurde in der vorliegenden Arbeit bei der Entwicklung des Kriechmodells im Grundsatz übernommen. Zusätzlich war jedoch zu berücksichtigen, dass infolge des in Abb. 5-1 dargestellten Zusammenhangs zwischen der Frischbetontemperatur T_0 und der Betondruckfestigkeit f_{cm} eine direkte Korrelation zwischen dem Betonalter t_0 (Zeit nach Wasserzugabe bei der Betonherstellung) und der zu diesem Zeitpunkt gemessenen Druckfestigkeit im jungen Betonalter nicht möglich war. Als Ersatzparameter wurde daher das sogenannte wahre Belastungsalter t_{0w} eingeführt, bei dem das Betonalter t_0 um den Einfluss der Frischbetontemperatur auf die zeitliche Entwicklung der Druckfestigkeit korrigiert wird.

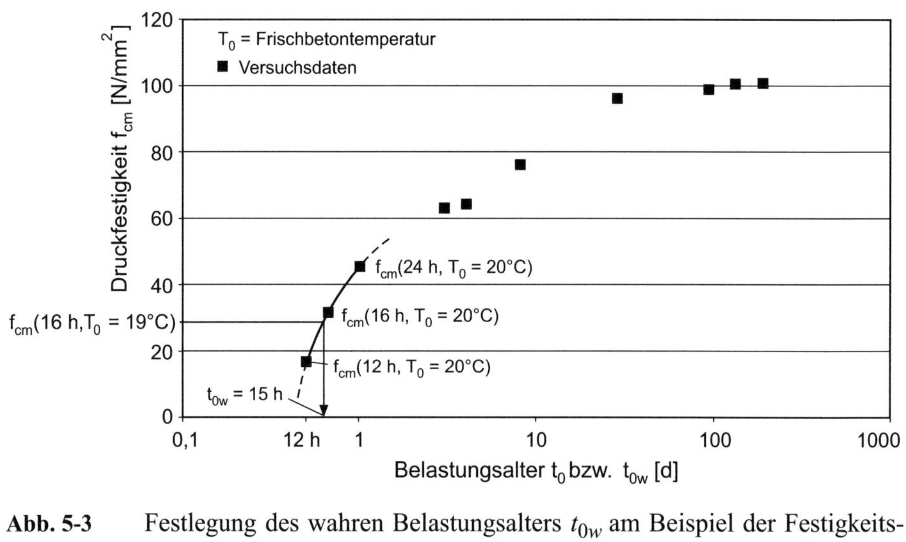

Abb. 5-3 Festlegung des wahren Belastungsalters t_{0w} am Beispiel der Festigkeitsentwicklung des Betons B

Das in Abb. 5-3 veranschaulichte Vorgehen basiert auf der Festlegung, dass die bei einer Frischbetontemperatur T_0 von 20 °C gemessene Druckfestigkeit sowohl dem Betonalter t_0 als auch dem wahren Belastungsalter $t_{0w} = t_0$ zugeordnet wird. Diese Basisfestigkeiten sind im Schaubild über quadratische Symbole gekennzeichnet. Weichen hingegen die zum Zeitpunkt t_0 im Versuch gemessenen Druckfestigkeiten von den Basiswerten ab, entsprechen diese einem auf der Abszisse verschobenen wahren Belastungsalter t_{0w}. Zur Erläuterung wird im Diagramm die Festigkeit f_{cm}(16 h, T_0 = 19 °C) betrachtet. Der entsprechende Beton wurde mit einer Frischbetontemperatur von 19 °C hergestellt und im Alter t_0 = 16 h geprüft. Infolge der langsameren Festigkeitsentwicklung ist das wahre Belastungsalter auf einen Wert t_{0w} = 15 h zu korrigieren.

Die Tabellen C-1 bis C-4 in Anhang C geben für sämtliche Versuche mit Belastungsaltern $t_0 \leq 24$ h zusätzlich das wahre Belastungsalter t_{0w} an. Für höhere Belastungsalter ist kein Einfluss der Frischbetontemperatur erkennbar und eine entsprechende Korrektur nicht notwendig.

Zeitliche Entwicklung des effektiven Belastungsgrads

Das Kriechverhalten von Beton wird neben der oben erläuterten Druckfestigkeit zu Belastungsbeginn maßgeblich durch die Höhe der im Versuch aufgebrachten Spannungen beeinflusst. Diese berechnen sich aus einem im Vorfeld festgelegten Belastungsgrad $\bar{\sigma}_0$, der über das Verhältnis zwischen der im Versuch aufzubringenden Spannung $\sigma(t_0)$ und der Betondruckfestigkeit $f_{cm}(t_0)$ zu Belastungsbeginn t_0 definiert ist. Infolge der über die gesamte Versuchsdauer auftretenden hydratationsbedingten Festigkeitssteigerung des Betons entspricht der zu einem späteren Zeitpunkt t im Kriechversuch effektiv wirkende Belastungsgrad $\bar{\sigma}_{eff} = \sigma(t_0)/f_{cm}(t)$ jedoch nicht mehr dem anfänglichen Belastungsgrad $\bar{\sigma}_0 = \sigma(t_0)/f_{cm}(t_0)$. Diese mit der Zeit zunehmende Reduktion des effektiven Belastungsgrads ist bei sehr jungen Belastungsaltern besonders ausgeprägt.

In Tab. 5-1 sind die zu verschiedenen Prüfaltern gemessenen mittleren Druckfestigkeiten $f_{cm}(t_0)$ der Betone A und B aufgeführt. Hieraus berechnet sich die grau hinterlegte, von verschiedenen Belastungsaltern t_0 ausgehende zeitliche Entwicklung des effektiven Belastungsgrads. Zur Ermittlung des Einflusses des Belastungsalters ist der Belastungsgrad zu Belastungsbeginn stets zu 0,6 gewählt.

Die Festigkeitsentwicklung von Beton A ist insgesamt durch eine langsamere Hydratation gekennzeichnet, die im Alter von 91 d noch zunimmt. Bei einem jungen Belastungsalter von 16 h und einer Versuchsdauer von 180 d bewirkt dies eine Reduktion des effektiven Belastungsgrades auf 1/10 des Anfangswertes. Selbst bei höheren Belastungsaltern von 28 d sinkt der effektive Belastungsgrad bis ins Betonalter von 181 d um ca. 24 %. Im Vergleich hierzu entwickelt der Beton B bis ins Alter von 16 h eine deutlich höhere Frühfestigkeit und die Druckfestigkeit strebt im höheren Betonalter rascher einem Grenzwert entgegen. Dementsprechend ist die Reduktion des Belastungsgrades bei jungen Belastungsaltern deutlich geringer und für Belastungsalter größer 28 d bleibt dieser zeitlich konstant.

Tab. 5-1 Zeitliche Entwicklung der Druckfestigkeit [N/mm^2] sowie, grau hinterlegt, des effektiven Belastungsgrades [-] der Betone A und B

Beton		Prüfalter t								
		12 h	16 h	20 h	24 h	3 d	8 d	28 d	91 d	181 d
A	$f_{cm}(t_0)$	-	7,6	12,4	15,9	35,6	45,6	54,8	65,8	70,9
	t_0 = 16 h		0,60	0,37	0,29	0,13	0,10	0,08	0,07	0,06
	t_0 = 20 h			0,60	0,46	0,21	0,16	0,14	0,11	0,11
	t_0 = 24 h				0,60	0,26	0,20	0,17	0,14	0,13
	t_0 = 3 d					0,60	0,47	0,39	0,32	0,30
	t_0 = 28 d							0,60	0,50	0,46
B	$f_{cm}(t_0)$	21,4	33,0	-	43,6	63,2	76,2	96,5	99,0	100,9
	t_0 = 12 h	0,60	0,38	-	0,29	0,20	0,17	0,13	0,13	0,13
	t_0 = 16 h		0,60	-	0,45	0,31	0,26	0,20	0,20	0,20
	t_0 = 24 h				0,60	0,41	0,34	0,27	0,26	0,26
	t_0 = 3 d					0,60	0,50	0,39	0,38	0,38
	t_0 = 28 d							0,60	0,58	0,57

Infolge der ausgeprägten Abhängigkeit des Kriechens von der Höhe der aufgebrachten Spannung ist zu erwarten, dass sich die Veränderung des effektiven Belastungsgrades in der zu einem bestimmten Zeitpunkt gemessenen Kriechgeschwindigkeit niederschlägt. Dieser Zusammenhang fand bereits in verschiedenen Modellen aus der Literatur indirekt Berücksichtigung, indem die zeitliche Entwicklung des Kriechens in Abhängigkeit vom Belastungsalter formuliert wurde, siehe Kapitel 2.2.2 und 3.3. Die im Rahmen der vorliegenden Arbeit gewonnen Versuchsergebnisse rechtfertigen diese Vorgehensweise, sodass bei der später erläuterten Modellbildung ebenfalls auf eine vom Belastungsalter abhängige Zeitfunktion zurückgegriffen wird.

Lastabhängige Entwicklung der Druckfestigkeit

Verschiedene, bereits in Kapitel 2.2.3.3 vorgestellte Versuchsergebnisse aus der Literatur zeigen eine lastbedingte Erhöhung der Druckfestigkeit von zuvor im Kriechversuch belasteten Probekörpern. Im durchgeführten Versuchsprogramm erfolgte die Überprüfung dieser Beobachtung durch den Vergleich der im Anschluss an die Kriechversuche ermittelten Druckfestigkeiten der Kriech- und Schwindproben. Sämtliche Prüfergebnisse sind in den Tabellen C-9 und C-10 in Anhang C zusammengestellt. Bei der überwiegenden Anzahl der Versuche bewirkte die im vorangehenden Kriechversuch aufgebrachte Spannung eine Erhöhung der Probenfestigkeit. Eine definierte Abhängigkeit von der Höhe und der Dauer der Belastung sowie vom Belastungsalter ist jedoch nicht erkennbar. Zusätzlich ist zu bemerken, dass die berechnete mittlere Druckfestigkeit aus zwei Kriechproben bzw. maximal vier Schwindproben je Betoniercharge keine eindeutige Aussage über den Streubereich der Druckfestigkeiten erlaubte. Folglich ist in zukünftigen Forschungsvorhaben anhand einer höheren Anzahl an Probekörpern zu überprüfen, inwieweit die teilweise in den Tabellen C-9 und C-10 in Anhang C angegebene Erhöhung der Festigkeit der natürlichen Streuung der Prüfergebnisse und nicht dem Einfluss der Spannungsgeschichte geschuldet ist. Vor diesem Hintergrund findet die lastabhängige Entwicklung der Druckfestigkeit keinen Eingang in die im Folgenden vorgestellte Modellentwicklung.

5.2 Grundkonzept der Modellentwicklung

5.2.1 Rheologisches Modell

Die Wahl des rheologischen Modells zur Beschreibung der zeit- und lastabhängigen Verformungen versiegelt gelagerter Betonproben erfolgte auf Basis einer umfassenden Sichtung bestehender Kriechmodelle aus der Literatur. Ausgangspunkt für die im Folgenden vorgestellte Modellierung bildet der Summationsansatz von MÜLLER [Mül 86], in dem zwischen reversiblen verzögert elastischen Verformungen und irreversiblen Fließverformungen unterschieden wird, siehe Kapitel 3.3.3 bzw. die Begründung für die Wahl dieses Ansatzes in Kapitel 3.4. Er berücksichtigt das komplexe nichtlineare Kriechverhalten von Beton und ermöglicht eine widerspruchsfreie Vorhersage des Relaxationsverlaufs. Das für normalfesten Beton ab einem Belastungsalter von 24 h gültige Modell war jedoch für das Kriechverhalten junger hochfester Betone nicht direkt anwendbar.

Der hier vorgestellte Ansatz zur Abbildung der verzögert elastischen Verformung basiert auf einer Reihenschaltung von fünf Kelvinelementen. Die altersabhängigen Materialkennwerte sind innerhalb des gesamten Gültigkeitsbereichs thermodynamisch widerspruchsfrei formuliert. Auf Basis des durchgeführten Versuchsprogramms ist das Modell insbesondere auf das Verformungsverhalten junger Betone mit Belastungsaltern bis 24 h abgestimmt. Durch Verknüpfung mit der Alterungsfunktion im Ansatz von MÜLLER besitzt es jedoch auch für ältere Betone Gültigkeit, siehe Kapitel 5.5.

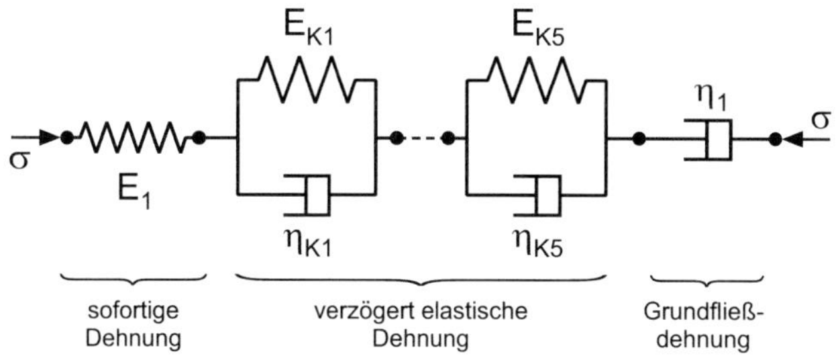

Abb. 5-4 Rheologisches Modell des entwickelten Stoffgesetzes zur Beschreibung des Kriech- und Relaxationsverhaltens von Beton

Das Grundfließen entspricht der Verformung eines Dämpferelements, dessen Viskosität η_1 ebenfalls altersabhängig formuliert ist. Dieser Ansatz wurde auf Basis der im Versuchsprogramm gewonnenen Erkenntnisse über das Verformungsverhalten junger Betone vollständig neu entwickelt, siehe Kapitel 5.6.

Das im Rahmen dieser Arbeit dem Modell von MÜLLER zugefügte Federelement beschreibt die sofortige Dehnung bei Lastaufbringung im Kriech- und Relaxationsversuch. Zur Abbildung des beobachteten nichtlinearen Spannungs-Dehnungsverhaltens ist die Federsteifigkeit E_1 sowohl vom Belastungsalter als auch vom Belastungsgrad abhängig definiert.

5.2.2 Allgemeines Vorgehen

Im Kriechversuch unter einer konstanten Spannung $\sigma(t_0)$ treten im Anschluss an die sofortige Dehnung bei Lastaufbringung zum Zeitpunkt t_0 ausgeprägte zeit- und lastabhängige Verformungen auf. Diese sind in unten gegebener Abb. 5-5 links mit $\varepsilon_{cc,t}(t,t_0)$ bezeichnet. Gemäß der im selben Schaubild rechts eingezeichneten Spannungs-Dehnungsbeziehung im Kurzzeitdruckversuch setzt sich die sofortige Dehnung aus einem rein elastischen Anteil $\varepsilon_{ci}(t_0)$ und einem irreversiblen plastischen Anteil $\varepsilon_{pl}(t_0)$ zusammen. Bei der Definition des Kriechens in bestehenden Kriechansätzen aus der Literatur wurde die sofortige plastische Verformung nicht als eigene additive Verformungskomponente betrachtet, sondern mit der oben erläuterten zeit- und lastabhängigen Verformung $\varepsilon_{cc,t}(t,t_0)$ zusammengefasst.

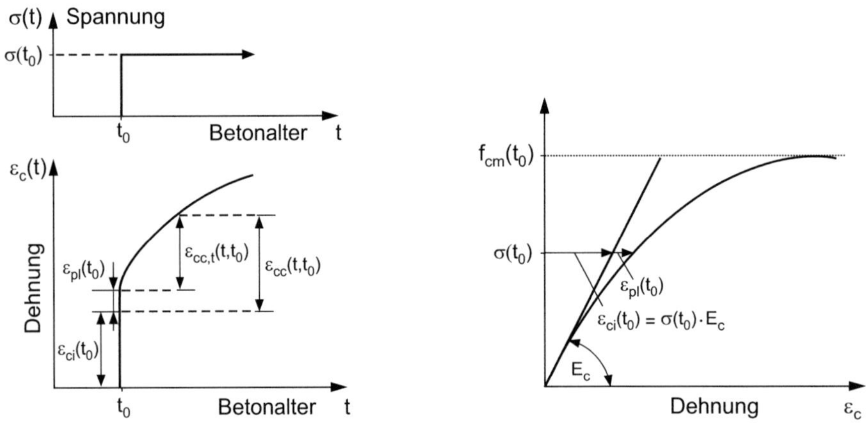

Abb. 5-5 Plastische Anfangsverformung $\varepsilon_{pl}(t_0)$ im Kriechversuch (links) bzw. bei Aufzeichnung der Spannungs-Dehnungslinie im Kurzzeitdruckversuch (rechts)

Ein Beispiel für eine solche Modellierung der direkt im Anschluss an die elastische Dehnung auftretenden Kriechverformung $\varepsilon_{cc}(t,t_0)$ bildet das dem Bemessungsansatz der DIN 1045-1 zugrunde liegende Kriechmodell, siehe [Daf 525, Mül 02]. Infolge der kleinen sofortigen plastischen Verformungen innerhalb des Gebrauchsspannungsbereiches bis zu Belastungsgraden von ca. 0,4 ist diese Vorgehensweise für die Baupraxis ausreichend genau. Sie birgt jedoch bei Produktansätzen prinzipiell den Nachteil, dass bei Anwendung des Superpositionsprinzips von BOLTZMANN zur Berechnung des Kriechens nach einer vollständigen Entlastung nicht nur die Kriechverformung, sondern auch die sofortige plastische Verformung teilweise reversibel ist.

Sowohl der Verformungszuwachs infolge Kriechens unter einer konstanten Spannung als auch der Spannungsabfall infolge Relaxation unter einer konstanten Dehnung resultieren aus denselben Verformungsprozessen in der Mikrostruktur. Daher wurden in der vorliegenden Arbeit neben einem umfassenden Versuchsprogramm zum Kriechverhalten junger Betone zusätzlich Relaxationsversuche unter unterschiedlichen Anfangsbelastungsgraden $\bar{\sigma}(t_0) = \sigma(t_0)/f_{cm}(t_0)$ durchgeführt. Analog zum Kriechversuch setzt sich die der Spannung $\sigma(t_0)$ zugehörige Anfangsdehnung $\varepsilon_c(t_0)$ aus einem elastischen und einem plastischen Dehnungsanteil zusammen, siehe die in Abb. 5-6 rechts dargestellte Spannungs-Dehnungsbeziehung im Kurzzeitdruckversuch. Folglich resultiert der im Anschluss an die Lastaufbringung im Relaxationsversuch gemessene Spannungsabfall $\sigma(t)$ ausschließlich aus der in obiger Abb. 5-5 links eingezeichneten zeit- und lastabhängigen Dehnung $\varepsilon_{cc,t}(t,t_0)$. Die während des Belastungsvorgangs infolge der sofortigen plastischen Verformung $\varepsilon_{pl}(t_0)$ auftretende Spannungsrelaxation ist nicht messbar.

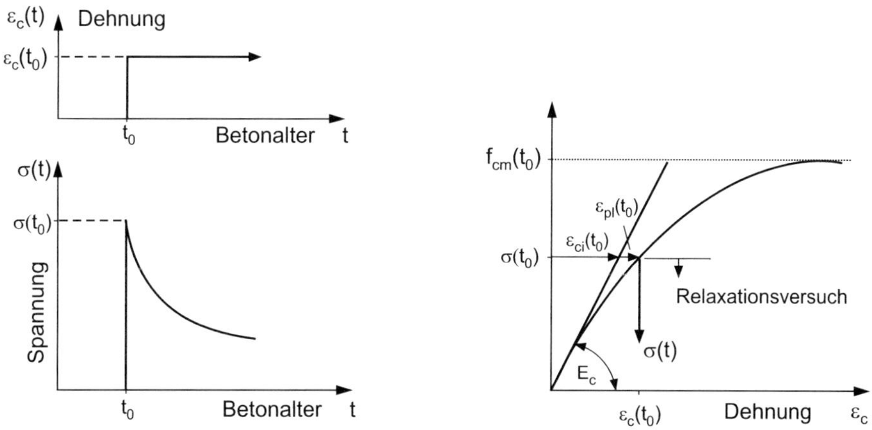

Abb. 5-6 Zeitabhängigkeit des Spannungsabfalls im Relaxationsversuch (links), Spannungsverlauf im Relaxationsversuch in Bezug auf die Spannungs-Dehnungsbeziehung bei Lastaufbringung (rechts)

Im Rahmen der vorliegenden Arbeit erfolgt die Herleitung der Relaxation aus dem komplexen Stoffgesetz zur Beschreibung des nichtlinearen Spannungs-Dehnungs-Zeitverhaltens von Beton auf numerischem Weg, siehe Kapitel 3.2 bzw. 6.2. Grundvoraussetzung für die korrekte numerische Berechnung des gemessenen, relaxationsbedingten Spannungsverlaufs ist die Einführung der sofortigen plastischen Dehnung $\varepsilon_{pl}(t_0)$ als eigene, additive Verformungskomponente. Sobald diese, der oben erläuterten, bislang üblichen Definition des Kriechens folgend, als Teil der in Abb. 5-5 links eingezeichneten Kriechverformung $\varepsilon_{cc}(t,t_0)$ betrachtet wird, führt dies im Vergleich zu den Versuchsdaten zu einer Überschätzung des Spannungsabfalls. Diese Diskrepanz zwischen dem berechneten und gemessenen Spannungsverlauf ist umso größer, je ausgeprägter die sofortige plastische Verformung, d. h. je jünger der Beton bei Versuchsbeginn bzw. je höher der zu Beginn aufgebrachte Belastungsgrad ist, siehe Anhang E.

Vor diesem Hintergrund wird bei der in den folgenden Kapiteln erläuterten Modellentwicklung die nichtlineare Spannungs-Dehnungsbeziehung bei Lastaufbringung im Kriech- und Relaxationsversuch anhand eines eigenen additiven Modellteils beschrieben. Sie entspricht den Verformungen der in Abb. 5-4 eingezeichneten Feder der Steifigkeit E_1. Gemäß der obigen Definition des Kriechens ist der darin enthaltene sofortige plastische Verformungsanteil zu den im Anschluss an den Belastungsvorgang auftretenden zeit- und lastabhängigen Verformungen $\varepsilon_{cc,t}(t,t_0)$ hinzuzuaddieren.

Bei der Beschreibung von $\varepsilon_{cc,t}(t,t_0)$ über einen Summationsansatz setzt sich diese, im Folgenden als Gesamtkriechen bezeichnete Dehnung aus einem verzögert elastischen Verformungsanteil $\varepsilon_v(t)$ und einer Fließverformung $\varepsilon_f(t)$ zusammen. Eine direkte Unterscheidung zwischen den einzelnen Verformungsanteilen ist anhand des im Versuch gemessenen Gesamtkriechens nicht möglich. Rückschlüsse auf die Größe der verzögert elastischen Verformung erlauben ausschließlich die nach einer vollständigen Entlastung von Kriechproben aufgezeichneten verzögert elastischen Rückverformungen $\varepsilon_r(t)$.

Die Herleitung des Modells für die unter Last auftretende verzögert elastische Verformung $\varepsilon_v(t)$ basiert auf der Annahme, dass sich diese durch Anwendung eines geeigneten Superpositionsprinzips in eine verzögert elastische Rückverformung $\varepsilon_r(t)$ überführen lässt. Dies ermöglicht die direkte Optimierung der Modellparameter anhand von Versuchsdaten, siehe Kapitel 5.5. Die zu modellierenden Fließverformungen $\varepsilon_f(t)$ ergeben sich anschließend aus der Differenz zwischen den Gesamtkriechverformungen $\varepsilon_{cc,t}(t)$ und den modellierten verzögert elastischen Verformungen $\varepsilon_v(t)$, siehe Kapitel 5.6.

Der Schwerpunkt des im Rahmen dieser Arbeit durchgeführten Versuchsprogramms lag in der Untersuchung des Kriechverhaltens junger Betone. Das entwickelte rheologische Modell sollte hingegen für sämtliche Belastungsalter eine widerspruchsfreie Beschreibung des Kriechens unter konstanten und veränderlichen Spannungen sowie der Relaxation ermöglichen. Daher waren die aus den Versuchen an jungen Betonen gewonnenen Erkenntnisse mit dem in verschiedenen Modellen aus der Literatur berücksichtigten Kenntnisstand zum Verformungsverhalten älterer Betone zu verknüpfen, siehe das Flussdiagramm in Abb. 5-7.

Vor diesem Hintergrund wurde für die Aufteilung des Gesamtkriechens $\varepsilon_{cc,t}(t)$ in die verzögert elastische Verformung $\varepsilon_v(t)$ und das Fließen $\varepsilon_f(t)$ das Gesamtkriechen für verschiedene, ausgewählte Belastungsalter modelliert. Der entsprechende Ansatz basiert für junge Betone auf den vorliegenden Versuchsdaten und lehnt sich für höhere Belastungsalter eng an das Kriechmodell der DIN 1045-1 an. Ausgangspunkt für die Entwicklung des Modells zur Berechnung der verzögert elastischen Verformung $\varepsilon_v(t)$ war der Kriechansatz von MÜLLER [Mül 86]. Anhand der Versuchsdaten wurde dieser für junge Betone erweitert und verschiedene Modellparameter individuell an das gemessene Verformungsverhalten angepasst. Die Datenbasis für die Entwicklung und Optimierung des Ansatzes zur Beschreibung der Fließverformung $\varepsilon_f(t)$ bildete die Differenz zwischen dem für ausgewählte Belastungsalter modellierten Gesamtkriechen $\varepsilon_{cc,t}(t)$ und der verzögert elastischen Verformung $\varepsilon_v(t)$.

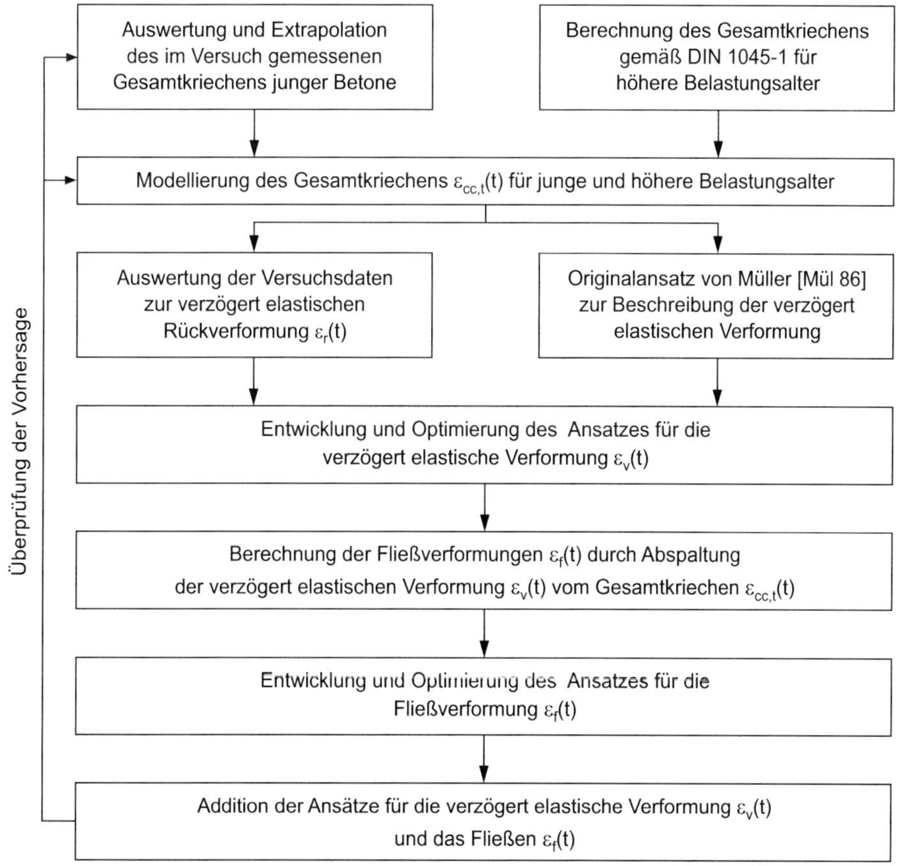

Abb. 5-7 Flussdiagramm zum Vorgehen bei der Entwicklung des Summationsansatzes

Im Anschluss an die Entwicklung der Modelle für die verzögert elastische Verformung und das Fließen wurden diese summiert und das auf diese Weise berechnete Gesamtkriechen mit dem für bestimmte Belastungsalter aufgestellten Ansatz für $\varepsilon_{cc,t}(t)$ sowie den Versuchsdaten verglichen. Des Weiteren war zu überprüfen, ob die zeitlichen Verläufe der einzelnen Verformungskomponenten richtig aufeinander abgestimmt sind und nach Addition eine widerspruchsfreie Vorhersage des Gesamtkriechens ermöglichen.

5.2.3 Regressionsanalyse

In Kriechversuchen treten insbesondere zu Beginn hohe Verformungsänderungen auf, die mit zunehmender Belastungsdauer kontinuierlich abnehmen. Die zur Aufzeichnung der Versuchsdaten eingestellten Messintervalle variierten dementsprechend zwischen 10 Minuten unmittelbar im Anschluss an die Lastaufbringung und 6 Stunden nach einer Belastungsdauer von ein bis zwei Wochen.

Bei der Entwicklung und Optimierung des Modells wurden die einzelnen Modellparameter durch Regression an die Versuchsdaten angepasst. Aufgrund der unterschiedlichen Messintervalle hätte hierbei die Verwendung aller Messdaten eine unverhältnismäßig starke Wichtung der Verformungen in den ersten Tagen nach Versuchsbeginn zur Folge gehabt. Einer Empfehlung des CEB Bulletins 142 [CEB 142] folgend wurden daher ausschließlich Werte an bestimmten Stützstellen betrachtet, deren zeitliche Abstände sich aus folgender Rekursionsformel berechnen:

$$(t_j - t_0) = (t_{j-1} - t_0) \cdot 10^{1/m} \tag{5-1}$$

Bei diesem Verfahren wird die Zeitachse im logarithmischen Maßstab in gleichgroße Zeitschritte unterteilt, deren Größe über den Parameter m festgelegt ist (siehe hierzu Abb. 5-8 exemplarisch für $m = 3$, in der die Stützstellen durch Kreissymbole gekennzeichnet sind). Dadurch reduziert sich die Wichtung der Verformungen nach kurzen Belastungsdauern bei einer gleichzeitigen Erfassung der zu diesem Zeitpunkt noch hohen Verformungsrate. Die Differenz $(t_j - t_0)$ ist die Belastungsdauer bis zur Stützstelle j. Der erste Zeitschritt $(t_1 - t_0)$ wurde in der vorliegenden Arbeit stets zu 0,1 gewählt.

Nach der Festlegung des grundlegenden Modellansatzes waren die offenen Parameter durch Regression an die Versuchsdaten anzupassen. Hierzu wurden die in den Versuchen $(i = 1 \ldots N)$ gemessenen Kriechmaße $\bar{\varepsilon}_{ij}$ der entsprechenden Vorhersage gegenübergestellt und an allen Stützstellen $(j = 1 \ldots n)$ die Differenz $\Delta\bar{\varepsilon}_{ij} = \bar{\varepsilon}_{ij,V} - \bar{\varepsilon}_{ij,Mod}$ ermittelt, siehe Abb. 5-8. Auf die Indizes zur Kennzeichnung der einzelnen Verformungskomponenten wird an dieser Stelle vereinfachend verzichtet. Gemäß der Methode der kleinsten Quadrate ist das Optimum der Vorhersagegenauigkeit erreicht, sobald die Summe S aller Differenzen ein Minimum durchläuft [Pap 01]:

$$S = \sum_{i=1}^{N} \sum_{j=1}^{n} [\Delta\bar{\varepsilon}_{ij}]^2 = \text{Minimum} \tag{5-2}$$

Beeinflussen verschiedene Parameter die Höhe des Kriechmaßes, sollte berücksichtigt werden, dass bei derselben Differenz zwischen Messwert und Vorhersage der Vorhersagefehler bei kleinen Kriechmaßen deutlich höher ist als bei großen. MÜLLER [Mül 86] schlägt daher vor, die Differenz $\Delta\bar{\varepsilon}_{ij}$ stets auf das aus einer Versuchsreihe berechnete mittlere Kriechmaß zu beziehen:

$$S = \sum_{i=1}^{N} \sum_{j=1}^{n} [\overline{\Delta\bar{\varepsilon}}_{ij}]^2 = \text{Minimum, mit } \overline{\Delta\bar{\varepsilon}}_{ij} = \frac{\Delta\bar{\varepsilon}_{ij}}{\frac{1}{n} \cdot \sum_{j=1}^{n} \bar{\varepsilon}_{ij}} \quad \textbf{(5-3)}$$

Das Grundkonzept der Methode der kleinsten Quadrate bleibt durch die Verwendung dieser relativierten Differenz $\overline{\Delta\bar{\varepsilon}}_{ij}$ erhalten.

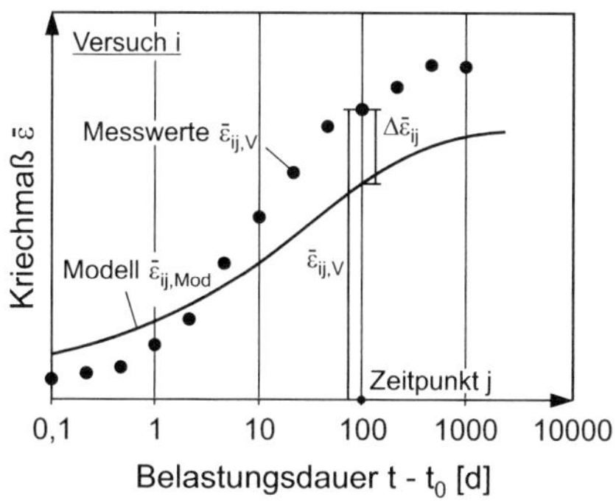

Abb. 5-8 Definitionen zur Verwendung der Methode der kleinsten Quadrate

Im vorliegenden Fall war bei der Datenauswertung für die Entwicklung und Optimierung des Modells für die verzögert elastische Verformung die Betrachtung von drei Stützstellen je Dekade im halblogarithmischen Maßstab ausreichend ($m = 3$). Zur Ermittlung der genauen zeitlichen Entwicklung sowie der Nichtlinearität der vom Gesamtkriechen abgespalteten Fließverformungen wurde die Anzahl der Stützstellen auf zehn je Dekade erhöht ($m = 10$).

5.3 Modellierung des Spannungs-Dehnungs-verhaltens unter Kurzzeitbeanspruchung

Den ersten Teil der Entwicklung des rheologischen Modells bildet die Beschreibung der Spannungs-Dehnungsbeziehung unter Kurzzeitbeanspruchung bzw. der während des Belastungsvorgangs im Kriech- und Relaxationsversuch auftretenden Verformungen. Für die Untersuchung dieser Verformungskomponente wurden an beiden Betonen A und B zu diversen Betonaltern an jeweils drei Probekörpern Spannungs-Dehnungslinien im Kurzzeitdruckversuch aufgezeichnet. Die Lastaufbringung erfolgte mit einer geregelten, konstanten Geschwindigkeit von 0,5 N/(mm^{2}s). Im Gegensatz zur händischen Lastaufbringung im Kriechversuch resultierten hieraus deutlich geringere Streuungen der Messdaten. Die Modellierung der sofortigen Dehnung basiert daher ausschließlich auf der Auswertung der Spannungs-Dehnungslinien und nicht auf den Aufzeichnungen der Lastaufbringung im Kriech- und Relaxationsversuch.

Abb. 5-9 veranschaulicht das aus drei Proben gemittelte Spannungs-Dehnungsverhalten der Betone A und B sowohl im jungen Betonalter als auch für höhere Belastungsalter $t_0 \leq 28$ d. Die für jedes Belastungsalter zu beobachtende, mit der Spannung ansteigende Krümmung des Kurvenverlaufes liegt primär in anwachsenden Gefügestörungen bzw. einer Mikrorissbildung begründet [Grü 01]. Das insbesondere im sehr jungen Betonalter auftretende stark überproportionale Verformungsverhalten ist zusätzlich auf rasch eintretende plastische Verformungen zurückzuführen. Infolge der fortschreitenden Ausbildung neuer Hydratationsprodukte und der damit einhergehenden Reduktion des Verformungsvermögens in der Mikrostruktur nimmt die Krümmung der Spannungs-Dehnungslinien mit steigender Festigkeit des Betons ab. Das Kurzzeitverformungsverhalten von Beton ist daher primär von der Festigkeit und nicht vom Belastungsalter abhängig. Dies belegen die nahezu identischen Kurvenverläufe des Betons A für die Belastungsalter t_0 von 3 d und 7 d, die an Proben mit vergleichbarer Festigkeit ermittelt wurden. Bei der Bemessung von Betonbauteilen liegen im Allgemeinen jedoch keine Versuchsdaten zur Festigkeitsentwicklung des betrachteten Betons vor. Im unten näher erläuterten Modell wird daher das Belastungsalter als Ersatzparameter verwendet.

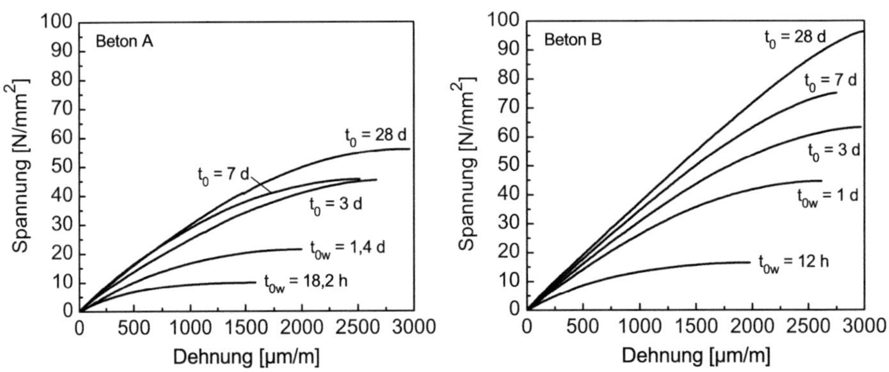

Abb. 5-9 Im Kurzzeitdruckversuch aufgezeichnete Spannungs-Dehnungslinien der Betone A (links) und B (rechts) für verschiedene Belastungsalter t_{0w} bzw. t_0

Das der Modellierung der sofortigen Dehnung zugrunde liegende Konzept veranschaulicht die in Abb. 5-10 eingezeichnete allgemeine Spannungs-Dehnungslinie. In sämtlichen Versuchen war unabhängig vom Belastungsalter t_0 bis zu einem Belastungsgrad von 0,2 ein linearer Zusammenhang zwischen Spannung und Dehnung zu beobachten. Dieser linear elastische Teil der Kurve wird über den Tangentenmodul $E_c(t_0)$ beschrieben, der entsprechend den Erkenntnissen aus Abb. 5-9 vom Belastungsalter abhängig formuliert wird (ε_{ci}). Der weitere Kurvenverlauf ist durch mit der Spannung kontinuierlich ansteigende überproportionale Verformungen gekennzeichnet. Die daraus resultierenden nichtlinearen Gesamtdehnungen $\varepsilon_{ci} + \varepsilon_{pl}$ werden anhand des Sekantenmoduls E_s ebenfalls in eine lineare Spannungs-Dehnungsbeziehung überführt. Der Sekantenmodul ist stets kleiner als der Tangentenmodul und neben dem Belastungsalter von der Höhe der Spannung bzw. dem Belastungsgrad abhängig.

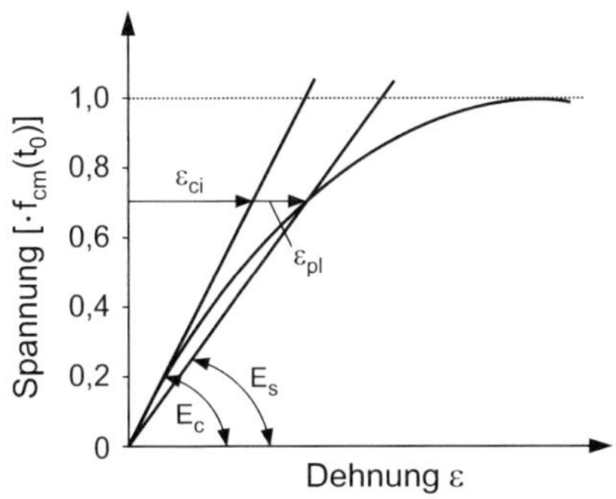

Abb. 5-10 Definition des Tangentenmoduls E_c und des Sekantenmoduls E_s

Bei der Auswertung der Sekantenmoduln wurde festgestellt, dass die starke Krümmung der Spannungs-Dehnungslinien kurz vor Erreichen der Bruchlast mit einfachen Funktionen nur schwer zu modellieren ist. Eine Abbildung des gesamten Kurvenverlaufs war jedoch auch nicht notwendig, da sämtliche Kriech- und Relaxationsversuche mit Belastungsgraden bis maximal 0,6 durchgeführt wurden. Als Basis für die Modellierung des Sekantenmoduls diente daher das Spannungs-Dehnungsverhalten bis zu einem Belastungsgrad von 0,8, d. h. ungefähr der Dauerstandfestigkeit der betrachteten Betone.

Die Modellierung des Tangentenmoduls E_c gemäß Gl. 5-4 in Abhängigkeit des Belastungsalters t_0 [d] lehnt sich eng an den Ansatz im MODEL CODE 2010 [Fib 55] an. Hierbei wurden der Tangentenmodul E_{c28} [N/mm^2] im Alter von 28 d und der Parameter s_1 [-] an die vorliegenden Versuchsdaten angepasst, siehe Tab. 5-2.

$$E_c(t_0) = E_{c28} \cdot \exp\left(\frac{s_1}{2}\left[1 - \sqrt{\frac{28}{t_0}}\right]\right) \qquad \text{in [N/mm}^2\text{]} \tag{5-4}$$

Ausgehend von Gl. 5-4 berechnet sich der Sekantenmodul E_s [N/mm^2] durch eine Reduktion des Tangentenmoduls in Abhängigkeit vom Belastungsgrad $\bar{\sigma}$ [-] und dem Belastungsalter t_0 [d]. Hierdurch wird sowohl der mit dem Belastungsgrad zunehmenden Überproportionalität der Verformungen als auch dem unterschiedlichen Spannungs-Dehnungsverhalten junger und älterer Betone Rechnung getragen.

$$E_s(\bar{\sigma},t_0) = E_c(t_0) \cdot \left[1 - s_2\left(\frac{\bar{\sigma} - 0{,}2}{s_3}\right)^{s_4} - s_5(\bar{\sigma} - 0{,}2) \cdot \exp(-s_6 \cdot t_0)\right] \tag{5-5}$$

Angaben zu den Parametern s_2 … s_6 [-] sind in Tab. 5-2 zusammengestellt.

Die endgültige Spannungs-Dehnungslinie berechnet sich gemäß Gl. 5-6 zu:

$$\varepsilon(t_0,\bar{\sigma}) = \begin{cases} \dfrac{\sigma}{E_c(t_0)} & \text{für } 0 \le \bar{\sigma} \le 0{,}2 \\[2ex] \dfrac{\sigma}{E_s(\bar{\sigma},t_0)} & \text{für } 0{,}2 \le \bar{\sigma} \le 0{,}8 \end{cases} \quad \text{in [m/m]} \qquad \textbf{(5-6)}$$

mit der Spannung σ in [N/mm²]

Tab. 5-2 Parameter zur Berechnung der Spannungs-Dehnungsbeziehung im Kurzzeitdruckversuch

Parameter	E_{c28} [N/mm²]	s_1 [-]	s_2	s_3	s_4	s_5	s_6
Beton A	33.600	0,20	2,51	2,9	1,7	0,35	0,28
Beton B	38.000	0,16	0,56	2,7	1,3	0,61	0,88

Abb. 5-11 zeigt die gute Übereinstimmung zwischen den bis zu einem Belastungsgrad von 0,8 dargestellten gemessenen Spannungs-Dehnungslinien und der entsprechenden Vorhersage mittels Gl. 5-6. Der in das Modell einzusetzende Belastungsgrad $\bar{\sigma}$ sowie die Spannung σ berechnen sich aus der mittleren Druckfestigkeit $f_{cm}(t_0)$ der für die Ermittlung des Kurzzeitverhaltens verwendeten Probekörper. Die Vorhersage für junge Betone basiert auf dem um den Einfluss der Frischbetontemperatur korrigierten wahren Belastungsalter t_{0w}, siehe Kapitel 5.1. Weiterhin ist bei Beton A berücksichtigt, dass die Proben zur Ermittlung der Spannungs-Dehnungslinien im Alter von 3 d und 7 d vergleichbare Festigkeiten aufwiesen und somit in das Modell dasselbe Belastungsalter einzusetzen war.

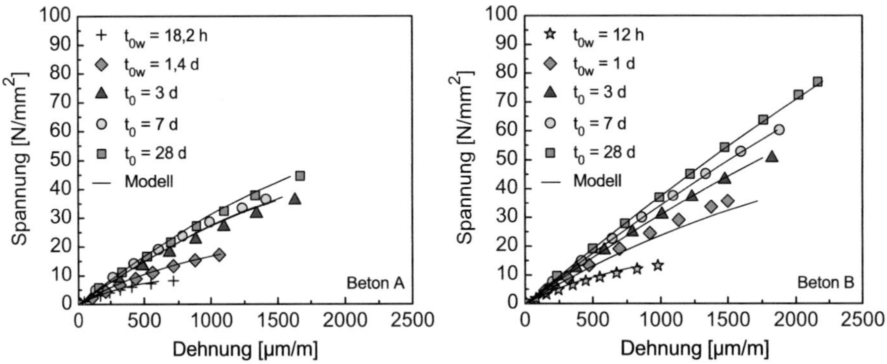

Abb. 5-11 Modellierung der im Kurzzeitdruckversuch gemessenen Spannungs-Dehnungslinien der Betone A (links) und B (rechts) für verschiedene Belastungsalter

Obige Gl. 5-6 dient der Berechnung der sofortigen Dehnung bei Lastaufbringung im Kriech- oder Relaxationsversuch. Eine getrennte Betrachtung des reversiblen elastischen Anteils ε_{ci} bzw. des irreversiblen plastischen Anteils ε_{pl} ist anhand der folgenden Gleichungen möglich.

$$\varepsilon_{ci}(t_0) = \frac{\sigma}{E_c(t_0)} \quad \text{in [m/m]} \tag{5-7}$$

$$\varepsilon_{pl}(t_0) = \frac{k \cdot \sigma}{E_c(t_0) \cdot (1-k)} \quad \text{in [m/m]} \tag{5-8}$$

Hierin beschreiben σ [N/mm²] die im Versuch aufgebrachte Spannung, E_c [N/mm²] den Tangentenmodul gemäß Gl. 5-4 sowie aus Gl. 5-5

$$k = s_2\left(\frac{\bar{\sigma}-0{,}2}{s_3}\right)^{s_4} + s_5(\bar{\sigma}-0{,}2) \cdot \exp(-s_6 \cdot t_0)$$

In Tab. 5-3 sind die elastischen und plastischen Anteile der berechneten Spannungs-Dehnungslinie der Betone A und B exemplarisch für sehr junge Belastungsalter t_0 von 12 h bzw. 16 h sowie dem Betonalter von 28 d aufgeführt. Für eine bessere Vergleichbarkeit sind, entsprechend dem Kriechmaß in Gl. 2-5, die Verformungen auf die jeweils aufgebrachte Spannung bezogen. Unter einem Belastungsgrad $\bar{\sigma}$ von 0,6 beträgt im jungen Betonalter der Anteil der plastischen Dehnungen ε_{pl} an der gesamten sofortigen Dehnung $\bar{\varepsilon} = \bar{\varepsilon}_{ci} + \bar{\varepsilon}_{pl}$ bei beiden Betonen ca. 20 %. Dieser Wert nimmt mit sinkendem Belastungsgrad und steigendem Betonalter ab, siehe Spalte 6 der Tabelle.

Tab. 5-3 Elastische und plastische Anteile der Spannungs-Dehnungslinie der Betone A und B

	$\bar{\sigma}$	$\bar{\varepsilon} = \bar{\varepsilon}_{ci} + \bar{\varepsilon}_{pl}$	$\bar{\varepsilon}_{ci}$	$\bar{\varepsilon}_{pl}$	$\frac{\bar{\varepsilon}_{pl}}{\bar{\varepsilon}} \cdot 100$	$\bar{\varepsilon}_{f\infty}$	$\frac{\bar{\varepsilon}_{pl}}{\bar{\varepsilon}_{f\infty}} \cdot 100$
	[-]	[10⁻⁶/(N/mm²)]	[10⁻⁶/(N/mm²)]	[10⁻⁶/(N/mm²)]	[%]	[10⁻⁶/(N/mm²)]	[%]
Beton A t_0 = 16 h	0,2	51,5	51,5	0	0	47,6	0
	0,4	56,2	51,5	4,8	8,5	47,6	10,0
	0,6	64,5	51,5	13,1	20,2	57,1	22,9
Beton A t_0 = 28 d	0,2	29,8	29,8	0	0	22,2	0
	0,4	30,6	29,8	0,8	2,7	22,2	3,7
	0,6	32,6	29,8	2,8	8,7	26,7	10,6
Beton B t_0 = 16 h	0,2	44,2	44,2	0	0	33,3	0
	0,4	49,0	44,2	4,8	9,8	33,3	14,4
	0,6	55,5	44,2	11,3	20,4	40,0	28,3
Beton B t_0 = 28 d	0,2	26,3	26,3	0	0	12,4	0
	0,4	26,8	26,3	0,5	1,9	12,4	4,1
	0,6	27,6	26,3	1,3	4,7	14,9	8,6

Bei verschiedenen Kriechmodellen aus der Literatur wird die sofortige plastische Verformung mit der im Anschluss an den Belastungsvorgang auftretenden Fließverformung ε_f zusammengefasst. Zum Vergleich der Größenordnung der beiden Verformungskomponenten sind in Tab. 5-3 zudem die Endwerte des Fließmaßes $\bar{\varepsilon}_{f\infty}$ eingetragen, siehe Kapitel 5.6. Im sehr jungen Betonalter und unter dem hohen Belastungsgrad von 0,6 betragen die sofortigen plastischen Verformungen des Betons B nahezu 30 % des Fließmaßes. Bei der Durchführung von entsprechenden Relaxationsversuchen ist die während des Belastungsvorgangs infolge der sofortigen plastischen Verformung auftretende Spannungsrelaxation nicht messbar. Der im Anschluss aufgezeichnete Spannungsverlauf resultiert ausschließlich aus den zeit- und lastabhängigen verzögert elastischen Verformungen bzw. Fließverformungen. In der vorliegenden Arbeit erfolgt die Berechnung der Relaxation aus dem für das Kriechen entwickelten Stoffgesetz auf numerischem Weg. Wird die hohe sofortige plastische Verformung im Berechnungsalgorithmus nicht der Anfangsverformung, sondern dem anschließenden Kriechen zugeschlagen, so bewirkt dies ein Überschätzen des gemessenen Spannungsabfalls. Vergleichende Berechnungen hierzu sind in Anhang E näher erläutert.

5.4 Modellierung des Gesamtkriechens

5.4.1 Allgemeines Vorgehen

Die in diesem Kapitel näher behandelten Gesamtkriechverformungen $\varepsilon_{cc,t}(t)$ versiegelter Betone bilden den Ausgangspunkt für deren Aufspaltung in einen verzögert elastischen Verformungsanteil und einen Fließanteil. Der Schwerpunkt des vorliegenden Versuchsprogramms lag in der Untersuchung des Kriechens mit jungen Belastungsaltern. Folglich waren für eine umfassende widerspruchsfreie Beschreibung des Kriechens, die hieraus gewonnenen Erkenntnisse über ein Modell mit dem Kenntnisstand in der Literatur zum Kriechen versiegelter Betone mit höheren Belastungsaltern zu verknüpfen. Ein zentraler Punkt war die Wahl der mathematischen Funktion zur Beschreibung der Zeitfunktion des Gesamtkriechens. Die anhand dieser Zeitfunktion durchgeführte Extrapolation der Versuchsdaten auf den Endwert bildete anschließend die Grundlage zur Ermittlung der Abhängigkeit des Gesamtkriechens vom Belastungsalter. Zur Anbindung dieser Erkenntnisse an das Verformungsverhalten von Beton mit höheren Belastungsaltern wurde zusätzlich auf das der DIN 1045-1 zugrunde liegende Kriechmodell zurückgegriffen.

5.4.2 Wahl der Zeitfunktion

Wie bereits in Kapitel 2.2.2 erläutert, ist bis heute weder die Frage nach dem genauen zeitlichen Verlauf des Kriechens noch die nach der Existenz eines definierten Endwertes eindeutig geklärt. Entsprechend wird in den Modellen aus der Literatur das Kriechen über verschiedene Zeitfunktionen beschrieben. Unabhängig von der genauen mathematischen Formulierung lassen sich diese vorwiegend logarithmischen oder hyperbolischen Funktionen zuordnen, siehe Abb. 2-4. Die Wahl von hyperbolischen Funktionen basiert auf der Annahme, dass das Kriechen nach einer bestimmten Belastungsdauer vollständig zum Stillstand kommt. Logarithmische Funktionen hingegen besitzen keinen Grenzwert. Innerhalb des Messbereiches der den jeweiligen Autoren vorliegenden Versuchsdaten erlauben beide Funktionstypen eine gute Vorhersage des Kriechens.

Infolge der uneinheitlichen Aussagen in der Literatur waren die hier vorliegenden Versuchsdaten zunächst durch beide der oben genannten Funktionstypen anzunähern und über die Messdauer hinaus zu extrapolieren. Hierzu wurden die in den Gleichungen 5-9 bis 5-11 angegebenen hyperbolischen Funktionen H1 und H2 sowie die logarithmische Funktion L1 verwendet.

$$\text{Hyperbolische Funktion H1: } \bar{\varepsilon}_{cc,t}(t) = a_1 \cdot \left(\frac{t-t_0}{b_1+t-t_0}\right)^{c_1} \qquad \textbf{(5-9)}$$

$$\text{Hyperbolische Funktion H2: } \bar{\varepsilon}_{cc,t}(t) = a_2 \cdot \left(\frac{(t-t_0)^{c_2}}{b_2+(t-t_0)^{c_2}}\right) \qquad \textbf{(5-10)}$$

$$\text{Logarithmische Funktion L1: } \bar{\varepsilon}_{cc,t}(t) = a_3 \cdot \ln(b_3 \cdot (t-t_0)^{c_3}+1) \qquad \textbf{(5-11)}$$

Anhand der Parameter a_i, b_i und c_i (mit $i = 1...3$) wurden die Funktionen individuell an die einzelnen Versuchsdaten angepasst. In den Gleichungen 5-9 und 5-10 stellen a_1 und a_2 die Grenzwerte der beiden hyperbolischen Funktionen für unendlich lange Belastungsdauern $t-t_0$ dar und entsprechen damit dem Endwert der Kriechverformung. Der anschließende Quotient ist die Zeitfunktion, die mit ansteigender Belastungsdauer Werte zwischen 0 und 1 annimmt.

Gemäß den Ausführungen in Kapitel 2.2.3.3 zeigt Beton unter erhöhten Spannungen ein ausgeprägtes überproportionales, d. h. nichtlineares Verformungsverhalten. Dieses beeinflusst durch seine Abhängigkeit von der Belastungsdauer maßgeblich die zeitliche Entwicklung des Gesamtkriechens $\varepsilon_{cc,t}$. Infolge der später noch näher erläuterten Linearität der verzögert elastischen Verformung ε_v sind bei der Herleitung des Summationsansatzes die überproportionalen Verformungen ausschließlich der Fließkomponente ε_f zuzuordnen. Dies erfolgt im späteren Kapitel 5.6 über einen entsprechend Gl. 2-6 definierten Nichtlinearitätsindex, der multiplikativ mit einer von der Spannung unabhängig formulierten Zeitfunktion des Fließens verknüpft ist.

Vor diesem Hintergrund wird der Summationsansatz zunächst in linearer Form aufgestellt. Die genaue Festlegung des Nichtlinearitätsindexes erfolgt anschließend über einen Vergleich der daraus berechneten Verformungen mit den Messdaten der Einstufenversuche unter konstanten, erhöhten Spannungen bzw. der Mehrstufenversuche unter veränderlichen Spannungen. Für die Entwicklung des linearen Summationsansatzes sind daher ausschließlich Versuchsdaten heranzuziehen, in denen ein proportionaler Zusammenhang zwischen Spannung und Gesamtkriechen besteht. Unter Berücksichtigung des hohen Verformungsvermögens junger Betone wurden hierzu Kriechversuche unter einem relativ geringen Belastungsgrad $\bar{\sigma}_0$ von 0,2 durchgeführt. Bei höheren Belastungsgraden ist bereits von einem nichtlinearen Kriechverhalten auszugehen.

Abb. 5-12 veranschaulicht exemplarisch den mit Symbolen gekennzeichneten zeitlichen Verlauf des gemessenen Gesamtkriechmaßes $\bar{\varepsilon}_{cc,t}$ der beiden Betone A und B für verschiedene Belastungsalter. Das Gesamtkriechmaß entspricht hierbei der unter einer Einheitsspannung von 1 N/mm^2 auftretenden Gesamtkriechverformung $\varepsilon_{cc,t}$. Ebenfalls eingezeichnet ist die Annäherung der Versuchsdaten durch die verschiedenen Funktionen H1, H2 und L1, wobei die Parameter a_i, b_i und c_i individuell durch Regression an die Versuchsdaten angepasst wurden. Das Belastungsalter t_0 betrug 16 h, 24 h und 4 d. In den Diagrammen angegeben ist jedoch das um den Einfluss der Frischbetontemperatur korrigierte wahre Belastungsalter t_{0w}, siehe Kapitel 5.1.

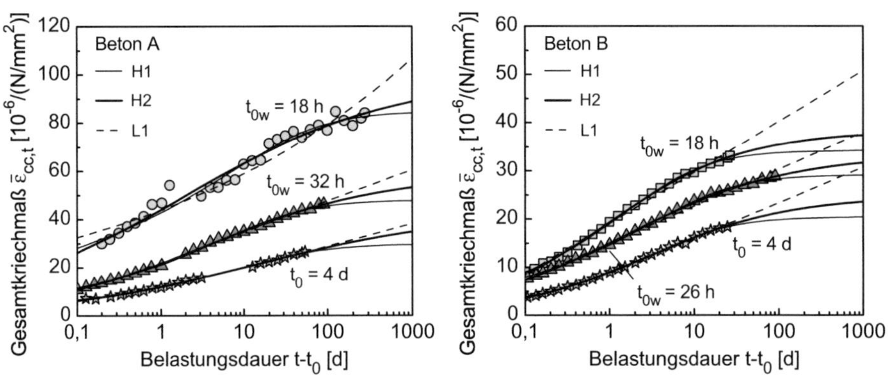

Abb. 5-12 Annäherung des Gesamtkriechmaßes der Betone A (links) und B (rechts) durch die Gleichungen 5-9 bis 5-11

Der bei jungen Belastungsaltern im halblogarithmischen Maßstab auftretende S-förmige Verlauf der Messdaten deutet auf eine starke Reduktion der Kriechgeschwindigkeit mit zunehmender Belastungsdauer $t - t_0$ hin. In Abhängigkeit der Parameter a_3, b_3 und c_3 geht die logarithmische Funktion L1 im halblogarithmischen Maßstab ab einer bestimmten Belastungsdauer in einen geradlinigen Verlauf über. Folglich wird das Kriechvermögen junger Betone durch diese Funktion tendenziell überschätzt. Für höhere Belastungsalter von 4 d ermöglicht dieser Funktionstyp hingegen eine gute Approximation der Messdaten.

Die Abbildung eines S-förmigen Kurvenverlaufes ist mittels der hyperbolischen Funktionen H1 und H2 möglich. Im Vergleich mit den betrachteten Versuchsdaten strebt die Funktion H1 jedoch tendenziell zu rasch einem Endwert entgegen. Daher wird die hyperbolische Funktion H2 für die Annäherung und die Extrapolation sämtlicher Versuchsdaten herangezogen.

In Abb. 5-13 wird die Zeitfunktion der in Abb. 5-12 dargestellten Hyperbelfunktionen H2 in Bezug auf die Versuchsergebnisse näher betrachtet. Diese berechnet sich gemäß Gl. 5-10 indem der Parameter a_2 zu 1,0 gesetzt wird. Infolge der relativ geringen Druckfestigkeiten im jungen Belastungsalter $t_{0w} \leq 32$ h ist bereits nach kurzen Messdauern ein hoher Verformungszuwachs zu verzeichnen. Dieser verlangsamt sich zunehmend durch die ansteigende Festigkeit der Probekörper und der damit einhergehenden Reduktion des effektiven Belastungsgrades, siehe Kapitel 5.1. Nach einer Belastungsdauer von ca. 100 d sind bereits 80 % des Endwertes der Gesamtkriechverformung erreicht. Im Vergleich zu den Versuchsdaten der im jungen Alter belasteten Betone erfolgt der Verformungsanstieg für das Belastungsalter von 4 d deutlich langsamer. Die zeitliche Entwicklung des Kriechens ist folglich vom Belastungsalter abhängig.

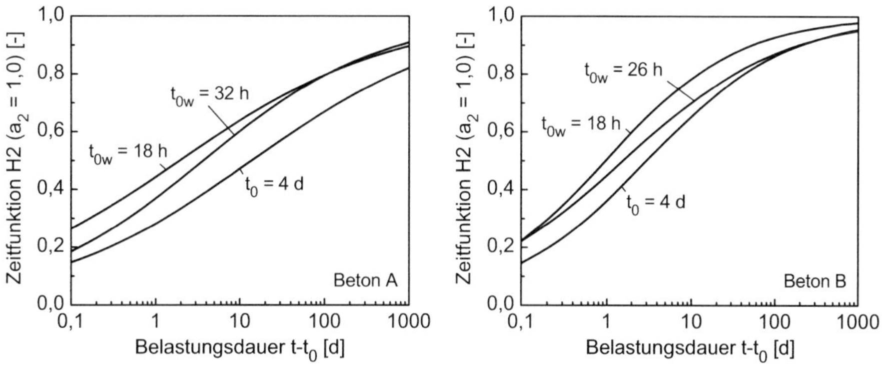

Abb. 5-13 Zeitfunktion der hyperbolischen Funktion H2 in Abhängigkeit vom Belastungsalter für die Betone A (links) und B (rechts)

Gl. 5-12 beschreibt die auf Basis von Versuchen unter einem Belastungsgrad von 0,2 entwickelte Zeitfunktion $f(t,t_0)$ zur Modellierung der zeitlichen Entwicklung des Gesamtkriechens $\varepsilon_{cc,t}$ versiegelter Betone. Sie entspricht der hyperbolischen Zeitfunktion in Gl. 5-10 mit einem konstanten Parameter c_2 von 0,45. Zur Berücksichtigung des Einflusses des Belastungsalters t_0 [d] ist der Parameter b_2 durch eine Funktion $b(t_0)$ ersetzt.

$$f(t,t_0) = \left(\frac{(t-t_0)^{0,45}}{b(t_0)+(t-t_0)^{0,45}}\right) \quad \textbf{(5-12)}$$

mit:

$$b(t_0) = 1{,}33 \cdot t_0^{0,46} \quad \text{für den Beton A}$$

$$b(t_0) = 1{,}04 \cdot t_0^{0,59} \quad \text{für den Beton B}$$

Liegen, wie in der vorliegenden Arbeit, nähere Informationen zur Festigkeitsentwicklung im jungen Betonalter vor, kann das wahre Belastungsalter t_{0w} [d] zur Berechnung des Parameters b herangezogen werden. Die Belastungsdauer $t-t_0$ [d] bleibt hiervon unberührt.

Wie bereits bei der Vorstellung des Versuchsprogramms in Kapitel 4.5 erläutert, wurden zur Überprüfung der Reproduzierbarkeit der Versuchsergebnisse sämtliche Einstufenversuche an jungen Betonen zweimal durchgeführt. Im Vergleich der Versuchsdaten waren starke Streuungen in der zeitlichen Entwicklung zu beobachten. Vor diesem Hintergrund ist anhand von Gl. 5-12 nur eine erste, wenngleich hier hinreichend abgesicherte Annäherung des gemessenen Verformungsverhaltens junger Betone möglich.

Wie unten gegebene Abb. 5-14 rechts verdeutlicht, ergaben sich bei der Optimierung von Gl. 5-12 nur sehr geringe Unterschiede in den zeitlichen Verläufen des Gesamtkriechens der beiden Betone A und B. Vor dem Hintergrund der oben angesprochenen hohen Streuungen der Messdatenverläufe wäre daher auch die Definition einer für beide Betone gültigen Funktion für den Parameter $b(t_0)$ gerechtfertigt. Im Anschluss an die Modellierung der verzögert elastischen Verformung wird der Ansatz für das Gesamtkriechen jedoch zur Abspaltung der Fließverformungen herangezogen. Aus diesem Grund wurde auf eine Vereinfachung verzichtet und die Zeitfunktion mittels Regression möglichst genau an die Versuchsdaten der Betone A und B angepasst.

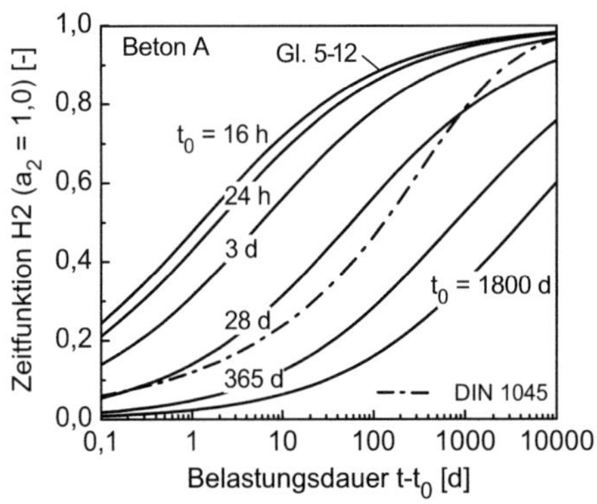

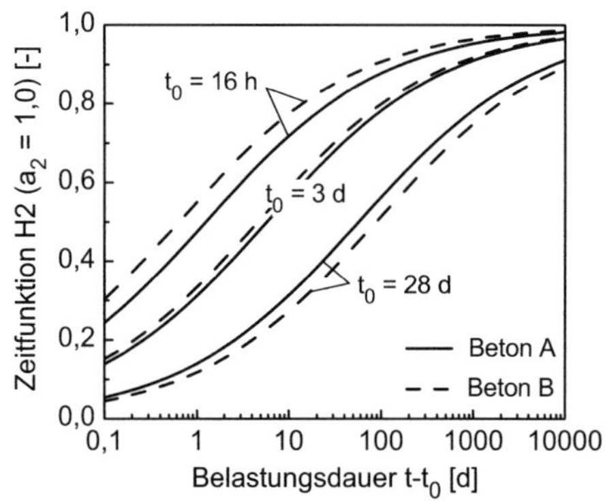

Abb. 5-14 Zeitfunktion des Betons A berechnet gemäß Gl. 5-12 für verschiedene Belastungsalter (links); Vergleich der berechneten Zeitfunktionen der Betone A und B (rechts)

Der Fokus des vorliegenden Versuchsprogramms lag auf der Untersuchung des Verformungsverhaltens junger Betone. Für die Modellierung der zeitlichen Entwicklung des Gesamtkriechens bei höheren Belastungsaltern waren folglich zusätzlich Erkenntnisse aus der Literatur heranzuziehen. Sowohl BAZANT [Baz 91] als auch MÜLLER [Mül 86] haben bei einer umfassenden Literatursichtung festgestellt, dass das Grundkriechen normalfester Betone mit höheren Belastungsaltern von mehreren Tagen bis Monaten auch nach sehr langen Versuchsdauern keinem Endwert entgegen strebt. Bei der oben angegebenen hyperbolischen Zeitfunktion wurde der Parameter $b(t_0)$ daher so eingestellt, dass für höhere Belastungsalter der S-förmige Kurvenverlauf im halblogarithmischen Maßstab in den Bereich sehr langer Messdauern verschoben wird, siehe Abb. 5-14 links exemplarisch für den Beton A.

Zusätzlich ist in das Diagramm die vom Belastungsalter unabhängig formulierte Zeitfunktion des Kriechmodells der DIN 1045-1 [DAf 525] eingezeichnet. Wie zu Beginn des Kapitels 5.2.2 erläutert, wurde in diesem Modell die während der Lastaufbringung auftretende plastische Verformung $\varepsilon_{pl}(t_0)$ mit der anschließenden zeit- und lastabhängigen Verformung $\varepsilon_{cc,t}(t,t_0)$ zusammengefasst. Die damit einhergehende Veränderung im zeitlichen Verlauf des von der Belastungsdauer abhängigen Kriechens ist jedoch vernachlässigbar. Dies liegt darin begründet, dass die Entwicklung des Ansatzes vorwiegend anhand von Kriechversuchen mit höheren Belastungsaltern von mehreren Tagen bis Monaten erfolgte, in denen die sofortige plastische Dehnung unter Gebrauchsspannungen klein ist. Der in Abb. 5-14 links eingetragene Kurvenverlauf diente daher als guter Anhaltspunkt für die Modellierung der Zeitfunktionen des Betons A für die Belastungsalter zwischen 28 d und 365 d.

5.4.3 Einfluss des Belastungsalters

Für die Extrapolation der vorliegenden Versuchsdaten wurde ebenfalls die in Gl. 5-10 angegebene hyperbolische Funktion H2 verwendet. Mit dem Parameter a_2 = 1,0 bildete sie die Grundlage für die Entwicklung und Optimierung der Zeitfunktion des Gesamtkriechens. Der Parameter a_2 stellt den Grenzwert von H2 für unendlich lange Belastungsdauern und somit den Endwert der damit extrapolierten Kriechverformungen dar. Für die Herleitung der Zeitfunktion wurden in ausgewählten Einstufenversuchen die Kriechverformungen über einen Zeitraum von mehreren Monaten aufgezeichnet. In sämtlichen weiteren Versuchen lagen die Messdauern bei ungefähr 28 d.

Erfahrungsgemäß ist bei solch kurzen Belastungsdauern eine gesicherte Extrapolation der Versuchsdaten nur bis zu einer Belastungsdauer von 100 d möglich. Entsprechend sind in Abb. 5-15 die auf diese Belastungsdauer extrapolierten Kriechmaße $\bar{\varepsilon}_{cc100}$ der beiden Betone A und B gegenübergestellt. Zur Veranschaulichung des Einflusses der Frischbetontemperatur auf die Festigkeitsentwicklung bzw. das daraus resultierende Kriechverhalten ist das Kriechmaß sowohl über dem Belastungsalter t_0 als auch über dem wahren Belastungsalter t_{0w} dargestellt. Wie bereits in Kapitel 5.1 erläutert, war hierbei ab einem Belastungsalter von 3 d kein Einfluss der Frischbetontemperatur mehr auf die Höhe der Druckfestigkeit zu beobachten. Da die Nichtlinearität des Kriechens in einem späteren Schritt direkt der Fließverformung zugeordnet wird, wird an dieser Stelle das Modell des Gesamtkriechens in linearer Form aufgestellt. Abb. 5-15 beinhaltet daher ausschließlich Daten aus Versuchen unter einem Belastungsgrad von 0,2.

Insbesondere bei Belastung im frühen Alter von 16 h (0,67 d) besitzt der Beton A ein hohes Kriechvermögen, das jedoch bereits ab einem Belastungsalter von 20 h (0,83 d) deutlich abnimmt. Dementgegen ist die Altersabhängigkeit der Gesamtkriechverformungen des Betons B weniger ausgeprägt. Bei Betrachtung der einzelnen Belastungsalter t_0 sind Streuungen in den Gesamtkriechmaßen unterschiedlicher Versuche zu beobachten. Im jungen Betonalter mit starkem Hydratationsfortschritt ist das Kriechen ausgeprägt von der Druckfestigkeit zu Belastungsbeginn abhängig. Entsprechend werden die Streuungen bei Berücksichtigung des wahren Belastungsalters t_{0w} und damit der genauen Festigkeitsentwicklung der Betone geringer und geben einen ersten Hinweis auf die natürlichen Streuungen des Kriechens. Die Optimierung des Modells zur Beschreibung des Gesamtkriechens erfolgt daher ausschließlich anhand der über dem wahren Belastungsalter aufgetragenen Gesamtkriechmaße. Grundlage für die darauf aufbauende Berechnung des Endwertes des Gesamtkriechmaßes bilden die ebenfalls im Diagramm eingetragenen Trendlinien, deren Parameter durch Regression an die über t_{0w} aufgetragenen Daten angepasst sind.

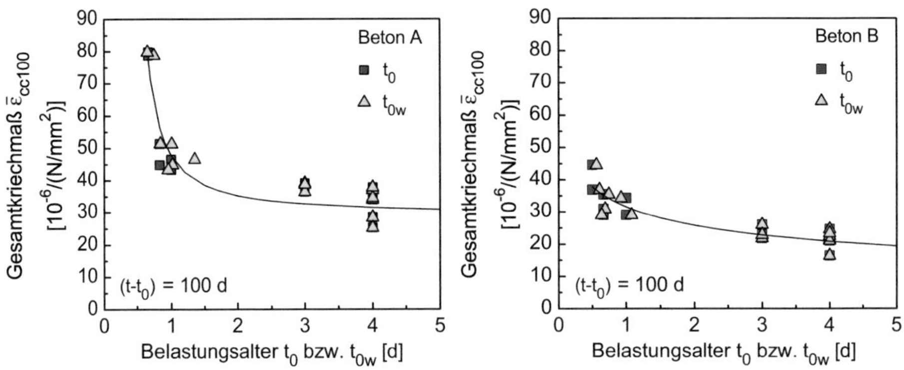

Abb. 5-15 Auf eine Belastungsdauer von 100 d extrapoliertes Gesamtkriechmaß der Betone A (links) und B (rechts) in Abhängigkeit vom Belastungsalter t_0 bzw. dem wahren Belastungsalter t_{0w}

Das insgesamt geringere Gesamtkriechmaß des Betons B ist auf die höhere Festigkeit bzw. die damit einhergehende höhere Dichtigkeit der Mikrostruktur und die geringere Menge physikalisch gebundenen Wassers zurückzuführen. Des Weiteren belegen Untersuchungen von SCHRAGE [Sch 96] und DILGER [Dil 95] eine Verringerung der Kriechverformung durch die Zugabe von Mikrosilika. Infolge der zusätzlichen Unterschiede in der Mischungszusammensetzung im Hinblick auf den Wasserzementwert und den Zementgehalt ist eine genaue Quantifizierung des Einflusses der einzelnen Betonausgangsstoffe jedoch nicht möglich.

In Abb. 5-14 sind die für die Berechnung des Gesamtkriechens entwickelten Zeitfunktionen in Abhängigkeit vom Belastungsalter dargestellt. Demnach ist der Endwert des Gesamtkriechens nach einer Belastungsdauer von 100 d noch nicht erreicht. Diese Zeitfunktionen wurden auf Basis von Langzeituntersuchungen von mehreren Wochen bis Monaten festgelegt. Sie ermöglichen folglich eine verlässlichere Berechnung des Endkriechmaßes als die direkte Extrapolation der Versuchsdaten mit kürzeren Belastungsdauern von ca. 28 d. Die Endwerte des Gesamtkriechmaßes $\bar{\varepsilon}_{cc\infty}(t_{0w})$ werden ermittelt, indem für ein bestimmtes Belastungsalter der Wert der Trendlinie $\bar{\varepsilon}_{cc100}(t_{0w})$ in Abb. 5-15 nach einer Belastungsdauer $t - t_0 = 100$ d durch die Höhe der zum entsprechenden Belastungsalter gehörigen Zeitfunktion $f(t,t_{0w})$ nach einer Belastungsdauer von 100 d dividiert wird, siehe Gl. 5-12. Sämtliche auf diese Weise berechnete Endwerte sind in Abb. 5-16 durch quadratische Symbole gekennzeichnet. Entsprechende Versuchsdaten lagen hierfür bis zu einem Belastungsalter von 28 d vor.

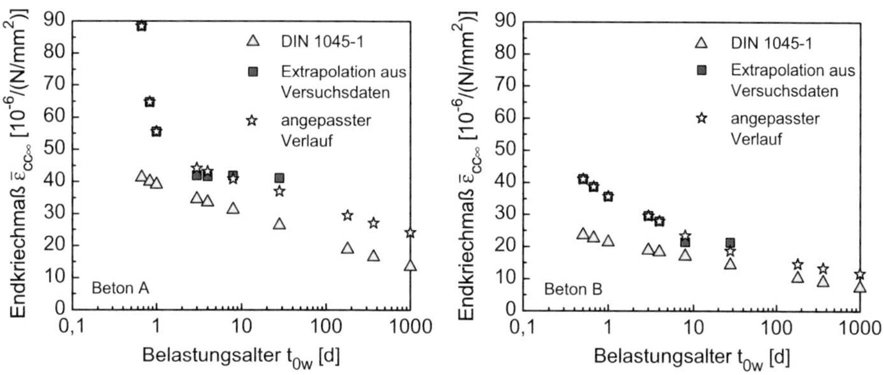

Abb. 5-16 Verknüpfung der für junge Belastungsalter gewonnenen Versuchsdaten mit dem Endkriechmaß gemäß DIN 1045-1 für die Betone A (links) und B (rechts)

Die Abbildung enthält weiterhin die Vorhersage des Endkriechmaßes gemäß DIN 1045-1, wobei dieses Modell für junge Betonalter kleiner als 24 h nach MÜLLER et al. keine Gültigkeit besitzt [Mül 02]. Im Vergleich mit den extrapolierten Versuchsdaten unterschätzt das vorwiegend an Kriechversuchen mit höheren Belastungsaltern von mehreren Tagen bis Monaten optimierte Modell der DIN 1045-1 die Altersabhängigkeit des Kriechverhaltens junger Betone. Dementgegen ist ab einem Belastungsalter von mehreren Tagen die darin berücksichtigte altersabhängige Reduktion des Kriechmaßes statistisch gut abgesichert. Sie ist höher als die in Abb. 5-16 erkennbare Altersabhängigkeit der extrapolierten Versuchsdaten. Dies liegt in der im vorherigen Kapitel erläuterten Modellierung der Zeitfunktion begründet, die für höhere Belastungsalter nicht auf eigenen Versuchsdaten, sondern auf dem in der Literatur veröffentlichten Kenntnisstand basiert. Folglich konnte die Zeitfunktion bis zu einer Belastungsdauer von 100 d nicht an das tatsächliche Verformungsverhalten der Betone A und B angepasst werden, mit entsprechenden Unsicherheiten bei der Extrapolation auf den Endwert des Kriechens.

Das Modell der DIN 1045-1 wurde auf Basis einer umfassenden Datenbank von Kriechversuchen an unterschiedlichen normal- und hochfesten Betonen entwickelt und ermöglicht daher eine gute Vorhersage des mittleren Kriechverhaltens von Beton. Zur Abdeckung der beobachteten Versuchsstreuungen wird in der Norm für die Berechnung der Endkriechverformungen ein Variationskoeffizient von 30 % angegeben. Die Vorhersage gemäß DIN 1045-1 steht somit für höhere Belastungsalter nicht im Widerspruch zu den in Abb. 5-16 erkennbaren, tendenziell höheren Kriechmaßen der beiden Betone A und B.

Vor diesem Hintergrund wurde für die weitere Modellbildung die in Abb. 5-16 durch Sternsymbole gekennzeichnete Abhängigkeit des Endkriechmaßes $\bar{\varepsilon}_{cc\infty}$ vom Belastungsalter verwendet. Dieser angepasste Verlauf verknüpft das im Versuchsprogramm ermittelte hohe Kriechmaß bei jung belasteten Betonen mit den der DIN 1045-1 zugrunde liegenden Erfahrungswerten bezüglich der Verringerung des Kriechens mit zunehmendem Belastungsalter. Als Verknüpfungspunkt wurde das Belastungsalter gewählt, ab dem die aus den eigenen Versuchen ermittelte Altersabhängigkeit des Kriechens kleiner ist als nach DIN 1045-1 vorhergesagt. Zusätzlich wurde berücksichtigt, dass beide Betone A und B tendenziell höhere Kriechverformungen aufweisen als gemäß Norm berechnet.

An dieser Stelle ist ergänzend darauf hinzuweisen, dass im Kriechmodell der DIN 1045-1 die zeit- und lastabhängige Kriechverformung $\varepsilon_{cc,t}(t,t_0)$ mit der sofortigen plastischen Dehnung $\varepsilon_{pl}(t_0)$ zusammengefasst wurde. Folglich ist das gemäß DIN 1045-1 berechnete Endkriechmaß mit den aus dem vorliegenden Versuchsprogramm ermittelten Endwerten des Gesamtkriechens nicht direkt vergleichbar. Für höhere Belastungsalter von mehreren Tagen sind die sofortigen plastischen Dehnungen unter Gebrauchsspannungen jedoch sehr klein, mit entsprechend geringem Einfluss auf die oben berücksichtigte Altersabhängigkeit des Kriechens.

In der späteren Aufspaltung des Gesamtkriechens in verzögert elastische Verformungen und Fließverformungen war die Betrachtung der Kriechverformungen für die in Abb. 5-16 mit Sternsymbolen gekennzeichneten Belastungsalter $t_0 = t_{0w}$ ausreichend. Entsprechend wurde auf die Entwicklung einer zusätzlichen Funktion zur Beschreibung des Gesamtkriechens in Abhängigkeit beliebiger Belastungsalter verzichtet. Die Berechnung des Gesamtkriechens für die in Abb. 5-16 gekennzeichneten Belastungsalter t_0 und die Belastungsdauer $t - t_0$ erfolgte durch Multiplikation des im Schaubild eingetragenen Endkriechmaßes $\bar{\varepsilon}_{cc\infty}$ mit der in Gl. 5-12 gegebenen Zeitfunktion.

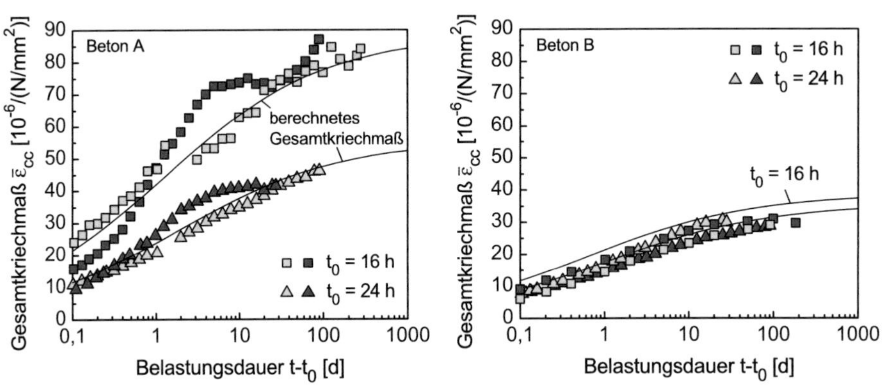

Abb. 5-17 Berechnetes Gesamtkriechmaß im Vergleich mit den Versuchsdaten für die Betone A (links) und B (rechts)

Obige Abb. 5-17 veranschaulicht das auf diese Weise ermittelte Gesamtkriechmaß im Vergleich mit den im Versuch gemessenen Werten für die Belastungsalter von 16 h und 24 h. Durch die Wiederholung der im jungen Betonalter durchgeführten Einstufenversuche liegen je Belastungsalter zwei Verformungsverläufe vor. Diese sind durch unterschiedliche Füllungen der Symbole gekennzeichnet. Es wird deutlich, dass sowohl die zeitliche Entwicklung als auch das Endkriechmaß junger Betone im Verlauf und der Größenordnung richtig vorhergesagt werden.

Da das Gesamtkriechmaß lediglich die Ausgangsbasis für die spätere Aufspaltung in die verzögert elastische Verformung und die Fließverformung bildet, wird an dieser Stelle auf eine genaue statistische Bewertung verzichtet. Diese wird ausschließlich für den entwickelten Summationsansatz durchgeführt, siehe Kapitel 5.7.

5.5 Modellierung der verzögert elastischen Verformung

5.5.1 Linearität der verzögert elastischen Verformung

Der Ansatz zur Beschreibung der verzögert elastischen Verformung versiegelter Betone ist an das in Kapitel 3.3.3 vorgestellte rheologische Modell von MÜLLER [Mül 86] angelehnt. Dieses besitzt ab einem Belastungsalter von 1 d Gültigkeit. Die Optimierung der einzelnen Modellparameter erfolgte jedoch vorwiegend anhand von Versuchsdaten mit einem Belastungsalter von mindestens 28 Tagen. Infolge des beobachteten proportionalen Zusammenhangs zwischen der im Kriechversuch aufgebrachten Spannung und des nach Entlastung aufgezeichneten Rückkriechens basiert die Herleitung des Ansatzes von MÜLLER auf einer Reihenschaltung von fünf linearen Kelvinelementen. Zur Berücksichtigung des Einflusses des Belastungsalters sind die Feder- und Dämpferkennwerte alternd formuliert.

Der Schwerpunkt der vorliegenden Arbeit lag in der Untersuchung des Kriechverhaltens junger, versiegelter Betone. Die Betone A und B wurden innerhalb der ersten 24 h nach der Herstellung belastet und die verzögert elastische Rückverformung ε_r ab einem Entlastungsalter t_e von 28 d, 91 d oder 180 d aufgezeichnet. Versuchsdaten von im höheren Betonalter belasteten Betonen liegen nicht vor. Vor der Anpassung des oben genannten rheologischen Modells an das gemessene Verformungsverhalten war daher zunächst zu überprüfen, ob die Annahme der Linearität auch für im jungen Betonalter belastete Betone gerechtfertigt ist.

Abb. 5-18 zeigt das Rückkriechen ε_r der zu jeweils zwei verschiedenen Betonaltern belasteten Betone A und B im Anschluss an eine Belastungsdauer von 28 d. In jedem Diagramm werden ausschließlich Versuche betrachtet, deren Probekörper in einer Betoniercharge hergestellt wurden und demnach dasselbe wahre Belastungsalter t_{0w} aufweisen. Während in den Diagrammen auf der rechten Seite die im Kriechversuch aufgebrachten Spannungen ungefähr 20 %, 40 % und 60 % der Betondruckfestigkeit zu

Belastungsbeginn entsprachen, stammen bei den links dargestellten Versuchen mit jüngerem Belastungsalter lediglich die Probekörper unter den Belastungsgraden $\bar{\sigma}$ von 0,2 und 0,6 aus einer Betoniercharge. Zur Erfassung einer eventuellen Zeitabhängigkeit des Zusammenhangs zwischen Spannung und Verformung sind die Rückverformungen nach drei verschiedenen Entlastungsdauern $t - t_e$ aufgetragen.

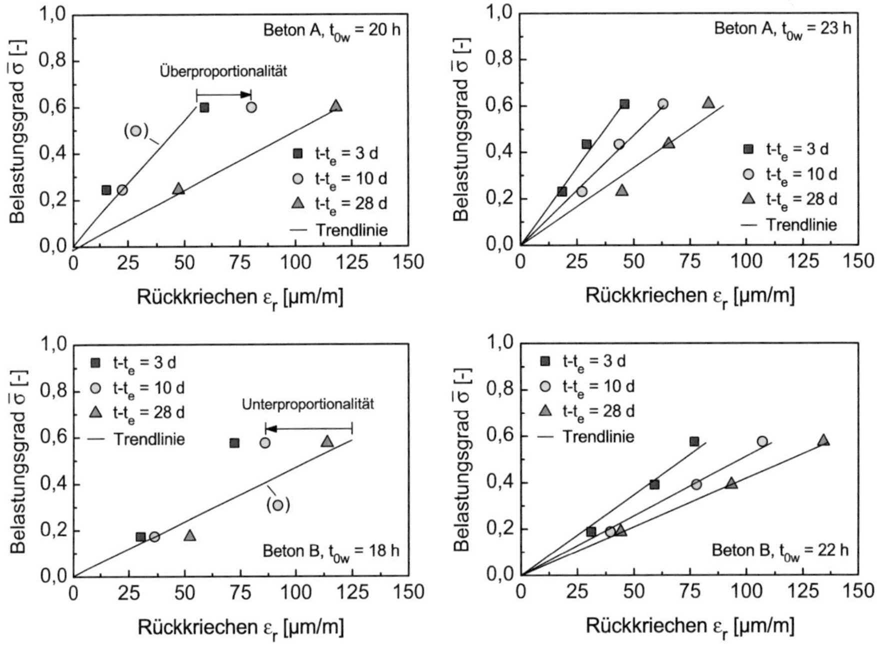

Abb. 5-18 An den Betonen A (oben) und B (unten) gemessenes Rückkriechen im Anschluss an eine Belastungsdauer von 28 d in Abhängigkeit des zuvor im Kriechversuch aufgebrachten Belastungsgrades

Eine vorwiegend lineare Beziehung zwischen Spannung und Rückkriechen besteht bei den Betonen A und B für das wahre Belastungsalter t_{0w} von 22 h bzw. 23 h, siehe Abb. 5-18 rechts. Dieser Zusammenhang bestätigt sich jedoch nur bedingt für die ebenfalls aus einer Betoniercharge hergestellten Proben mit jüngerem Belastungsalter, siehe Abb. 5-18 links. Bei Beton A ist beispielsweise nach einer Entlastungsdauer von 10 d eine Überproportionalität des Rückkriechens zu beobachten. Dementgegen wird bei derselben Entlastungsdauer das Rückkriechen des Betons B mit zunehmendem Belastungsgrad geringer (Unterproportionalität). Des Weiteren ist kein eindeutiger Einfluss unterschiedlicher Entlastungsdauern auf den Zusammenhang zwischen Belastungsgrad und Rückkriechen zu erkennen.

Diese, teilweise auch auf Streuungen der kleinen verzögert elastischen Verformungswerte beruhenden uneinheitlichen Tendenzen gestatten keine eindeutige Aussage hinsichtlich einer vorliegenden Nichtlinearität des Rückkriechens. Auch vor dem Hintergrund einer deutlichen Vereinfachung der im Folgenden erläuterten Modellbildung wird das mittlere Verformungsverhalten somit am besten durch einen linearen Zusammenhang zwischen Spannung und Verformung beschrieben. Die Grundvoraussetzung für die Modellierung der verzögert elastischen Verformung anhand einer Reihe von linearen Kelvinelementen ist somit erfüllt.

5.5.2 Extrapolation der Versuchsdaten

Im Rahmen des durchgeführten Versuchsprogramms wurden die verzögert elastischen Rückverformungen ε_r vorwiegend über Zeiträume aufgezeichnet, in denen die zeitliche Entwicklung dieser Verformungskomponente noch nicht vollständig abgeschlossen war. Wie auch bei der Auswertung der Gesamtkriechverformungen $\varepsilon_{cc,t}$ musste daher die Ermittlung der einzelnen Einflussparameter anhand von extrapolierten Versuchsdaten erfolgen.

Abb. 5-19 veranschaulicht die zeitliche Entwicklung des Rückkriechmaßes $\bar{\varepsilon}_r$ der Betone A und B mit zunehmender Entlastungsdauer $t - t_e$. Das Rückkriechmaß berechnet sich in Anlehnung an Gl. 2-5 aus der verzögert elastischen Rückverformung ε_r und der zuvor im Kriechversuch aufgebrachten Spannung. Beide Betone wurden zu verschiedenen Betonaltern zwischen 12 h und 24 h belastet. Im Diagramm angegeben sind die jeweils um den Einfluss der Frischbetontemperatur korrigierten wahren Belastungsalter t_{0w}. Exemplarisch betrachtet werden die Versuche an Beton A mit einer Belastungsdauer $t_e - t_0$ von 91 d und die Versuche an Beton B mit einer kürzeren Belastungsdauer von 28 d.

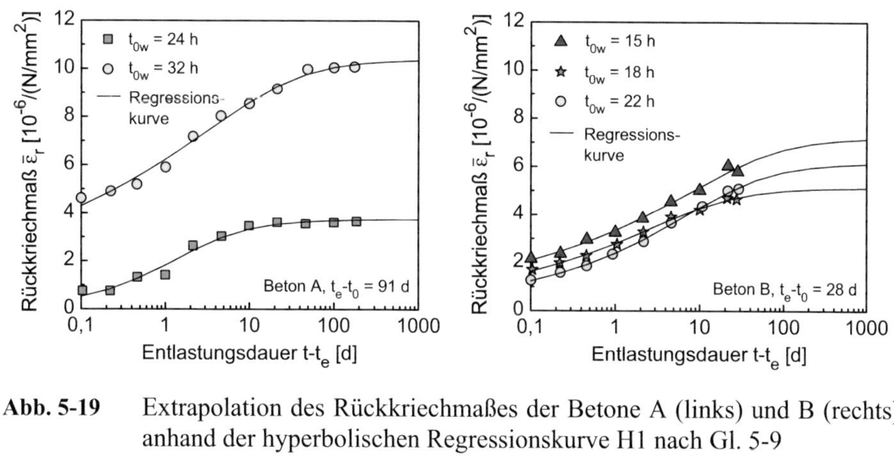

Abb. 5-19 Extrapolation des Rückkriechmaßes der Betone A (links) und B (rechts) anhand der hyperbolischen Regressionskurve H1 nach Gl. 5-9

Bei der Wahl der Regressionskurve wurde beachtet, dass bei der Extrapolation der Rückverformungen in den Bereich hoher Entlastungsdauern diese nicht größer wurden als die vor Entlastung aufgetretenen Gesamtkriechverformungen, siehe Abb. 5-20. Weiterhin resultiert das Rückkriechen vorwiegend aus einer Umlagerung von Wassermolekülen in der Mikrostruktur. Dieses ist abgeschlossen, sobald sich ein Gleichgewichtszustand im internen Spannungsfeld der Mikrostruktur des Probekörpers eingestellt hat. Vor diesem Hintergrund ist eine Annäherung der Versuchsdaten mittels logarithmischer Funktionen, die keinem Grenzwert entgegenstreben, nicht zielführend.

Bei den über einen längeren Zeitraum von 180 d an Beton A aufgezeichneten Messdaten ist bereits ab einer Entlastungsdauer von ca. 50 d keine nennenswerte Veränderung der Rückverformungen mehr zu verzeichnen. Ein solcher Kurvenverlauf lässt sich über die hyperbolische Funktion H1 in Gl. 5-9 annähern, sodass diese ebenfalls zur Extrapolation kürzerer Messreihen herangezogen wird, siehe exemplarisch Abb. 5-19 rechts für den Beton B.

5.5.3 Modell der verzögert elastischen Verformung

Anhand des im Kriechversuch unter Last gemessenen Gesamtkriechens $\varepsilon_{cc,t}$ ist keine direkte Trennung in verzögert elastische Verformungen und Fließverformungen möglich. Die Entwicklung und Optimierung des in den Gleichungen 5-14 bis 5-18 vorgestellten Modells für die verzögert elastische Verformung ε_v basiert daher ausschließlich auf den nach einer vollständigen Entlastung der Kriechprobekörper aufgezeichneten Rückverformungen ε_r. Hierzu wurde der Ansatz für ε_v zunächst in allgemeiner Form aufgestellt und anhand des im Folgenden vorgestellten Algorithmus in die verzögert elastische Rückverformung umgerechnet. Aufgrund der beobachteten Linearität zwischen der im Kriechversuch aufgebrachten Spannung und der Größe des Rückkriechens konnte hierbei auf das in Kapitel 2.2.3.3 vorgestellte Superpositionsprinzip von BOLTZMANN zurückgegriffen werden.

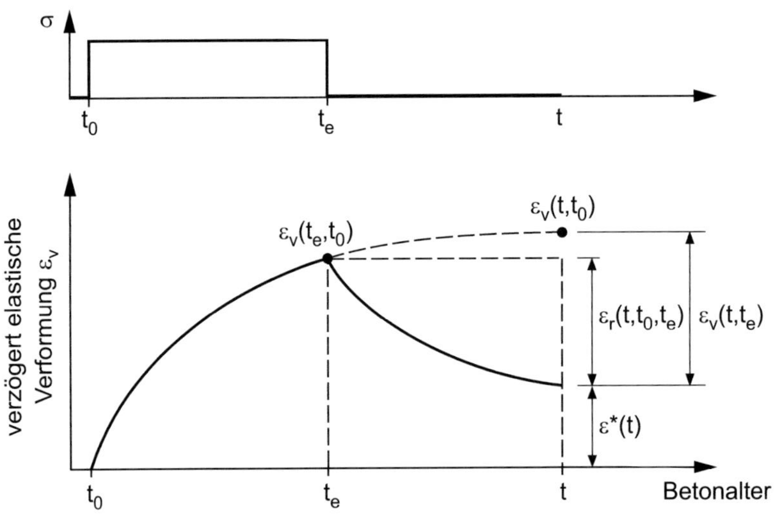

Abb. 5-20 Angaben zur Berechnung der verzögert elastischen Rückverformung

Wie Abb. 5-20 veranschaulicht, berechnet sich die nach einer bestimmten Entlastungsdauer $t - t_e$ auftretende Rückverformung zu:

$$\varepsilon_r(t,t_0,t_e) = \varepsilon_v(t_e,t_0) - \varepsilon^*(t) = \varepsilon_v(t_e,t_0) - (\varepsilon_v(t,t_0) - \varepsilon_v(t,t_e)) \quad \textbf{(5-13)}$$

Der in Gl. 5-13 angegebene Algorithmus beinhaltet ausschließlich die zu modellierende verzögert elastische Verformung ε_v. Hierdurch konnten die Parameter des in den Gleichungen 5-14 bis 5-18 angegebenen Modells mittels Regression direkt an das aus Versuchsdaten extrapolierte Rückkriechen angepasst werden.

$$\varepsilon_v(t,t_0) = \sigma \cdot h_1 \cdot g_1(t_0) \cdot f_1(t,t_0) \qquad \text{in [m/m]} \quad \textbf{(5-14)}$$

Hierin bezeichnen t_0 [d] das Belastungsalter, t [d] das betrachtete Betonalter und σ [N/mm^2] die aufgebrachte Spannung. Der dimensionslose Parameter h_1 ist eine an die versiegelten Betone A und B angepasste Konstante zur Erfassung des unterschiedlichen verzögert elastischen Verformungsvermögens.

$$h_1 = 1{,}50 \cdot 10^{-5} \text{ für Beton A}$$

$$h_1 = 0{,}79 \cdot 10^{-5} \text{ für Beton B}$$

Die Funktion

$$g_1(t_0) = g_o(t_0) + g_z(t_0) \quad \textbf{(5-15)}$$

beschreibt die Abhängigkeit der verzögert elastischen Verformung vom Belastungsalter t_0 [d]. Sie setzt sich aus zwei Funktionen g_o und g_z zusammen, wobei die Funktion g_o der Alterungsfunktion des Modells von MÜLLER [Mül 86] entspricht.

$$g_o(t_0) = 0{,}25 + \frac{45{,}75}{60 + t_0^{0{,}68}} \quad \textbf{(5-16)}$$

Wie bereits in Kapitel 3.3.3 erläutert, treten bei diesem rheologischen Modell für junge Belastungsalter $t_0 < 1{,}023$ d Widersprüche in der zeitlichen Entwicklung der alternd formulierten Federkennwerte der Kelvinelemente auf. Durch Veränderung der in Gl. 5-16 eingeführten Parameter kann diese Modellschwäche nicht behoben, sondern lediglich in den Bereich kleinerer Belastungsalter verschoben werden. Der zeitliche Verlauf der Alterungsfunktion g_o wurde in umfassenden Untersuchungen von MÜLLER statistisch abgesichert und konnte durch die vorliegenden Versuche bestätigt werden. Eine im Rahmen dieser Arbeit durchgeführte Parameterstudie hat gezeigt, dass unter Beibehaltung dieses zeitlichen Verlaufs die thermodynamisch widerspruchsfreie Formulierung der Federkennwerte nur in engen Grenzen möglich ist, siehe hierzu die Bedingungen in Kapitel 3.1. Besitzt die Alterungsfunktion für Belastungsalter $t_0 \leq 1$ d eine zu hohe negative Steigung, wird der Elastizitätsmodul der Federelemente negativ. Verläuft, wie im Modell von MÜLLER, die Kurve zu flach, nimmt die Federsteifigkeit im jungen Belastungsalter ab, um anschließend mit zunehmendem Belastungsalter kontinuierlich anzusteigen. Die Größe des Abfalls der Federsteifigkeit ist jedoch nahezu vernachlässigbar.

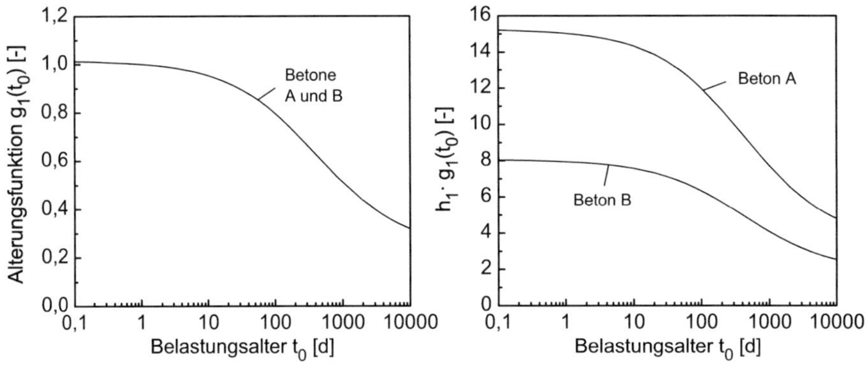

Abb. 5-21 Abhängigkeit der verzögert elastischen Verformung vom Belastungsalter. Allgemeiner Verlauf der Alterungsfunktion gemäß Gl. 5-15 (links) sowie zusätzlicher Einfluss der Betonart (rechts)

Vor diesem Hintergrund konnte die Schwäche im Modell von MÜLLER über eine sehr geringe Änderung im Kurvenverlauf der Alterungsfunktion behoben werden. Die mit Gl. 5-17 zusätzlich eingeführte Funktion g_z ermöglicht anhand der kleinen Funktionswerte die notwendige Korrektur der Steigung für junge Belastungsalter, ohne den eigentlichen Verlauf der Alterungsfunktion g_o zu verändern. Eine umfassende Überprüfung der Feder- und Dämpferkennwerte des im Rahmen der vorliegenden Arbeit entwickelten Modells findet sich in Anhang D.

$$g_z(t_0) = -0{,}05 + \frac{0{,}1}{1 + t_0^{0{,}04}} \qquad \textbf{(5-17)}$$

Wie oben in Abb. 5-21 links veranschaulicht, nimmt der Wert der von der Betonart unabhängig formulierten Alterungsfunktion g_1 mit zunehmendem Belastungsalter t_0 kontinuierlich ab. Die im Vergleich zu Beton B deutlich höheren verzögert elastischen Verformungen des Betons A werden im Modell ausschließlich über die oben angegebene Konstante h_1 berücksichtigt.

Die in Kapitel 2.2.3.3 anhand von Abb. 2-8 erläuterte Abhängigkeit des Kriechens von der vorangehenden Lastgeschichte besteht sowohl bei den reversiblen verzögert elastischen Verformungen als auch bei den irreversiblen Fließverformungen (Letzteres wird in Kapitel 5.6.3 näher behandelt). Die nach vollständiger Entlastung der Kriechprobekörper aufgezeichneten Rückverformungen sind stets geringer als die zuvor unter Last aufgetretenen verzögert elastischen Verformungen. Durch die Wahl einer mit dem Belastungsalter stetig fallenden Alterungsfunktion g_1 und die Berechnung der Rückverformung mittels Superpositionsprinzip in Gl. 5-13 wird dieser irreversible Verformungsanteil korrekt berücksichtigt.

Die Zeitfunktion $f_1(t,t_0)$ der verzögert elastischen Verformung nimmt mit zunehmender Belastungsdauer $t - t_0$ Werte zwischen 0 und 1 an.

$$f_1(t,t_0) = \sum_{i=1}^{5} n_i \cdot \left[1 - e^{-a_i(t^b - t_0^b)}\right] \qquad \textbf{(5-18)}$$

Anhand der Parameter n_1 ... n_5 wird festgelegt, welcher Anteil der gesamten verzögert elastischen Verformung in den Kelvinelementen 1 bis 5 gemäß Abb. 5-4 auftritt. Die Parameter a_1 ... a_5 bestimmen die zeitliche Entwicklung der Verformungen der einzelnen Elemente. Durch die Belegung des betrachteten Zeitpunktes t [d] und des Belastungsalters t_0 [d] mit dem Exponenten b ist die Zeitfunktion sowohl von der Belastungsdauer $(t - t_0)$ als auch vom Belastungsalter t_0 abhängig, siehe Abb. 5-22 links. Die durch Regression an die Versuchsdaten der Betone A und B angepassten Parameter sind in Tab. 5-4 aufgeführt und zum Vergleich den entsprechenden Werten im Modell von MÜLLER gegenübergestellt, siehe zusätzlich Abb. 5-22 rechts.

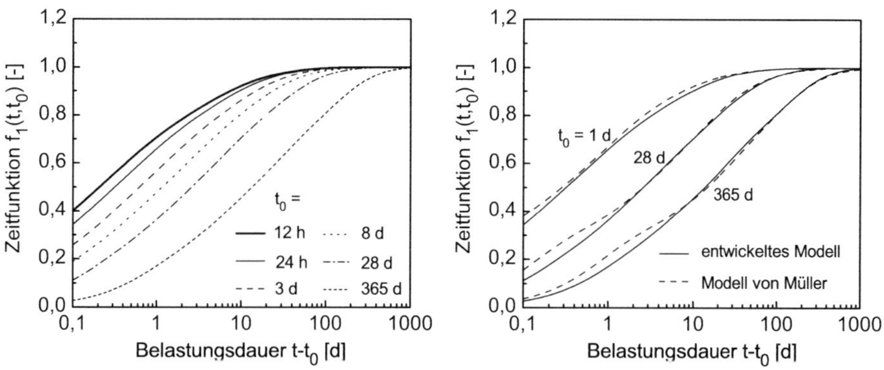

Abb. 5-22 Zeitfunktion der verzögert elastischen Verformung in Abhängigkeit vom Belastungsalter nach Gl. 5-18 (links). Vergleich mit dem Modell von MÜLLER für $a_5 = 250$ (rechts)

Für die Entwicklung des Modells zur Beschreibung der verzögert elastischen Verformung ε_v wurden die Betone im jungen Alter belastet und nach verschiedenen Belastungsdauern vollständig entlastet. Die Optimierung der Modellparameter erfolgte anhand des in Gl. 5-13 angegebenen Algorithmus zur Berechnung der verzögert elastischen Rückverformung ε_r. Dieser enthält sowohl die verzögert elastische Verformung ε_v in Abhängigkeit des jungen Belastungsalters t_0 als auch des höheren Entlastungsalters t_e. Das an Betonen mit Belastung im jungen Alter durchgeführte Versuchsprogramm ermöglicht daher die Anpassung der in Tab. 5-4 aufgeführten Parameter an das verzögert elastische Verformungsverhalten von Beton bei jungen und höheren Belastungsaltern.

Die Angaben in Tab. 5-4 besitzen für beide Betone A und B Gültigkeit. Unterschiede im verzögert elastischen Verformungsverhalten finden ausschließlich über den oben angegebenen Parameter h_1 Berücksichtigung. Infolge der eingeschränkten Datenbasis wurde von einer zusätzlichen Definition von h_1 beispielsweise in Abhängigkeit von der Betondruckfestigkeit f_{cm} oder dem Wasserzementwert w/z abgesehen. Dies könnte sich jedoch gegebenenfalls nach zukünftigen Untersuchungen an weiteren Betonen als sinnvoll erweisen.

Tab. 5-4 Parameter in Gl. 5-18 zur Vorhersage der verzögert elastischen Verformung

Parameter	Wert [-]	Wert im Modell von MÜLLER [-]	Parameter	Wert [-]	Wert im Modell von MÜLLER [-]
b	0,35	0,32			
a_1	1,0	1,1	n_1	0,19	0,23
a_2	1,2	2,4	n_2	0,22	0,22
a_3	7,0	7,3	n_3	0,26	0,19
a_4	35,2	35	n_4	0,19	0,12
a_5	200	>200	n_5	0,14	0,24

5.5.4 Hintergründe zur Wahl des Ansatzes

Abhängigkeit von der Belastungsdauer t_e-t_0

Die Festlegung und Optimierung des im vorherigen Kapitel erläuterten Ansatzes zur Berechnung der verzögert elastischen Verformung ε_v erfolgte ausschließlich anhand des im Versuch an den Betonen A und B gemessenen Rückkriechens ε_r. Dieses ist sowohl vom Belastungsbeginn als auch von der Belastungsdauer des zuvor durchgeführten Kriechversuchs abhängig. Die genaue Betrachtung dieser Parameter bildete folglich einen Schwerpunkt der experimentellen Untersuchungen.

Zur Überprüfung des Einflusses der Belastungsdauer auf die Höhe der verzögert elastischen Rückverformung wurden die beiden Betone A und B im Belastungsalter t_0 von 20 h bzw. 16 h belastet und nach unterschiedlichen Belastungsdauern $t_e - t_0$ von 28 d, 91 d und 180 d vollständig entlastet. Das anschließend aufgezeichnete Rückkriechen ε_r ist in Abb. 5-23 dargestellt. An dieser Stelle sei darauf hingewiesen, dass in der vorliegenden Arbeit sämtliche Daten bis zu einer maximalen Be- oder Entlastungsdauer von 1000 d aufgetragen sind. Hiermit wird der Tatsache Rechnung getragen, dass eine gesicherte Extrapolation von Versuchsdaten nur bis zur nächsten Dekade im halblogarithmischen Maßstab möglich ist. Im Fall der verzögert elastischen Verformung ist zu diesem Zeitpunkt dessen zeitliche Entwicklung je nach Belastungsalter nahezu abgeschlossen, siehe Abb. 5-22.

Infolge der Belastung der Probekörper im sehr jungen Alter unter dem geringen Belastungsgrad von 0,2 treten im Anschluss an die vollständige Entlastung bei beiden Betonen nur sehr kleine Rückverformungen auf. Insbesondere die Messwerte des Betons A für die Belastungsdauern von 91 d und 180 d liegen mit Verformungen von ungefähr 10 µm/m nahe dem Streubereich der eingesetzten Messkette von ± 5 µm/m. Ein an solchen Versuchsdaten optimiertes Modell ermöglicht daher lediglich eine Abschätzung des Rückkriechens jung belasteter Betone mit hohen Belastungsdauern.

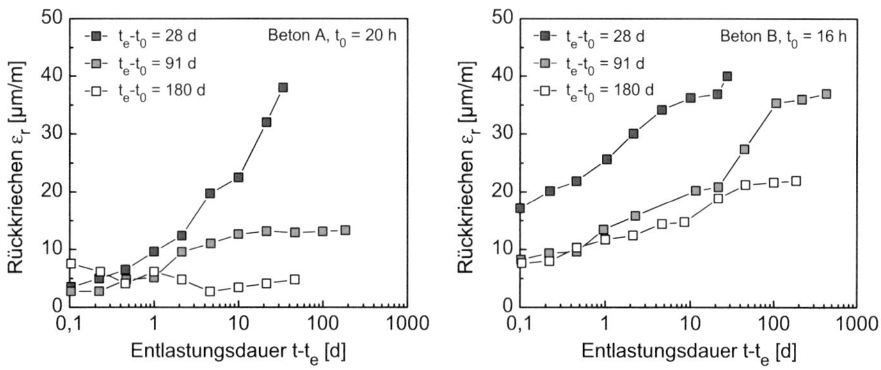

Abb. 5-23 Einfluss der Belastungsdauer t_e - t_0 auf die Höhe des Rückkriechens der Betone A (links) und B (rechts)

Die Probekörper für die in Abb. 5-23 dargestellten Versuche entstammen jeweils nicht derselben Betoniercharge. Hieraus resultieren bei beiden Betonen A und B Unterschiede in der Betondruckfestigkeit zu Versuchsbeginn und entsprechend in der Höhe der im Kriechversuch aufgebrachten Spannungen. Die angegebenen Verformungsverläufe sind folglich nicht direkt vergleichbar. Zur Ermittlung des Einflusses der Belastungsdauer auf das Rückkriechverhalten wird daher das in Abb. 5-24 dargestellte Rückkriechmaß $\bar{\varepsilon}_r$ herangezogen. Dieses berechnet sich aus dem oben angegebenen Rückkriechen ε_r bezogen auf die zuvor im Kriechversuch aufgebrachte Spannung. Des Weiteren finden sich in den Diagrammen Angaben zu den unterschiedlichen, um den Einfluss der Frischbetontemperatur korrigierten wahren Belastungsaltern t_{0w}. Wie später anhand von Abb. 5-26 näher erläutert wird, ist im jungen Betonalter bis 24 h der Einfluss des Belastungsalters auf die Höhe des Rückkriechmaßes gering. Die in Abb. 5-24 dargestellten Kurvenverläufe sind somit vergleichbar und belegen eine Verringerung des Rückkriechmaßes mit ansteigender Belastungsdauer.

Infolge der begrenzten Anzahl durchgeführter Versuche zum verzögert elastischen Verformungsverhalten der Betone A und B wird bei der Entwicklung des Modells zusätzlich auf Erkenntnisse aus der Literatur zurückgegriffen. Systematische Untersuchungen zum Einfluss der Belastungsdauer wurden beispielsweise von ILLSTON [Ill 65] an normalfesten Betonen durchgeführt. Bei verschiedenen Versuchsreihen stieg der Endwert des Rückkriechens mit zunehmender Belastungsdauer an, durchlief ein Maximum, um anschließend mit weiter zunehmender Belastungsdauer kontinuierlich abzunehmen.

Das für normalfesten Beton entwickelte Modell von MÜLLER [Mül 86] berücksichtigt diese Erkenntnisse. Entsprechend den ausgewerteten Versuchsdaten tritt das Maximum bei umso höheren Belastungsdauern auf je älter der Beton bei Belastungsbeginn war.

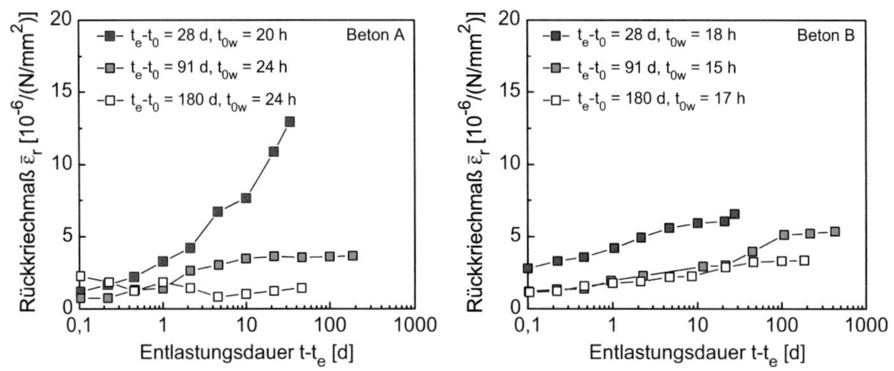

Abb. 5-24 Einfluss der Belastungsdauer t_e - t_0 auf die Höhe des Rückkriechmaßes der Betone A (links) und B (rechts)

Im vorliegenden Versuchsprogramm betrug die Belastungsdauer mindestens 28 d. Aufgrund der Literaturdaten ist nicht auszuschließen, dass bei im jungen Alter belasteten Betonen das Maximum bereits für noch geringere Belastungsdauern durchschritten wird. Dies ist in zukünftigen Forschungsvorhaben durch entsprechende Versuche genauer zu ermitteln. Die in den hier durchgeführten Versuchen beobachtete Abnahme des Kriechmaßes mit zunehmender Belastungsdauer steht hierzu nicht im Widerspruch. Abb. 5-25 zeigt das auf eine Entlastungsdauer $t - t_e$ von 1000 d extrapolierte Rückkriechmaß $\bar{\varepsilon}_r$ der Betone A und B in Abhängigkeit von der Belastungsdauer $t_e - t_0$. Infolge des geringen Einflusses junger Belastungsalter auf die Höhe des Rückkriechmaßes wird auf die Betrachtung des wahren Belastungsalters t_{0w} der einzelnen Versuche verzichtet.

Ebenfalls eingezeichnet ist in Abb. 5-25 die entsprechende Vorhersage durch das entwickelte Modell. Es berücksichtigt das oben beschriebene Maximum des Rückkriechmaßes in Abhängigkeit der Belastungsdauer, dieses wird für die untersuchten jungen Belastungsalter jedoch für Belastungsdauern $t_e - t_0$ kleiner als 28 d vorhergesagt. Hierdurch wird der in Abb. 5-25 rechts erkennbare Abfall des gemessenen Rückkriechmaßes mit zunehmender Belastungsdauer korrekt beschrieben. Entsprechend den Erkenntnissen von MÜLLER verschiebt sich das Maximum für die im Rahmen der vorliegenden Arbeit nicht untersuchten höheren Belastungsalter in den Bereich größerer Belastungsdauern. Für den Beton B ermöglicht das Modell eine gute Vorhersage des Verformungsverhaltens, siehe Abb. 5-25 rechts. Dementgegen erwiesen sich die im linken Diagramm dargestellten stark streuenden Verformungswerte des Betons A ungeeignet für die Modellbildung. Vereinfacht wird daher bei beiden Betonen dieselbe grundsätzliche Abhängigkeit des Verformungsverhaltens von der Belastungsdauer angenommen.

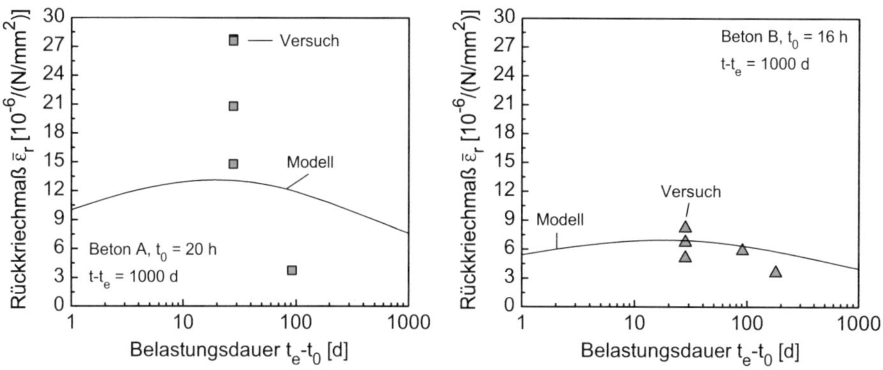

Abb. 5-25 Rückkriechmaß nach einer Entlastungsdauer von 1000 d der Betone A (links) und B (rechts) in Abhängigkeit von der Belastungsdauer im Vergleich mit dem Modell

Abhängigkeit vom Belastungsalter t_0

Zur Untersuchung des Einflusses junger Belastungsalter auf die Höhe des Rückkriechens wurden beide Betone A und B zu verschiedenen Betonaltern t_0 bis einschließlich 24 h belastet. Abb. 5-26 veranschaulicht exemplarisch das aus den gemessenen Verformungen berechnete und auf eine Entlastungsdauer von 1000 d extrapolierte Rückkriechmaß $\bar{\varepsilon}_r$ für die Belastungsdauer von 28 d. Für eine genaue Erfassung des Einflusses der Frischbetontemperatur auf die Festigkeitsentwicklung des Betons und des daraus resultierenden Kriechverhaltens sind die Werte über das wahre Belastungsalter t_{0w} aufgetragen. Es zeigt sich keine Abhängigkeit des extrapolierten Rückkriechmaßes des Betons B von den verschiedenen jungen Belastungsaltern.

Ebenfalls in das Diagramm eingezeichnet ist die Vorhersage des durch Regression an die Versuchsdaten angepassten Modells. Die Optimierung der Modellparameter erfolgte durch Vergleich der berechneten verzögert elastischen Rückverformung mit den entsprechenden Versuchsdaten. Gemäß Gl. 5-13 fließt in diese Berechnung der Ansatz für die verzögert elastische Verformung ε_v sowohl in Abhängigkeit des jungen Belastungsalters t_{0w} als auch des Entlastungsalters t_e ein. Im Versuchsprogramm wurden Entlastungsalter von 28 d, 91 d und 180 d untersucht. Die Berechnung des Rückkriechverhaltens jung belasteter Betone ermöglicht somit indirekt auch die Entwicklung des Ansatzes der verzögert elastischen Verformung für höhere Belastungsalter.

Als Ausgangspunkt für die Optimierung des Modells diente die Alterungsfunktion des für normalfeste Betone gültigen Modells von MÜLLER [Mül 86]. Neben der Güte der Anpassung an die Versuchsdaten sind bei der Entwicklung von rheologischen Modellen zusätzlich Bedingungen hinsichtlich der thermodynamisch korrekten Formulierung der Feder- und Dämpferelemente zu beachten. Diese sind bei der Anwendung der Alterungsfunktion von MÜLLER für Belastungsalter kleiner 24 h nicht eingehalten. Die Aufstellung des Modells für junge Betone erforderte daher zunächst eine Weiterentwicklung der Alterungsfunktion durch die Einführung einer Zusatzfunktion, siehe Gl. 5-15. Anschließend wurden die übrigen Modellparameter durch Regression an die Versuchsdaten angepasst.

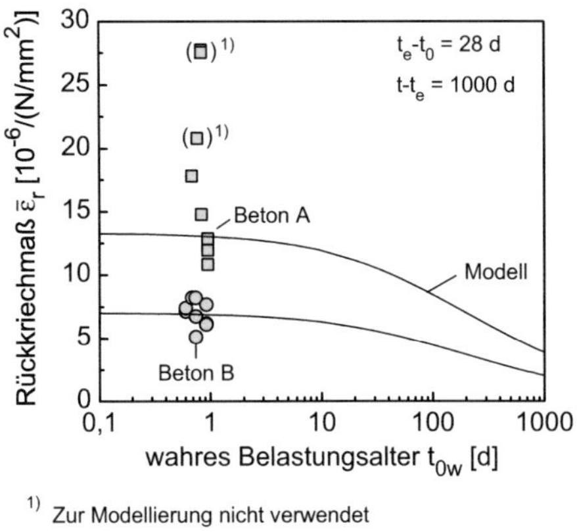

Abb. 5-26 Gemessenes und auf eine Entlastungsdauer von 1000 d extrapoliertes Rückkriechmaß der Betone A und B in Abhängigkeit des wahren Belastungsalters im Vergleich mit dem Modell

Abb. 5-26 belegt die gute Übereinstimmung zwischen dem berechneten und dem aus Versuchsdaten extrapolierten Rückkriechmaß $\bar{\varepsilon}_r$ des im jungen Alter belasteten Betons B. Mit zunehmendem Belastungsalter nimmt das Rückkriechmaß kontinuierlich ab. Im Rahmen der vorliegenden Arbeit wurden keine Untersuchungen zum Rückkriechen von Betonen mit höheren Belastungsaltern durchgeführt. Entsprechend kann der eingezeichnete, sowohl für junge als auch ältere Betone optimierte Modellverlauf, keinen Versuchsdaten gegenübergestellt werden.

Ein den Versuchswerten des Betons B vergleichbarer Streubereich ist bei Beton A nur für das Belastungsalter t_{0w} von ca. 24 h und einer Belastungsdauer von 28 d zu beobachten. Für jüngere Belastungsalter zeigen sich hingegen starke Streuungen, die aus erheblichen Unsicherheiten bei der Extrapolation der über einen Zeitraum von ca. 30 d aufgezeichneten Messdaten resultieren. Beispielsweise ergibt sich das in Abb. 5-26 eingezeichnete hohe Rückkriechmaß von $28 \cdot 10^{-6}/(\text{N/mm}^2)$ aus der Extrapolation der in Abb. 5-24 links angegebenen Versuchsdaten für eine Belastungsdauer von 28 d. Der starke Anstieg des Rückkriechmaßes zum Ende des Messzeitraums führt bei der Annäherung der Versuchsdaten über eine hyperbolische Funktion dazu, dass diese erst für sehr hohe Entlastungsdauern einem Endwert entgegen strebt. Da bei solchen Daten eine gesicherte Extrapolation nicht möglich ist, konnten sie für die weitere Modellbildung nicht herangezogen werden, siehe die geklammerten Werte in Abb. 5-26. Dies führte zu einer deutlichen Reduktion der Datenbasis für die Modellierung des Verformungsverhaltens des Betons A. Folglich wurden die in den Untersuchungen an Beton B gewonnenen Erkenntnisse ohne umfassenden experimentellen Nachweis auf Beton A übertragen. Sowohl die Alterungsfunktion als auch die Zeitfunktion sind für beide Betone identisch. Unterschiede in der Höhe des Rückkriechens werden ausschließlich über den Parameter h_1 ausgedrückt.

Zeitliche Entwicklung des Rückkriechens

Anschließend an die Diskussion der Einflussparameter auf die Höhe des Rückkriechens wird im Folgenden dessen zeitliche Entwicklung näher betrachtet. Wie Abb. 5-26 zeigt, besteht nahezu keine Abhängigkeit zwischen der Höhe des Rückkriechens und verschiedenen jungen Belastungsaltern. Eine maßgebliche Beeinflussung der zeitlichen Entwicklung war entsprechend nicht zu erwarten. Dies bestätigt Abb. 5-27, in der exemplarisch der Anstieg des extrapolierten Rückkriechmaßes $\varepsilon_r(t-t_e)$ des Betons B in Bezug auf den Endwert $\varepsilon_{r\infty}$ dargestellt ist. Die Probekörper wurden zu verschiedenen Betonaltern t_{0w} zwischen 15 h und 22 h belastet und nach 28 d vollständig entlastet. Verläufe mit demselben Symbol kennzeichnen Versuche aus derselben Betoniercharge, jedoch unter unterschiedlichen Belastungsgraden während des Kriechversuchs. Infolge der Linearität der verzögert elastischen Verformung ist deren zeitliche Entwicklung direkt vergleichbar. Einen Tag nach Entlastung haben sich im Mittel bereits 47 % der Rückverformungen eingestellt. Nach einer Entlastungsdauer von einem Jahr war das Rückkriechen nahezu abgeschlossen.

Da im Modell der geringe Einfluss junger Belastungsalter auf den zeitlichen Verlauf des Rückkriechmaßes berücksichtigt ist, ist in Abb. 5-27 exemplarisch die Vorhersage für das Belastungsalter t_{0w} von 22 h eingetragen.

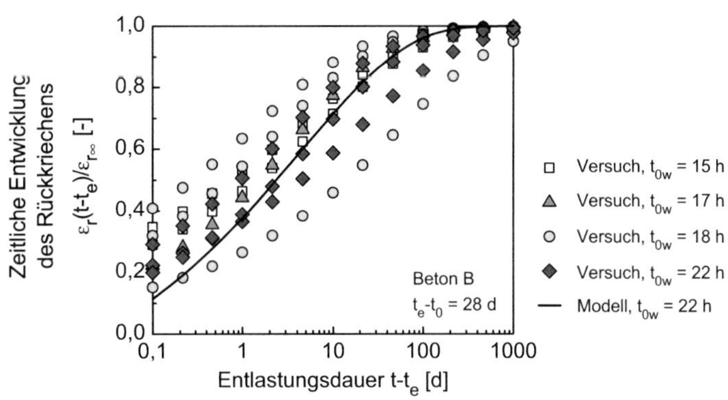

Abb. 5-27 Zeitliche Entwicklung des Rückkriechens von Beton B nach einer Belastungsdauer von 28 d in Bezug auf den extrapolierten Endwert

Bei der Optimierung des Modells wurden die Parameter durch Regression an die Versuchsdaten angepasst. Zusätzlich waren jedoch die Bedingungen hinsichtlich der thermodynamisch widerspruchsfreien Formulierung der rheologischen Elemente einzuhalten. Hierdurch wird die tatsächliche Verformungsentwicklung in den ersten 24 h nach Entlastung unterschätzt. Für höhere Entlastungsdauern ermöglicht das Modell hingegen eine gute Vorhersage des mittleren Verformungsverlaufs.

Die Versuche mit Belastungsdauern von 91 d bzw. 180 d wiesen vergleichbar große Streuungen im Verformungsverlauf auf, sodass bei der Aufstellung der Zeitfunktion in Abhängigkeit von der Belastungsdauer zusätzlich Erkenntnisse aus dem für normalfeste Betone gültigen Modell von MÜLLER [Mül 86] übernommen wurden. Demnach resultiert eine kurze Belastungsdauer in einer rascheren Entwicklung der Rückverformung. Abb. 5-28 links veranschaulicht die entsprechend für beide Betone A und B modellierte zeitliche Entwicklung des Rückkriechens exemplarisch für ein Belastungsalter von 1 d und verschiedene Belastungsdauern zwischen 3 d und 1800 d.

Das vorliegende Versuchsprogramm beinhaltete keine Untersuchungen zum Einfluss höherer Belastungsalter auf den zeitlichen Verlauf des Rückkriechens. Das entwickelte Modell übernimmt folglich das in der Literatur veröffentlichte Verformungsverhalten normalfester Betone. Hierbei waren in Versuchen mit einer konstanten Belastungsdauer $t_e - t_0$ und unterschiedlichen Belastungsaltern keine Unterschiede im Verlauf des Rückkriechens zu beobachten [Mül 86]. Das rechte Diagramm in Abb. 5-28 zeigt die modellierten Kurvenverläufe für zwei verschiedene Belastungsdauern von 28 d und 365 d. Die erkennbaren Unterschiede für die einzelnen Belastungsalter t_0 liegen in der mathematischen Formulierung der mit Gl. 5-18 gegebenen Zeitfunktion begründet. Im Gegensatz zur Rückverformung ist die zeitliche Entwicklung der im Kriechversuch auftretenden verzögert elastischen Verformung ε_v maßgeblich vom Belastungsalter abhängig, siehe Abb. 5-22.

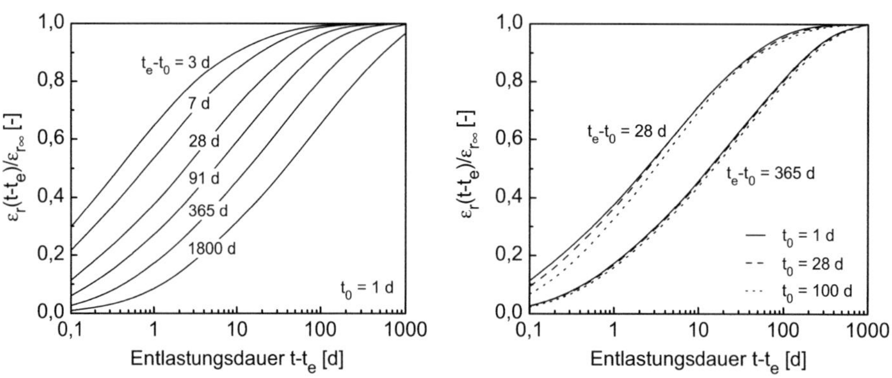

Abb. 5-28 Im Modell berücksichtigte zeitliche Entwicklung des Rückkriechens der Betone A und B in Abhängigkeit von der Belastungsdauer (links) bzw. des Belastungsalters (rechts)

Einfluss der Betondruckfestigkeit

In den zuvor beschriebenen Abbildungen 5-25 und 5-26 ist das im Versuch ermittelte Rückkriechmaß $\bar{\varepsilon}_r$ der beiden Betone A und B gegenübergestellt. Demnach sinkt das Rückkriechmaß, d. h. das Rückkriechen je Einheitsspannung, mit steigender Druckfestigkeit der Betone. Für den direkten Vergleich der am Probekörper gemessenen Rückverformungen ist das abgebildete Rückkriechmaß mit der im Kriechversuch aufgebrachten Spannung zu multiplizieren.

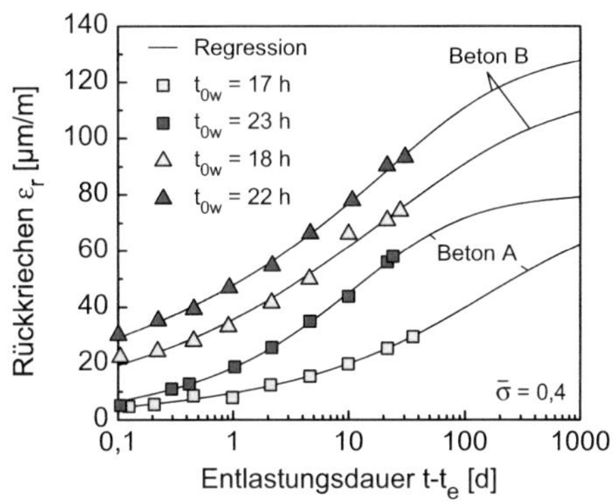

Abb. 5-29 Rückkriechen der beiden Betone A und B im Anschluss an eine Belastungsdauer von 28 d in Abhängigkeit vom Belastungsalter

Obige Abb. 5-29 veranschaulicht exemplarisch verschiedene an den Betonen A und B aufgezeichnete Rückkriechverformungen ε_r sowie die Extrapolation der mittels Regressionsanalyse an die jeweiligen Versuchsdaten angepassten hyperbolischen Funktion H1. Die Betone wurden zu verschiedenen wahren Belastungsaltern t_{0w} zwischen 17 h und 23 h mit einem Belastungsgrad $\bar{\sigma}$ von 0,4 belastet und nach einer Belastungsdauer von 28 d vollständig entlastet. Infolge der rascheren Festigkeitsentwicklung des Betons B sind die zu einem bestimmten Belastungsalter aufgebrachten Spannungen höher als im entsprechenden Versuch an Beton A. Hieraus resultieren trotz des in Abb. 5-26 dargestellten geringeren Rückkriechmaßes höhere Rückverformungen der Probekörper aus Beton B.

Sämtliche bei Entlastung auftretenden sofortigen bzw. zeitverzögerten (Rück-)Verformungen von Einzelbauteilen stellen einen maßgeblichen Einflussparameter auf das Verformungsverhalten der gesamten Tragstruktur dar. Alternativ zur bereits erläuterten Berechnung der Rückverformungen mittels des Superpositionsprinzips wird anhand der in Abb. 5-30 dargestellten Rückkriechzahl φ_r ein direkter Bezug zwischen der Rückkriechverformung und dem elastischen Verformungsverhalten des betrachteten Betons hergestellt. In Anlehnung an die in Gl. 2-4 definierte Kriechzahl berechnet sich dieser Faktor aus dem Verhältnis zwischen dem Rückkriechen ε_r nach einer Entlastungsdauer von 1000 d und der elastischen Dehnung ε_{ci} des Betons im Alter von 28 d unter der im Kriechversuch aufgebrachten Spannung. Die betrachteten Probekörper wurden zu verschiedenen Belastungsaltern t_{0w} zwischen 12 h und 24 h belastet und nach einer Belastungsdauer von 28 d vollständig entlastet. Demnach entspricht die im Entlastungsalter von ca. 28 d auftretende sofortige elastische Rückverformung näherungsweise der in der Rückkriechzahl berücksichtigten Dehnung ε_{ci}.

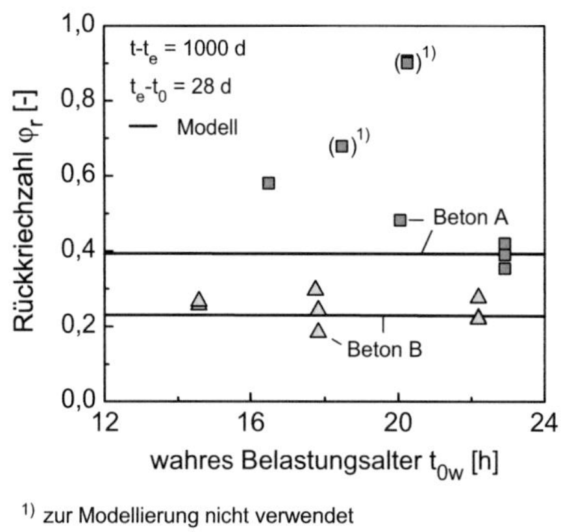

Abb. 5-30 Rückkriechzahl der Betone A und B für eine Belastungsdauer von 28 d und eine Entlastungsdauer von 1000 d in Abhängigkeit des wahren Belastungsalters

Ebenfalls in Abb. 5-30 eingezeichnet sind die durch das Modell vorhergesagten Rückkriechzahlen. Demnach bewirkt das Rückkriechen des Betons A eine zusätzliche Erhöhung der direkt im Anschluss an die Entlastung gemessenen sofortigen elastischen Dehnung um ungefähr 39 %. Im Vergleich hierzu ist bei Beton B das Verhältnis zwischen verzögert elastischer und sofortiger elastischer Verformung mit ca. 23 % geringer.

5.5.5 Vorhersagegenauigkeit des Modells

Das vorgestellte Modell zur Berechnung der verzögert elastischen Verformung bildet die Grundlage für die Abspaltung der Fließverformungen von den im Kriechversuch gemessenen Gesamtverformungen. Zur Bewertung der Vorhersagegenauigkeit des entwickelten Modells ist in Abb. 5-31 das für beide Betone A und B berechnete Rückkriechmaß $\bar{\varepsilon}_r$ nach einer Entlastungsdauer von 1000 d dem aus Versuchsdaten extrapolierten Rückkriechmaß gegenübergestellt. Verwendung fand hierzu die hyperbolische Funktion H1 in Gl. 5-9 deren Parameter mittels Regression an die Versuchsdaten angepasst wurden. Im Rahmen der obigen Diskussion der Versuchsergebnisse wurde deutlich, dass einige Versuchsdaten nur eine begrenzte Aussagekraft hinsichtlich der Abhängigkeit der verzögert elastischen Verformung von verschiedenen Einflussparametern besitzen. Hierzu gehören unter anderem die an Beton A gemessenen geringen Verformungswerte nach Belastungsdauern von 91 d und 180 d. Diese liegen nahe dem

Streubereich der eingesetzten Messkette und waren entsprechend mit Unsicherheiten behaftet. Vor diesem Hintergrund werden in Abb. 5-31 ausschließlich Versuche mit einer Belastungsdauer von 28 d betrachtet.

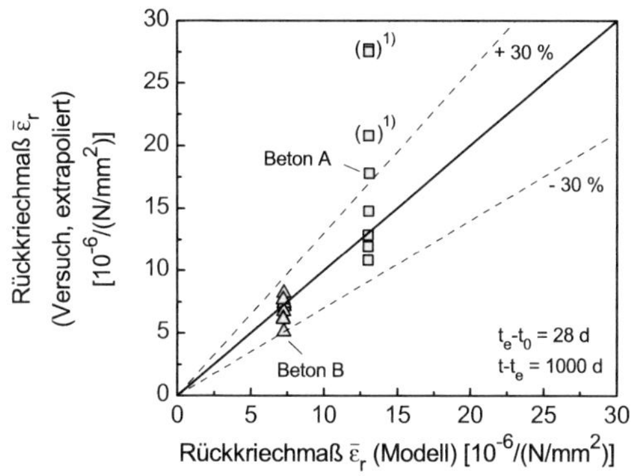

Abb. 5-31 Vorhersagegenauigkeit des Modells hinsichtlich der Berechnung des Rückkriechmaßes nach einer Entlastungsdauer von 1000 d mit einer vorangegangenen Belastungsdauer von 28 d

Das Modell zur Beschreibung des Verformungsverhaltens des Betons B ermöglicht eine gute Vorhersage des im Versuch gemessenen Rückkriechens. Sämtliche Vergleichswerte in Abb. 5-31 liegen innerhalb des für Kriechverformungen üblicherweise verwendeten Streubereichs von ± 30 %. Dementgegen ist bei Beton A eine genaue Evaluierung des Modells nur anhand einer eingeschränkten Datenbasis sinnvoll. Grund hierfür ist der zeitliche Verlauf einiger Versuchsdaten, der keine gesicherte Extrapolation des Rückkriechens ermöglichte. Die daraus resultierenden stark streuenden Versuchswerte konnten für die Modellbildung teilweise nicht verwendet werden. Entsprechend wurde an verschiedenen Stellen das an Beton B beobachtete verzögert elastische Verformungsverhalten ohne einen experimentellen Nachweis auf das Verformungsverhalten von Beton A übertragen. Betrachtet man ausschließlich die der Modellierung des Betons A zugrunde liegenden Versuchsdaten, werden diese durch das Modell ebenfalls innerhalb des Streubereichs von ca. ± 30 % abgedeckt. Ob diese repräsentativ für das tatsächliche verzögert elastische Verformungsverhalten des Betons A sind, ist in zukünftigen Forschungsvorhaben durch Kriechversuche an jungen Betonen mit Belastungsdauern von mehreren Tagen bis Wochen und Entlastungsdauern von mindestens vier bis fünf Monaten zu überprüfen.

5.6 Modellierung der Fließverformung

5.6.1 Abspaltung der Fließverformungen von den Gesamtkriechverformungen

Ziel der vorliegenden Arbeit war die Entwicklung eines Summationsansatzes, anhand dessen das im Kriechversuch gemessene Gesamtkriechen in einen reversiblen verzögert elastischen Verformungsanteil und einen irreversiblen Fließanteil aufgespalten wird. Abb. 5-32 veranschaulicht in allgemeiner Form das gemäß Kapitel 5.4 modellierte Gesamtkriechen $\varepsilon_{cc,t}(t,t_0)$ und die anhand Gl. 5-14 berechnete verzögert elastische Verformung $\varepsilon_v(t,t_0)$.

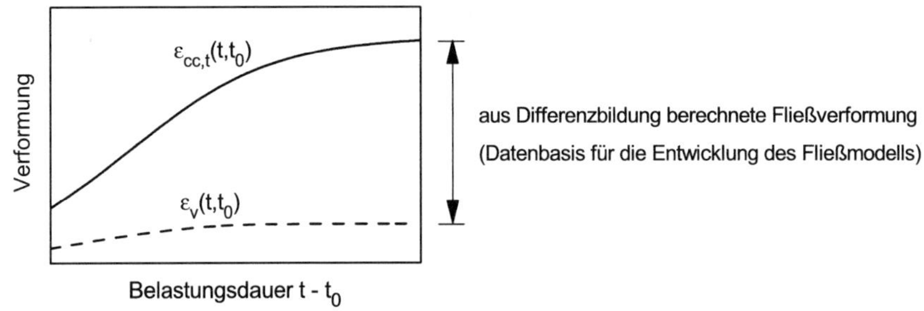

Abb. 5-32 Abspaltung der Fließverformungen durch Differenzbildung zwischen der Gesamtkriechverformung $\varepsilon_{cc,t}$ und der verzögert elastischen Verformung ε_v als Datenbasis für die Modellierung

Die Differenz zwischen diesen beiden Verformungen bildet die Datenbasis für die Aufstellung des Fließmodells. Dieses wurde im Rahmen der vorliegenden Arbeit vollständig neu entwickelt und die Modellparameter durch Regression an die gemäß Abb. 5-32 ermittelten Daten angepasst. Es basiert auf einem nichtlinearen rheologischen Dämpferelement, dessen Dämpferviskosität η_1 altersabhängig formuliert ist, siehe Abb. 5-4. Entsprechend waren bei der Entwicklung des Modells neben der Anpassung an die Datenbasis die in Kapitel 3.1 erläuterten Bedingungen hinsichtlich der thermodynamisch widerspruchsfreien Definition des rheologischen Modells einzuhalten.

5.6.2 Vorhersage der Fließverformungen

Das im Rahmen der vorliegenden Arbeit neu entwickelte Modell zur Beschreibung der Fließverformungen ε_f wird ausgehend von Gl. 5-19 zunächst in kompakter Form vorgestellt. Im Anschluss daran folgen nähere Erläuterungen zur Wahl der einzelnen Funktionen sowie eine Beurteilung des Modells hinsichtlich der widerspruchsfreien Vorhersage des Fließens.

$$\varepsilon_f(t,t_0,\sigma) = \sigma \cdot n(t,t_0,\bar{\sigma}) \cdot g_2(t_0) \cdot f_2(t,t_0) \cdot 10^{-6} \quad [\text{m/m}] \qquad \textbf{(5-19)}$$

Darin bedeuten σ [N/mm^2] die im Kriechversuch aufgebrachte Spannung, t_0 [d] das Belastungsalter, t [d] das betrachtete Betonalter und $\bar{\sigma}$ [-] der Belastungsgrad. Das Modell besitzt Gültigkeit ab einem Belastungsalter t_0 von 8 h sowie bis zu einem maximalen Belastungsgrad $\bar{\sigma}$ von 0,7, siehe hierzu die Erläuterungen zur Nichtlinearität des Fließens in Kapitel 5.6.3.

Der von der Betonart unabhängig formulierte Nichtlinearitätsindex $n(t,t_0,\bar{\sigma})$ berücksichtigt die mit zunehmender Spannung σ [N/mm^2] ansteigende Überproportionalität des Fließens. Diese ist sowohl von der Höhe des aufgebrachten Belastungsgrades $\bar{\sigma}$ [-] als auch von der Belastungsdauer $(t-t_0)$ [d] abhängig. Der Belastungsgrad berechnet sich hierbei aus dem Verhältnis zwischen der im Kriechversuch aufgebrachten Spannung und der Druckfestigkeit des Betons bei Belastungsbeginn.

$$n(t,t_0,\bar{\sigma}) = d(\bar{\sigma}) + \frac{\bar{\sigma}^{2,3}}{(t-t_0)+0,28} \qquad \textbf{(5-20)}$$

mit

$$d(\bar{\sigma}) = \begin{cases} \bar{\sigma}+0,6 & \text{für } \bar{\sigma} \geq 0,4 \\ 1,0 & \text{für } 0 < \bar{\sigma} \leq 0,4 \end{cases}$$

Der zeitliche Verlauf des Nichtlinearitätsindexes ist in Abb. 5-33 veranschaulicht. Ein ursprünglicher Grundsatz der Modellierung lag in der Annahme von linearen Kriechverformungen bis zu einem Belastungsgrad $\bar{\sigma}$ von 0,2. Für die Abbildung der Abhängigkeit der Nichtlinearität von der Belastungsdauer und dem Belastungsgrad wurde der Grundwert des Nichtlinearitätsindexes $d(\bar{\sigma})$ gemäß Gl. 5-20 um eine von beiden Parametern abhängige Zusatzfunktion ergänzt (siehe den 2. Summanden in Gl. 5-20).

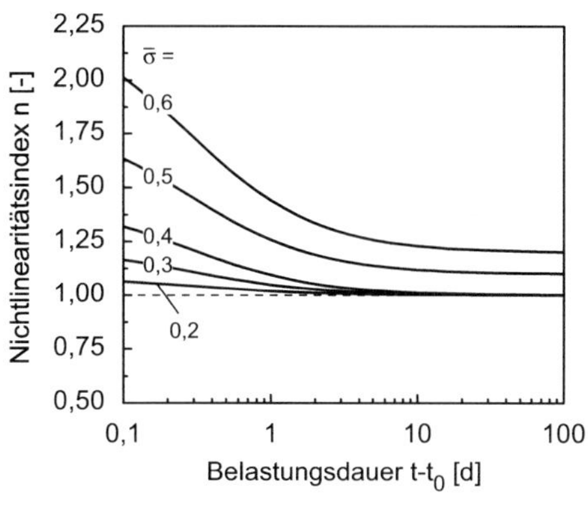

Abb. 5-33 Abhängigkeit des Nichtlinearitätsindexes vom Belastungsgrad und der Belastungsdauer gemäß Gl. 5-20 des Fließmodells

Hieraus resultiert die in Abb. 5-33 dargestellte geringfügige Überproportionalität ($n > 1{,}0$) für den Belastungsgrad von 0,2. Da sich diese auf die ersten Tage nach Belastungsbeginn beschränkt, in denen besonders hohe Streuungen der Verformungswerte zu beobachten sind, ergibt sich hieraus keine Verschlechterung der Vorhersagegenauigkeit des Summationsansatzes.

Die Abhängigkeit der Höhe der Fließverformungen vom Belastungsalter t_0 [d] wird durch die Alterungsfunktion $g_2(t_0)$ berücksichtigt:

$$g_2(t_0) = g_{2b}(t_0) + g_{2z}(t_0) = \frac{c_1}{0{,}1 + t_0^{c_2}} + \frac{c_3}{0{,}07 + t_0^{0{,}6}} \tag{5-21}$$

Zur Abbildung der hohen Fließverformungen von im jungen Alter belasteten Betonen setzt sich diese aus einer Basisfunktion $g_{2b}(t_0)$ und einer Zusatzfunktion $g_{2z}(t_0)$ zusammen. Die für die beiden Betone A und B unterschiedlich gewählten Parameter $c_1 \ldots c_3$ sind in Tab. 5-5 angegeben.

Tab. 5-5 Parameter der Alterungsfunktion des Fließens gemäß Gl. 5-21

	Beton	
Parameter [-]	A	B
c_1	26	16
c_2	0,06	0,1
c_3	20	13

Die Funktion $f_2(t,t_0)$ in Gl. 5-19 beschreibt die hyperbolische Zeitfunktion des Fließens, deren zeitlicher Verlauf sowohl von der Belastungsdauer $t - t_0$ [d] als auch dem Belastungsalter t_0 [d] abhängig ist.

$$f_2(t,t_0) = \frac{(t-t_0)^{0{,}5}}{h(t_0) + (t-t_0)^{0{,}5}} \tag{5-22}$$

mit

$$h(t_0) = 46{,}4 \cdot \left(\frac{t_0}{t_0+48{,}6}\right)^{0{,}85} \qquad \text{für Beton A}$$

$$h(t_0) = 31 \cdot \left(\frac{t_0}{t_0+36{,}6}\right)^{0{,}85} \qquad \text{für Beton B}$$

Die im Folgenden vorgestellten experimentellen Untersuchungen bildeten die Datenbasis für die Anpassung der einzelnen Modellparameter an das Fließverhalten der beiden Betone A und B. Der Anstieg des Fließvermögens mit sinkendem Belastungsalter ist hierbei bei beiden Betonen unterschiedlich stark ausgeprägt und insbesondere die hohen Fließverformungen des Betons A für sehr junge Belastungsalter konnten auch mit zwei Alterungsfunktionen nicht vollständig erfasst werden. Vor diesem Hintergrund wurden sämtliche in Tabelle 5-5 angegebenen Parameter c_i durch Regression an das jeweilige Verformungsverhalten angepasst und auf eine Verknüpfung der Parameter, beispielsweise anhand der Druckfestigkeit oder des Wasserzementwertes verzichtet. Für die zukünftige Weiterentwicklung des Modells hinsichtlich einer allgemeinen Anwendbarkeit ist die Einführung solcher Zusatzparameter unabdingbar. Eine solche Vorgehensweise bedarf jedoch einer umfassenden Erweiterung der Datenbasis. Zur genauen Ermittlung der Streuungen der Altersabhängigkeit des Fließens sollten zusätzlich Kriechversuche an Betonen derselben Festigkeit jedoch unterschiedlicher Bindemittelgehalte durchgeführt werden. Des Weiteren ist das vorliegende Versuchsprogramm um Betone unterschiedlicher 28-Tage-Druckfestigkeiten zu erweitern.

5.6.3 Hintergründe zur Wahl des Ansatzes

Abhängigkeit des Fließens vom Belastungsalter

Das Produkt aus Spannung σ, Alterungsfunktion $g_2(t_0)$ und Zeitfunktion $f_2(t,t_0)$ bildet den linearen Grundansatz zur Beschreibung des Fließens, siehe Gl. 5-19. Hierin sind sowohl die Höhe als auch die zeitliche Entwicklung der Fließverformung vom Belastungsalter und der Belastungsdauer abhängig. Zur Berücksichtigung der mit dem Belastungsgrad $\bar{\sigma}$ ansteigenden Überproportionalität des Fließens wird dieser Grundansatz um den Nichtlinearitätsindex $n(t,t_0,\bar{\sigma})$ erweitert. Dieser besitzt aufgrund seiner Abhängigkeit von der Belastungsdauer ebenfalls einen Einfluss auf die zeitliche Entwicklung dieser Verformungskomponente.

Als Grundlage für die in Kapitel 5.4 erläuterte Modellierung des Gesamtkriechens $\varepsilon_{cc,t}$ dienten ausschließlich Versuche unter einem maximalen Belastungsgrad von 0,2. Die Wahl dieser Obergrenze beruht auf der Annahme eines innerhalb dieses Spannungsbereichs vorliegenden linearen Verformungsverhaltens. Folglich kann die in Abb. 5-32 veranschaulichte Differenz zwischen den linearen Gesamtkriechverformungen $\varepsilon_{cc,t}$ und den linearen verzögert elastischen Verformungen ε_v nur zur Entwicklung des im Folgenden näher erläuterten linearen Grundansatzes des Fließens herangezogen werden. Die Erweiterung des Grundansatzes um den Nichtlinearitätsindex n wird zu einem späteren Zeitpunkt gesondert behandelt.

Wie in Kapitel 5.4.3 erläutert, wurden die Endwerte des Gesamtkriechens ausschließlich für die in Abb. 5-16 betrachteten Belastungsalter ermittelt. Ausgehend davon berechnet sich das in Abb. 5-34 für diese Belastungsalter dargestellte Endfließmaß $\bar{\varepsilon}_{f\infty}$ (quadratische Symbole) durch Abzug der verzögert elastischen Verformungen aus Kapitel 5.5. Das Endfließmaß entspricht der Endfließverformung $\varepsilon_{f\infty}$ bezogen auf die im Kriechversuch aufgebrachte Spannung σ. Im linearen Grundansatz des oben vorgestellten Modells ist das Endfließmaß gleich der aus zwei Funktionen zusammengesetzten Alterungsfunktion g_2, siehe Gl. 5-21 und Abb. 5-34. Die Basisfunktion g_{2b} ist nur mit einer geringen Altersabhängigkeit belegt und beschreibt direkt das Fließverhalten von Betonen mit höheren Belastungsaltern t_0. Zur Berücksichtigung der hohen Fließverformungen junger Betone war die Einführung der Zusatzfunktion g_{2z} erforderlich. Diese strebt für hohe Belastungsalter gegen Null.

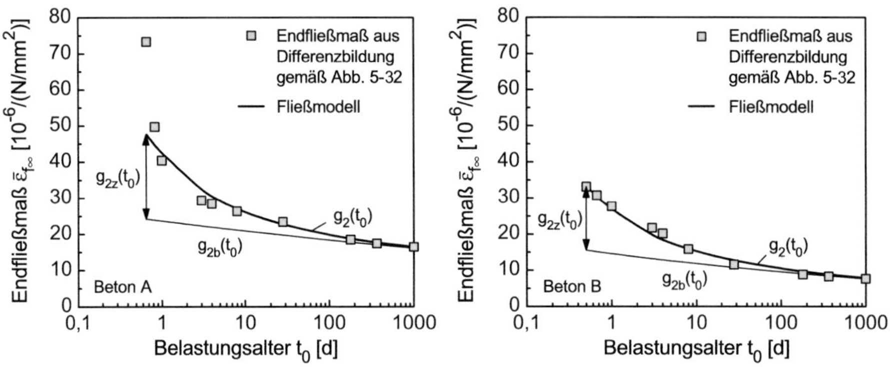

Abb. 5-34 Abbildung des durch Differenzbildung gemäß Abb. 5-32 ermittelten Endfließmaßes der Betone A (links) und B (rechts) anhand der Alterungsfunktion in Gl. 5-21

Bei beiden Betonen sinkt das Endfließmaß mit steigendem Belastungsalter. Begründet durch den niedrigeren Wassergehalt und die dichtere Struktur, sind die Fließverformungen des Betons B geringer als die des Betons A. Im jungen Belastungsalter von 16 h (0,67 d) sind bei Beton A sehr hohe Fließverformungen zu beobachten, die auch über zwei zusammengesetzte Funktionen nicht abzubilden sind, siehe Abb. 5-34 links. Dementgegen ist bei Beton B die korrekte Beschreibung des Endfließmaßes für sämtliche Belastungsalter möglich, siehe Abb. 5-34 rechts. Aus diesem Grund wurde auf die Einführung einer weiteren Zusatzfunktion verzichtet. Für deren Optimierung wären weitere Untersuchungen an Beton A mit Belastungsaltern kleiner 16 h erforderlich gewesen. Hierzu hätte die in Kapitel 4.3 vorgestellte Messtechnik jedoch nicht eingesetzt werden können, da aufgrund der sehr geringen Frühfestigkeit keine starre Verbindung zwischen Beton und der einbetonierten Halterung der Messstäbe möglich gewesen wäre.

Zeitliche Entwicklung des Fließens

Im Vergleich der Abbildungen 5-14 und 5-22 zeigen sich deutliche Unterschiede in der zeitlichen Entwicklung des Gesamtkriechens $\varepsilon_{cc,t}$ und der verzögert elastischen Verformung ε_v. Demnach erreicht die verzögert elastische Verformung insbesondere für höhere Belastungsalter $t_0 \geq 28$ d wesentlich früher ihren Endwert. Folglich ist das durch Differenzbildung ermittelte Fließen ε_f auch nach Abschluss der verzögert elastischen Verformung durch einen weiteren Verformungsfortschritt gekennzeichnet. Vor diesem Hintergrund wurde für die Zeitfunktion des Fließens der bereits für die Modellierung des Gesamtkriechens verwendete hyperbolische Ansatz gemäß Gl. 5-10 gewählt.

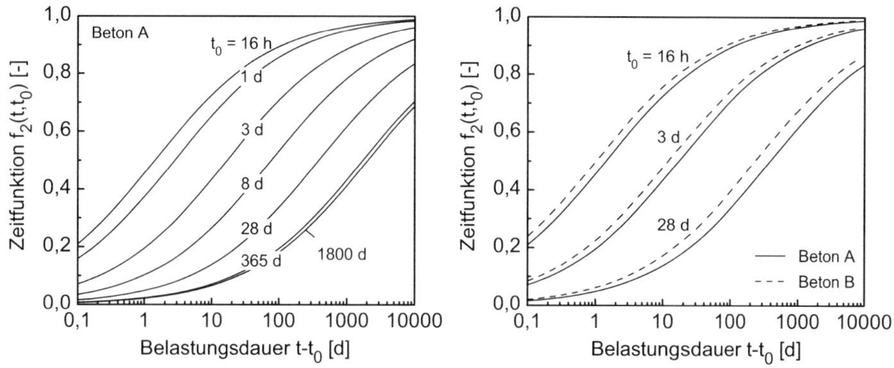

Abb. 5-35 Zeitfunktion des Fließens von Beton A in Abhängigkeit des Belastungsalters (links), Vergleich der Zeitfunktionen der beiden Betone A und B für verschiedene Belastungsalter (rechts)

Entsprechend Abb. 5-35 links verzögert sich die zeitliche Entwicklung der Fließverformung mit zunehmendem Belastungsalter t_0, wobei die durch die Funktion $h(t_0)$ in Gl. 5-22 ausgedrückte Altersabhängigkeit kontinuierlich abnimmt. Im rechten Diagramm sind die Zeitfunktionen des Fließens der Betone A und B exemplarisch für drei verschiedene Belastungsalter gegenübergestellt. Die Unterschiede im Fließverhalten der beiden Betone liegen in der unterschiedlichen zeitlichen Entwicklung des Gesamtkriechens $\varepsilon_{cc,t}$ begründet, siehe Abb. 5-14 rechts. Da die in Abb. 5-22 dargestellte Zeitfunktion der verzögert elastischen Verformung ε_v für beide Betone identisch ist, spiegeln sich die Unterschiede im Gesamtkriechen direkt in den Fließverformungen wider. Wie bereits erläutert, ist die Datenbasis von Versuchen an nur zwei Betonen zu gering, um die für die Betone A und B entwickelten Modelle anhand eines zusätzlichen Parameters, wie beispielsweise die Druckfestigkeit oder den Wasserzementwert, zu verknüpfen. Entsprechend ist im oben gegebenen Modell die Zeitfunktion des Fließens an das Verformungsverhalten der beiden Betone individuell angepasst. Bestätigt sich in weiteren Forschungsarbeiten der in Abb. 5-35 rechts erkennbare geringe Unterschied in der zeitlichen Entwicklung des Fließens verschiedener Betone, würde dies bei der Weiterentwicklung des aufgestellten Modells die Wahl einer einheitlichen Zeitfunktion rechtfertigen.

Eine erste Beurteilung des Fließmodells hinsichtlich der korrekten Abbildung der zeitabhängigen Fließverformungen ermöglicht Abb. 5-36. Die über Symbole dargestellten Verläufe des Fließmaßes ergeben sich durch Differenzbildung zwischen den im Versuch gemessenen Gesamtkriechverformungen und den gemäß Kapitel 5.5.3 modellierten verzögert elastischen Verformungen. Betrachtet werden ausschließlich Versuche mit einem Belastungsgrad $\bar{\sigma}$ von 0,2, bei denen ein linearer Zusammenhang zwischen Spannung und Kriechverformung vorliegt. Das nichtlineare Fließverhalten unter höheren Belastungsgraden wird anschließend gesondert behandelt.

Die Belastung der Probekörper erfolgte 16 h, 24 h bzw. 3 d nach der Betonherstellung. Für die Berechnung der im Diagramm eingezeichneten Modellverläufe wurde hingegen das um den Einfluss der Frischbetontemperatur korrigierte wahre Belastungsalter t_{0w} verwendet. Wie bereits anhand von Abb. 5-34 erläutert, konnten die großen Fließverformungen des Betons A im sehr jungen Betonalter von 16 h auch über eine aus zwei Funktionen zusammengesetzte Alterungsfunktion g_2 nicht abgebildet werden, siehe Gl. 5-21. Entsprechend unterschätzt das Modell für die wahren Belastungsalter t_{0w} von 16 h und 18 h das tatsächliche Fließverhalten. Für höhere Belastungsalter ist hingegen eine gute Vorhersage des gesamten Verformungsverlaufs möglich, siehe Abb. 5-36 links.

Die im rechten Diagramm dargestellten, eng beieinanderliegenden Kurvenverläufe bestätigen den bereits in Abb. 5-34 rechts beobachteten geringeren Einfluss des Belastungsalters auf die Höhe der Fließverformungen des Betons B. Dieser wird durch die oben erläuterte Alterungsfunktion g_2 korrekt abgebildet und entsprechend gut ist die Übereinstimmung mit dem Modell.

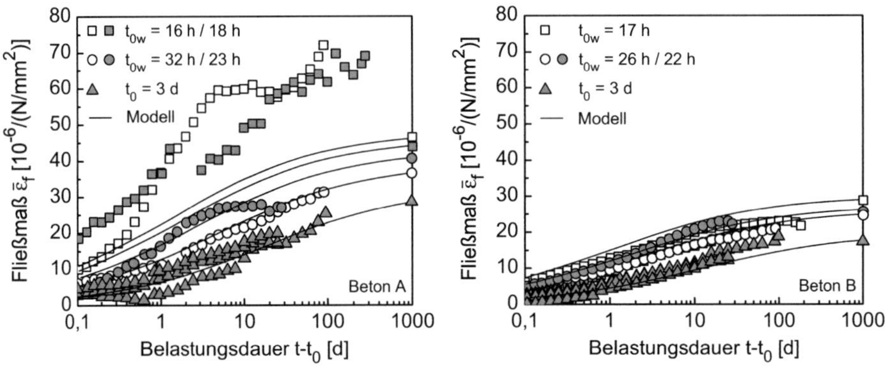

Abb. 5-36 Durch Differenzbildung zwischen den im Kriechversuch gemessenen Gesamtkriechverformungen und den berechneten verzögert elastischen Verformungen ermitteltes Fließmaß der Betone A (links) und B (rechts) im Vergleich mit dem Modell

Die unterschiedlichen Kurvenverläufe der aus dem gemessenen Gesamtkriechen abgespalteten Fließverformungen geben einen ersten Hinweis auf die natürlichen Streuungen der zeitlichen Entwicklung und der Höhe des Fließmaßes. Genauere Aussagen anhand von statistischen Kennwerten sind infolge der begrenzten Datenmenge an dieser Stelle jedoch nicht sinnvoll. Hierzu wäre die Durchführung zusätzlicher Langzeituntersuchungen mit Belastungsdauern von mehreren Monaten bis Jahren notwendig. Eine umfassende statistische Bewertung erfolgt im Rahmen dieser Arbeit ausschließlich für den gesamten Summationsansatz im Vergleich mit den im Versuch gemessenen Gesamtkriechverformungen.

Nichtlinearität des Fließens

In den bisherigen Erläuterungen zum Fließverhalten von Beton wurden ausschließlich Versuche betrachtet, in denen ein linearer Zusammenhang zwischen Spannung und Verformung vorliegt. Beton zeigt in der Regel jedoch ein ausgeprägt nichtlineares Kriechverhalten, siehe Kapitel 2.2.3. Dieses liegt in der Überproportionalität der Verformungen unter erhöhten Spannungen sowie in deren Abhängigkeit von der gesamten Spannungsgeschichte begründet. Bei der Auswertung der verzögert elastischen Verformungen ε_v wurde bis zu Belastungsgraden $\bar{\sigma}$ von 0,6 ein linearer Zusammenhang zwischen Spannung und Verformung festgestellt. Die vorliegende Nichtlinearität des Kriechens war somit ausschließlich den Fließverformungen ε_f zuzuordnen. Deren Quantifizierung erfolgte anhand der im Folgenden vorgestellten Versuche unter konstanten und veränderlichen Spannungen.

Zunächst werden anhand ausgewählter Kriechversuche unter konstanten Spannungen die Einflussparameter auf die Überproportionalität des Kriechens diskutiert. Da die Festigkeitsentwicklung und damit das Verformungsverhalten junger Betone neben dem Betonalter von der Frischbetontemperatur bei der Herstellung abhängig ist, wurden hierfür ausschließlich Untersuchungen aus derselben Betoniercharge herangezogen. Die Abbildungen 5-37 und 5-38 veranschaulichen exemplarisch den gemäß Gl. 2-6 aus den aufgezeichneten Gesamtkriechverformungen $\varepsilon_{cc,t}$ der Betone A und B berechneten Nichtlinearitätsindex n.

$$n(t,t_0,\bar{\sigma}) = \frac{\bar{\varepsilon}_{cc,t}(\bar{\sigma}_2, t-t_0)}{\bar{\varepsilon}_{cc,t}(\bar{\sigma}_1, t-t_0)} \quad \text{mit } \bar{\sigma}_2 \geq \bar{\sigma}_1$$

Als Basis der Berechnung dient das Gesamtkriechmaß $\bar{\varepsilon}_{cc,t}$ mit einem konstanten Belastungsgrad $\bar{\sigma}_1 = 0{,}2$. Entsprechend ergibt sich für diese Versuche ein von der Belastungsdauer unabhängiger Nichtlinearitätsindex von 1,0. Dieser ist im Diagramm als horizontale Gerade eingetragen. Die durch Symbole gekennzeichneten Kurvenverläufe beschreiben den Nichtlinearitätsindex von Versuchsdaten mit Belastungsgraden $\bar{\sigma}_2$ größer 0,2.

Das linke Diagramm in Abb. 5-37 bestätigt die verschiedentlich in der Literatur beobachteten starken Streuungen des Nichtlinearitätsindexes [Mül 86, Rot 98]. Betrachtet werden zwei Versuchsreihen aus unterschiedlichen Betonierchargen des Betons A, bei denen jeweils ein Versuch mit einem Belastungsgrad von 0,2 und ein weiterer mit einem Belastungsgrad von 0,6 durchgeführt wurde. Die Belastung der Probekörper erfolgte 16 h nach der Betonherstellung. Bei einer Versuchsreihe ist mit dem Belastungsgrad von 0,6 ein deutlich erhöhter Nichtlinearitätsindex zu beobachten. Dementgegen erscheint bei der zweiten Versuchsreihe das Gesamtkriechen auch für höhere Belastungsgrade linear.

Im rechten Diagramm der Abb. 5-37 für das Belastungsalter t_0 von 24 h zeigt sich ein konsistenteres Bild bezüglich des Einflusses des Belastungsgrades auf die Größe des Nichtlinearitätsindexes. Demnach steigt die Überproportionalität des Kriechens mit der Höhe des Belastungsgrads. Die zusätzliche Abhängigkeit von der Belastungsdauer beschränkt sich auf die ersten Tage nach Belastungsbeginn. Dies ist auf die rasche Festigkeitsentwicklung der Betone im jungen Alter und der damit einhergehenden starken Reduktion des effektiven Belastungsgrads zurückzuführen, siehe Kapitel 5.1.

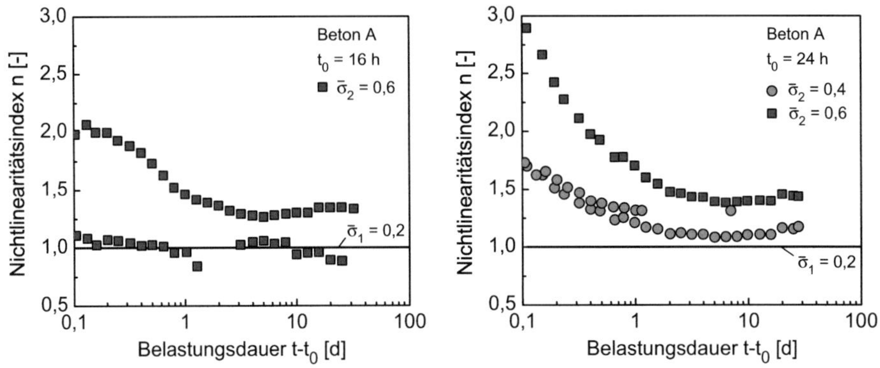

Abb. 5-37 Zeitlicher Verlauf des Nichtlinearitätsindexes berechnet aus Versuchen an Beton A für verschiedene Belastungsalter und Belastungsgrade

Auf Basis von Kriechversuchen mit Belastungsaltern $t_0 \geq 1$ d beschreibt ROTTLER [Rot 98] die Überproportionalität des Gesamtkriechens sowohl in Abhängigkeit des Belastungsgrades als auch des Belastungsalters. Demnach sinkt die Überproportionalität mit zunehmendem Belastungsalter, wobei das Modell gemäß ROTTLER für höhere Alter ab 28 d mit Unsicherheiten behaftet ist. Des Weiteren kann der für einen bestimmten Beton entwickelte Modellverlauf nicht verallgemeinert werden und ist entsprechend nicht auf andere Betone übertragbar. MÜLLER [Mül 86] verzichtet aufgrund der auch an anderen Versuchsdaten beobachteten hohen Variabilität des Nichtlinearitätsindexes bei der Modellierung der Überproportionalität vollständig auf eine Abhängigkeit vom Belastungsalter.

Das dieser Arbeit zugrunde liegende Versuchsprogramm beschränkt sich auf Untersuchungen im sehr jungen Betonalter. Im Vergleich der Versuchsdaten für die Belastungsalter von 16 h und 24 h zeigt sich in Abb. 5-37 für Beton A keine Abhängigkeit der Nichtlinearität vom Belastungsalter. Da in der Literatur kein allgemeingültiges Modell zur Beschreibung des Nichtlinearitätsindexes vorliegt, ist eine Abschätzung des Einflusses höherer Belastungsalter nicht möglich. Vor diesem Hintergrund wird im entwickelten Fließansatz von der Formulierung einer Altersabhängigkeit der Überproportionalität abgesehen. Entsprechend konnte für eine bessere Übersichtlichkeit in Abb. 5-37 auf die Angabe des wahren Belastungsalters t_{0w} verzichtet werden.

Die in Abb. 5-38 dargestellten Versuche an Beton B erlauben ebenfalls keine eindeutige Aussage bezüglich der einzelnen Einflussparameter auf die Höhe und die zeitliche Entwicklung des Nichtlinearitätsindexes. Für dessen Modellierung wurden daher zusätzlich die durchgeführten Mehrstufenversuche herangezogen, siehe Tab. 4-5.

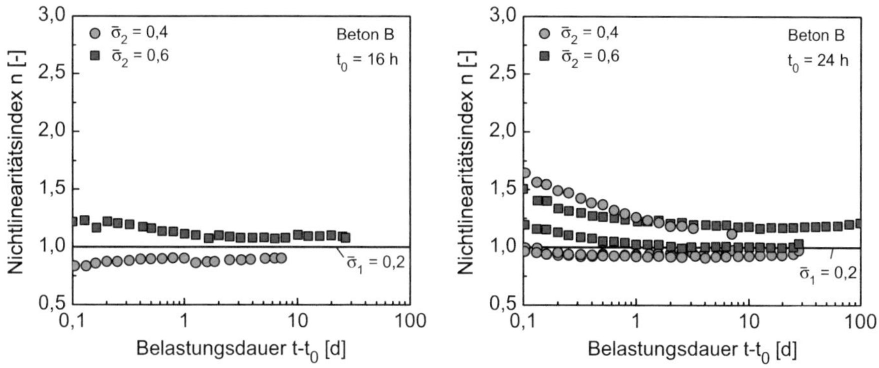

Abb. 5-38 Zeitlicher Verlauf des Nichtlinearitätsindexes berechnet aus Versuchen an Beton B für verschiedene Belastungsalter und Belastungsgrade

Wie bereits anhand von Abb. 2-8 erläutert, wird das Kriechverhalten unter veränderlichen Spannungen sowohl durch die Überproportionalität des Kriechens unter erhöhten Spannungen als auch durch dessen Abhängigkeit von der gesamten Lastgeschichte bestimmt. Grundkonzept des entwickelten Summationsansatzes ist die Aufteilung des im Kriechversuch gemessenen Gesamtkriechens in reversible verzögert elastische Verformungen und irreversible Fließverformungen. Zur Berechnung des Kriechens unter veränderlichen Spannungen wurden in Kapitel 2.2.3.3 zwei unterschiedliche Superpositionsprinzipien vorgestellt, deren Anwendbarkeit von der mathematischen Formulierung des gewählten Kriechansatzes sowie der darin berücksichtigten Parameter abhängig ist. Die verzögert elastische Verformungskomponente ist für Belastungsgrade $\bar{\sigma} \leq 0{,}6$ linear. Unter dieser Voraussetzung resultieren sowohl das Superpositionsprinzip nach BOLTZMANN als auch die impulsförmige Superposition in derselben Verformungsvorhersage.

Dementgegen ist das Fließen nach einer vollständigen Entlastung der Kriechprobekörper per Definition irreversibel. Durch die Einführung eines von der Belastungsdauer abhängigen Nichtlinearitätsindexes ist diese Anforderung nur durch die Anwendung einer speziellen Form der Superposition zu erfüllen, siehe [Ald 80]. Das folgende, in allgemeiner Form angegebene Prinzip von STAFFORD (veröffentlicht in [Loc 72]) basiert auf der in Gl. 2-9 beschriebenen impulsförmigen Superposition. Demnach ist eine widerspruchsfreie Beschreibung des Fließens möglich, sobald bei sämtlichen auftretenden Spannungsänderungen stets die Fließkurve verwendet wird, deren zeitliche Entwicklung sowie deren Altersabhängigkeit anhand des Erstbelastungsalters t_0 berechnet wird (siehe auch Gl. 5-19).

$$\varepsilon_f(t_n,t_0,\sigma) = g_2(t_0) \cdot 10^{-6} \cdot \sum_{j=1}^{n} \sigma_{j-1} \cdot [n(t_j - t_0,\bar{\sigma}_{j-1}) \cdot f_2(t_j,t_0) - n(t_{j-1} - t_0,\bar{\sigma}_{j-1}) \cdot f_2(t_{j-1},t_0)] \quad \textbf{(5-23)}$$

Darin beschreiben $g_2(t_0)$ die Alterungsfunktion, $n(t,\bar{\sigma})$ den Nichtlinearitätsindex und f_2 die Zeitfunktion des Fließens. Der zu einem bestimmten Zeitpunkt wirkende Belastungsgrad $\bar{\sigma}$ berechnet sich stets aus dem Verhältnis zwischen aufgebrachter Spannung σ und der Druckfestigkeit im Erstbelastungsalter $f_{cm}(t_0)$.

Abb. 5-39 veranschaulicht das Superpositionsprinzip von STAFFORD exemplarisch für die im Rahmen der vorliegenden Arbeit durchgeführten Mehrstufenversuche unter zwei Spannungsstufen. Die in die Superposition eingehenden Fließkurven beginnen stets beim Erstbelastungsalter t_0. Unterschiede in der Höhe und dem zeitlichen Verlauf ergeben sich aus den verschiedenen Spannungen σ_0 und σ_1 sowie dem daraus berechneten unterschiedlichen Nichtlinearitätsindex. Durch Gl. 5-23 überlagert werden ausschließlich die als fett gedruckte Linien gekennzeichneten Verformungsanteile. Im Fall einer vollständigen Entlastung der Kriechprobe ist die Spannung in der zweiten Laststufe gleich Null und die Fließverformung bleibt ab dem Entlastungszeitpunkt t_1 konstant, siehe Verformung A im Schaubild.

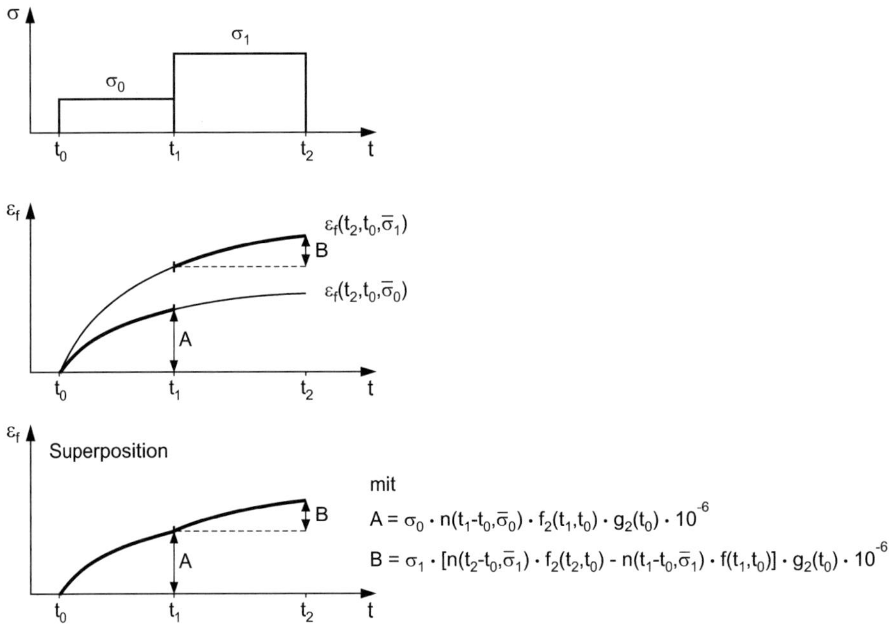

Abb. 5-39 Impulsförmige Superposition der Fließverformungen

In Mehrstufenversuchen tritt neben der über den Nichtlinearitätsindex n beschriebenen Überproportionalität eine weitere Nichtlinearität des Kriechens auf. Infolge der sogenannten spannungsabhängigen Alterung ist die Kriechverformung in der zweiten Spannungsstufe von der vorangehenden Spannungsgeschichte abhängig, siehe Kapitel 2.2.3.3. Hierzu beinhaltet das entwickelte Modell zwei verschiedene Ansätze, die im Folgenden kurz erläutert werden.

Bei der Berechnung der verzögert elastischen Verformung mittels des Superpositionsprinzips von BOLTZMANN ist die zu einem bestimmten Zeitpunkt ermittelte Dehnung stets unabhängig von der zuvor aufgebrachten Spannungsgeschichte. Infolge der mathematischen Formulierung der Zeitfunktion in Gl. 5-18 besitzen jedoch sowohl das Erstbelastungsalter als auch die Belastungsdauer einen Einfluss auf die Höhe der verzögert elastischen Rückverformungen. Dies entspricht einer im Versuch aufgetretenen Alterung, die durch die Entwicklung und Optimierung des Modells in Kapitel 5.5 anhand der nach Entlastung der Kriechproben gemessenen Rückverformungen bereits korrekt erfasst wurde.

Dementgegen ergibt sich die spannungsabhängige Alterung der Fließverformung aus dem in Gl. 5-23 erläuterten Superpositionsprinzip von STAFFORD. Bei der Berechnung des Fließens unter veränderlichen Spannungen findet stets die auf Basis des Erstbelastungsalters t_0 ermittelte Fließkurve Verwendung. Hierdurch wird das in der zweiten Spannungsstufe auftretende Fließen durch den vorangehenden Verformungsverlauf, und damit indirekt durch die gesamte Spannungsgeschichte bestimmt, siehe die beiden unteren Diagramme in Abb. 5-39. Der genaue Verformungsverlauf des Fließens berechnet sich sowohl aus dem von der Belastungsdauer abhängigen Nichtlinearitätsindex als auch aus der Zeitfunktion. Demnach ermöglicht die Anpassung des Fließmodells an die Mehrstufenversuche sowohl eine Optimierung der Funktion zur Beschreibung des Nichtlinearitätsindexes als auch die Berücksichtigung der spannungsabhängigen Alterung.

Abb. 5-40 zeigt den jeweils in den beiden Spannungsstufen gemessenen Zuwachs des Gesamtkriechens $\varepsilon_{cc,t}$ des Betons A über die Belastungsdauer $t - t_0$ des Mehrstufenversuchs, siehe zusätzlich die Erläuterungen in Anhang C.5. Die entsprechende Vorhersage durch das Modell berechnet sich durch Überlagerung der anhand der Superpositionsprinzipien von BOLTZMANN und STAFFORD ermittelten verzögert elastischen Verformungen und Fließverformungen. Im Modell berücksichtigt werden sowohl das um den Einfluss der Frischbetontemperatur korrigierte wahre Belastungsalter t_{0w} als auch die genauen im Versuch aufgebrachten Belastungsgrade, siehe die Angaben in der Abbildung. Exemplarisch betrachtet werden Versuche mit einem wahren Belastungsalter von 16 h und ca. 24 h und einem Umbelastungsalter t_1 von 8 d. Je Erstbelastungsalter wurden drei Versuche mit unterschiedlichen Belastungsgraden $\bar{\sigma}_0$ und $\bar{\sigma}_1$ in der ersten und zweiten Spannungsstufe durchgeführt. Die Belastungsgrade beziehen sich stets auf die Betondruckfestigkeit $f_{cm}(t_0)$ zu Versuchsbeginn. Entsprechende Angaben zu weiteren im jungen Betonalter durchgeführten Mehrstufenversuchen finden sich in Anhang C.5.

Die gute Vorhersage des Gesamtkriechens $\varepsilon_{cc,t}$ in der zweiten Laststufe bestätigt sowohl die korrekte Berücksichtigung der Überproportionalität des Kriechens als auch die Anwendbarkeit des Konzeptes zur Beschreibung der spannungsabhängigen Alterung und der Irreversibilität des Fließens. Hingegen sind in der ersten Laststufe Abweichungen zwischen Modell und Versuchsdaten zu beobachten. Dies liegt zum einen in der Alterungsfunktion des Fließens begründet, anhand derer die hohen Fließverformungen des Betons A im jungen Alter von 16 h unterschätzt werden, siehe Abb. 5-34 links.

Davon unabhängig zeigen sich in der Auswertung sämtlicher Mehrstufenversuche an beiden Betonen A und B Streuungen der Verformungswerte in den ersten Tagen nach Belastungsbeginn. Diese sind höher als in den zur Modellierung des Gesamtkriechens $\varepsilon_{cc,t}$ herangezogenen Langzeitversuchen, siehe exemplarisch Abb. 5-17. Eine Berücksichtigung dieser Streuungen in der Modellierung des Gesamtkriechens ist jedoch nicht möglich, da Belastungsdauern von maximal 3 d bzw. 7 d deutlich zu kurz für eine gesicherte Extrapolation der Versuchsdaten sind.

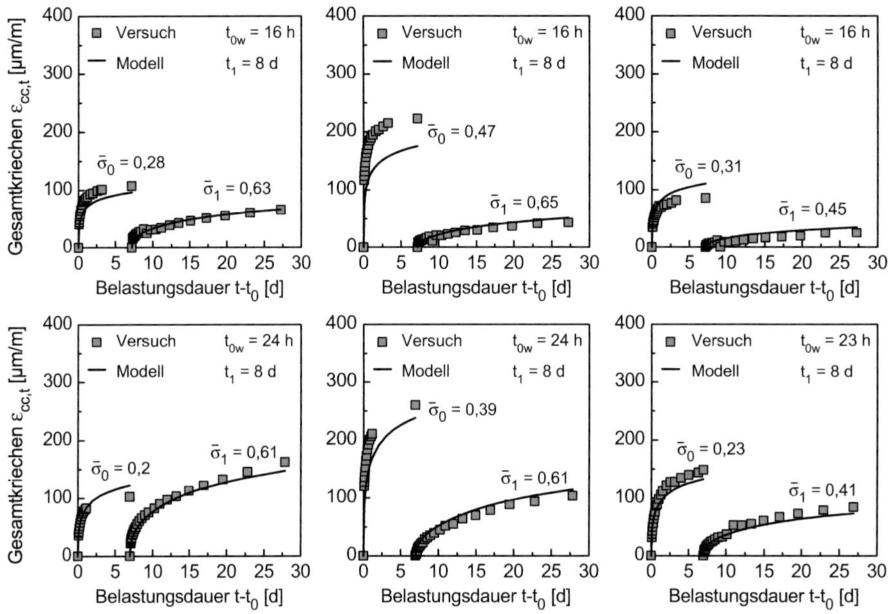

Abb. 5-40 Beton A - jeweiliger Zuwachs des Gesamtkriechens unter den zwei verschiedenen Belastungsgraden im Mehrstufenversuch im Vergleich mit dem Modell

Abb. 5-41 veranschaulicht exemplarisch das Gesamtkriechen $\varepsilon_{cc,t}$ des Betons B in verschiedenen Mehrstufenversuchen mit den Erstbelastungsaltern t_{0w} von 13 h und 19 h bzw. 22 h und einem Umbelastungsalter t_1 von 8 d. Eine entsprechende Auswertung weiterer Mehrstufenversuche findet sich in Anhang C.5. Für das junge Belastungsalter von 13 h ist eine gute Anpassung des Modells an die Versuchsdaten in der zweiten Laststufe möglich. Dementgegen wird in Versuchen mit höheren Erstbelastungsaltern das Kriechen tendenziell unterschätzt. Eine verbesserte Vorhersage ist nur durch die Einführung hoher Nichtlinearitätsindexe des Fließens mit Werten von über 2,0 möglich. Die daraufhin anhand des Summationsansatzes berechnete Nichtlinearität des Gesamtkriechens wäre jedoch deutlich höher als die aus den Einstufenversuchen ermittelte Nichtlinearität in Abb. 5-38.

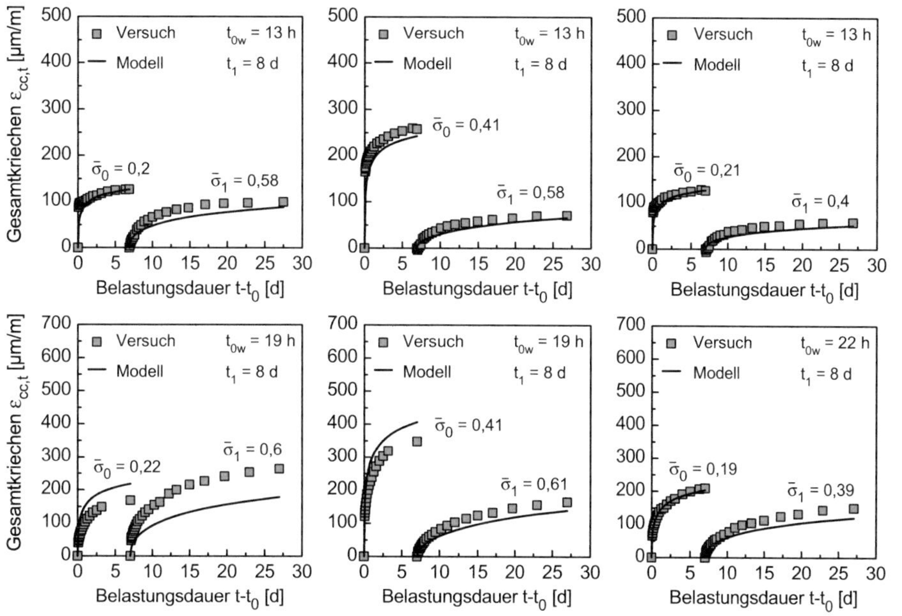

Abb. 5-41 Beton B - jeweiliger Zuwachs des Gesamtkriechens unter den zwei verschiedenen Belastungsgraden im Mehrstufenversuch im Vergleich mit dem Modell

Weiterhin waren bei der Festlegung des Nichtlinearitätsindexes verschiedene Bedingungen hinsichtlich der widerspruchsfreien Abbildung des Kriechens zu beachten. So besitzt der mit zunehmender Belastungsdauer abnehmende Nichtlinearitätsindex im Vergleich zur hyperbolischen Zeitfunktion des Fließens genau den gegenläufigen zeitabhängigen Verlauf. Infolge der multiplikativen Verknüpfung beider Funktionen mussten diese so aufeinander abgestimmt werden, dass sowohl eine kontinuierliche Zunahme der Kriechverformung als auch eine mit der Belastungsdauer abnehmende Kriechgeschwindigkeit vorhergesagt wird. Vor diesem Hintergrund besitzt das in Kapitel 5.6.2 angegebene Fließmodell Gültigkeit ab Belastungsaltern t_0 von 8 h mit einem maximalen Belastungsgrad $\bar{\sigma}$ von 0,7. Innerhalb dieses Gültigkeitsbereiches sind gleichzeitig die Anforderungen hinsichtlich der thermodynamisch korrekten Formulierung des Dämpferelementes erfüllt, siehe Kapitel 3.1.

Für eine erste Beurteilung der Vorhersage von Mehrstufenversuchen mit höheren Belastungsaltern wurden an beiden Betonen A und B jeweils zwei Versuche mit einem Erstbelastungsalter t_0 von 3 d durchgeführt. Die Umbelastung der Proben erfolgte im Alter t_1 von 28 d, siehe die Abbildungen 5-42 und 5-43. Infolge der Lastbegrenzung der verwendeten Kriechstände wurden bei Beton B die Belastungsgrade der zweiten Spannungsstufe $\bar{\sigma}_1$ zu maximal 0,4 gewählt. In sämtlichen Versuchen werden die Verformungen unterschätzt, wobei die Unterschiede zwischen Versuchsdaten und Vorhersage mit zunehmendem Belastungsgrad in der zweiten Laststufe ansteigen. Nachfolgend werden einige mögliche Gründe hierfür aufgezeigt.

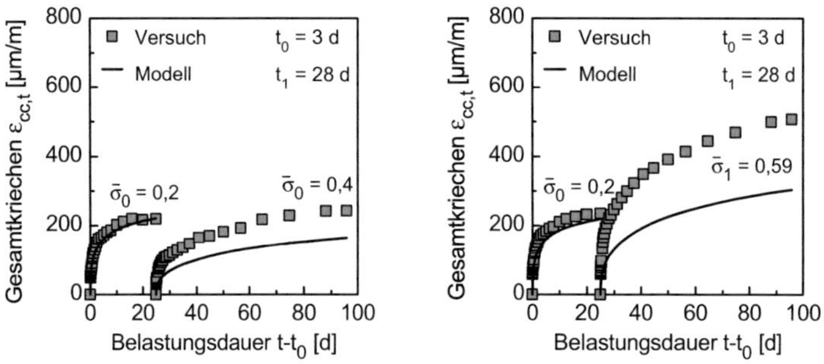

Abb. 5-42 Beton A, Belastungsalter 3 d - jeweiliger Zuwachs des Gesamtkriechens unter den zwei verschiedenen Belastungsgraden im Mehrstufenversuch im Vergleich mit dem Modell

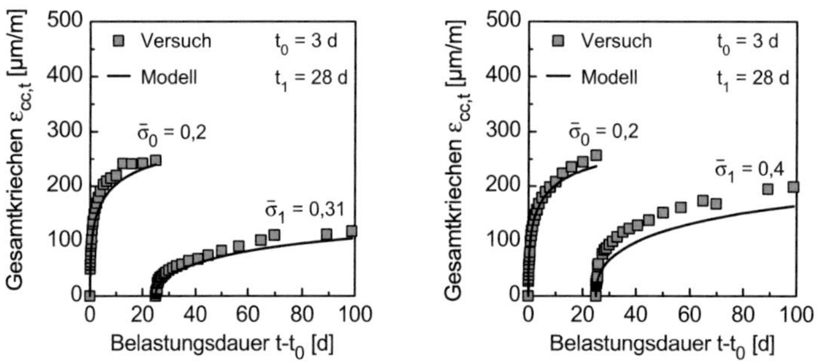

Abb. 5-43 Beton B, Belastungsalter 3 d - jeweiliger Zuwachs des Gesamtkriechens unter den zwei verschiedenen Belastungsgraden im Mehrstufenversuch im Vergleich mit dem Modell

Bei der Entwicklung des Modells wurde das im vorliegenden Versuchsprogramm beobachtete Kriechverhalten junger Betone mit dem in der Literatur veröffentlichten Kenntnisstand zum Kriechen von Beton mit höheren Belastungsaltern verknüpft, siehe die Abbildungen 5-16 bzw. 5-34. Die Mehrstufenversuche mit einem Erstbelastungsalter von 3 d verdeutlichen, dass anhand eines solchen Vorgehens lediglich eine Annäherung des genauen Verformungsverhaltens der Betone A und B im höheren Alter möglich ist. Als Ursachen für die Ungenauigkeit der Vorhersage sind beispielsweise eine Abhängigkeit des Nichtlinearitätsindexes vom Belastungsalter sowie Unsicherheiten im gewählten Verlauf der Zeitfunktion des Fließens für höhere Belastungsalter denkbar. Vor diesem Hintergrund ist eine Verbesserung der Vorhersage nur auf Basis eines zusätzlichen umfassenden Versuchsprogramms an beiden Betonen mit höheren Belastungsaltern und Belastungsdauern von mehreren Monaten bis Jahren möglich. Die Anzahl der Versuche ist hierbei so zu wählen, dass neben Erkenntnissen zur Höhe und der zeitlichen Entwicklung des Kriechens, auch Daten zur Quantifizierung der Versuchsstreuungen vorliegen.

5.7 Vorhersagegenauigkeit des Kriechmodells

In den vorangehenden Kapiteln wurden die Modelle zur Berechnung der beiden Verformungskomponenten verzögert elastische Verformung ε_v und Fließen ε_f vorgestellt sowie im Detail erläutert und begründet. Sie basieren auf einem umfassenden Versuchsprogramm an zwei vorwiegend im jungen Alter $t_0 \leq 24$ h belasteten Betonen sowie auf dem in der Literatur veröffentlichten Kenntnisstand hinsichtlich des Verformungsverhaltens von Beton mit höheren Belastungsaltern. Zur Ermittlung der Genauigkeit des entwickelten Modells zeigt die folgende Abb. 5-44 das in sämtlichen Einstufenversuchen über die gesamte Belastungsdauer gemessene Gesamtkriechmaß $\bar{\varepsilon}_{cc,t}$ der Betone A und B im Vergleich mit der entsprechenden Vorhersage.

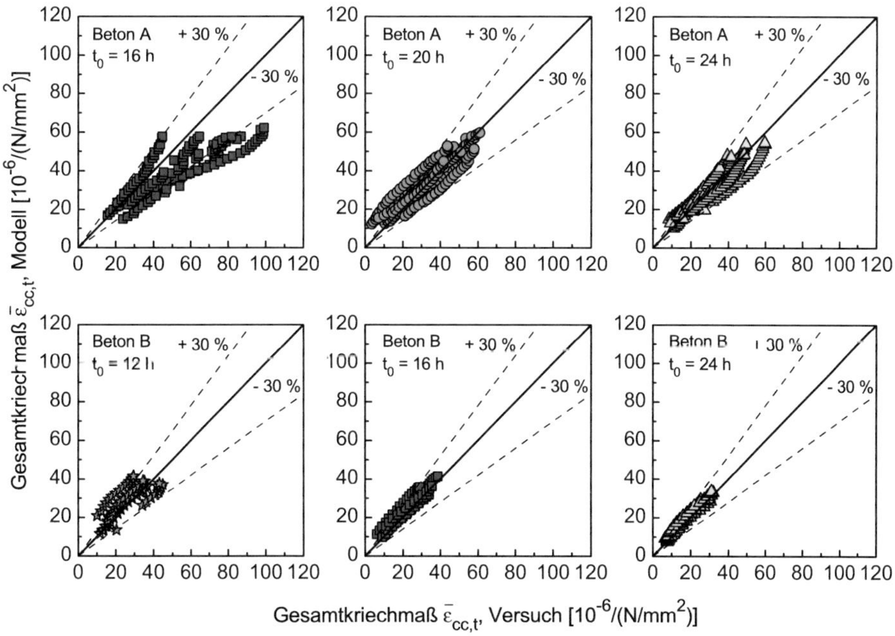

Abb. 5-44 Über die gesamte Belastungsdauer gemessenes Gesamtkriechmaß der Betone A (oben) und B (unten) im Vergleich mit der Vorhersage des Kriechmodells

Für eine bessere Übersichtlichkeit sind in den einzelnen Diagrammen die Versuche für die Belastungsalter t_0 von 12 h, 16 h, 20 h und 24 h nach der Betonherstellung getrennt betrachtet, siehe Tabelle 4-3 in Kapitel 4.5. Ein Fokus der statistischen Auswertung liegt insbesondere auf der Überprüfung der Vorhersagegenauigkeit in Abhängigkeit von der Belastungsdauer. Auf die Betrachtung der den Kriechverformungen üblicherweise ebenfalls zugeordneten sofortigen plastischen Verformung bei Lastaufbringung ε_{pl} wird daher verzichtet.

Die Berechnung anhand des Modells berücksichtigt sowohl das für sämtliche Versuche individuell bestimmte wahre Belastungsalter t_{0w} als auch den tatsächlich im Versuch eingestellten Belastungsgrad. Bei in der Literatur veröffentlichten Kriechmodellen bewegt sich der auftretende Streubereich üblicherweise zwischen ± 25 - 30 %, siehe exemplarisch [CEB 199, Kvi 10, Mül 86]. Neben der Winkelhalbierenden, die einer vollkommenden Übereinstimmung zwischen Modell und Versuch entspricht, ist daher in Abb. 5-44 zusätzlich ein Streubereich von ± 30 % angegeben.

Die angegebenen Verläufe liegen vorwiegend innerhalb des Streubereichs und bestätigen damit die gute Vorhersagegenauigkeit des Modells hinsichtlich der zeitlichen Entwicklung des Gesamtkriechmaßes. Höhere Abweichungen zwischen Versuchsdaten und Vorhersage sind lediglich in den Versuchen an Beton A mit einem Belastungsalter t_0 von 16 h zu beobachten. Diese resultieren zum einen aus den natürlichen Streuungen des Gesamtkriechmaßes innerhalb der ersten Tage nach Belastungsbeginn. Des Weiteren weist Beton A in diesem Alter ein hohes Fließvermögen auf, welches bereits im Belastungsalter von 20 h deutlich abnimmt. Diese starke Altersabhängigkeit des Fließens wird durch das Modell unterschätzt, siehe Gl. 5-21 sowie Abb. 5-34.

Für eine Beurteilung der Vorhersagegenauigkeit des Modells nach langen Belastungsdauern werden in Abb. 5-45 sämtliche auf eine Belastungsdauer $t - t_0$ von 1000 d extrapolierten Versuchsdaten betrachtet. Hierzu wurden die Parameter der hyperbolischen Funktion H2 in Kapitel 5.4.2, Gl. 5-10 mittels Regression an die jeweiligen Messdaten der Einstufenversuche angepasst. Von wenigen Ausnahmen abgesehen liegen die Vergleichswerte innerhalb des angegebenen Streubereichs von ± 30 % und bestätigen in Kombination mit Abb. 5-44 die gute Genauigkeit des entwickelten Modells über die Belastungsdauer der durchgeführten Kriechversuche hinaus.

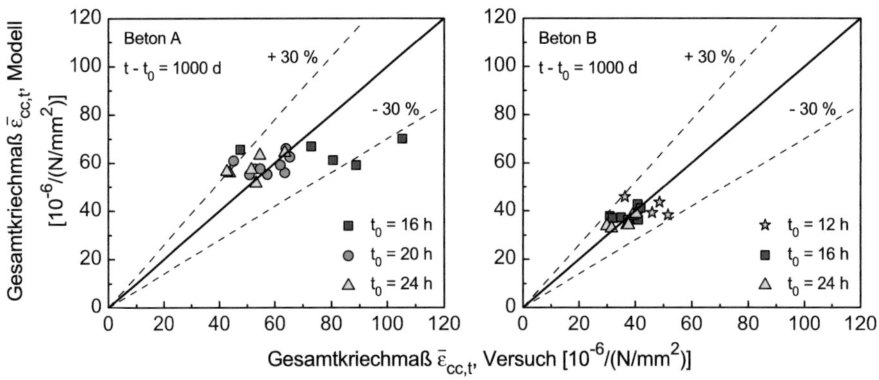

Abb. 5-45 Auf eine Belastungsdauer von 1000 d extrapoliertes Gesamtkriechmaß der Betone A (links) und B (rechts) im Vergleich mit dem Modell

Die Modellentwicklung auf Basis des wahren Belastungsalters t_{0w} diente der Erfassung des Einflusses der Frischbetontemperatur auf die Festigkeitsentwicklung und das Kriechverhalten der im jungen Alter belasteten Betone A und B, siehe Kapitel 5.1. Zum Zeitpunkt der Bemessung eines Bauteils liegen im Allgemeinen jedoch keine Angaben zu den genauen Herstellungstemperaturen vor. Vor diesem Hintergrund soll im Folgenden näher überprüft werden, inwieweit sich die Vorhersagegenauigkeit verschlechtert, wenn anstelle des wahren Belastungsalters t_{0w} das Belastungsalter t_0 (Zeit nach Wasserzugabe bei der Betonherstellung) in das Modell eingesetzt wird.

Neben Informationen über die Vorhersagegenauigkeit ermöglicht der anhand Gl. 5-24 berechnete Fehler F_{ij} eine Aussage darüber, um welches Maß die Versuchsdaten durch das Modell über- bzw. unterschätzt werden.

$$F_{ij} = \frac{\bar{\varepsilon}_{ij,Mod} - \bar{\varepsilon}_{ij,V}}{\bar{\varepsilon}_{ij,V}} \quad \textbf{(5-24)}$$

In Anlehnung an die Angaben in Abb. 5-8 bezeichnet der Index i den durchgeführten Versuch und der Index j die Stützstelle bzw. die betrachtete Belastungsdauer $t - t_0$. Der Wert $\bar{\varepsilon}_{ij,V}$ ist das an einer bestimmten Stützstelle gemessene Gesamtkriechmaß und $\bar{\varepsilon}_{ij,Mod}$ die anhand des Modells berechnete Vorhersage. Ein positives Vorzeichen bedeutet demnach ein Überschätzen der Messwerte durch das Modell. Durch Normierung der Differenz zwischen Modell und Vorhersage $\bar{\varepsilon}_{ij,Mod} - \bar{\varepsilon}_{ij,V}$ anhand des gemessenen Gesamtkriechmaßes $\bar{\varepsilon}_{ij,V}$ wird berücksichtigt, dass eine bestimmte Differenz bei kleinen Messwerten stärker zu wichten ist als bei großen Messwerten.

In Tabelle 5-6 sind die für sämtliche Einstufenversuche an den Betonen A und B berechneten Fehler F_{ij} zusammengestellt. Bei Betrachtung der Belastungsdauer $t - t_0$ von 0,1 d wurden hierzu die aufgezeichneten Versuchsdaten herangezogen. Die Abschätzung des Fehlers nach einer Belastungsdauer von 1000 d erfolgte anhand der extrapolierten Versuchsdaten. Detaillierte Angaben zu den einzelnen Versuchsparametern finden sich in den Tabellen C-1 und C-2 in Anhang C. Zusätzlich ist in Anhang C.4 der in den Einstufenversuchen gemessene zeitliche Verlauf des Gesamtkriechmaßes sowohl der Vorhersage mittels des wahren Belastungsalters t_{0w} als auch des Belastungsalters t_0 grafisch gegenübergestellt.

Im Vergleich der für die Belastungsdauern $t - t_0$ von 0,1 und 1000 d berechneten Fehler bestätigt sich die in Abb. 5-44 beobachtete Verbesserung der Vorhersagegenauigkeit mit zunehmender Belastungsdauer. Dementgegen zeigt sich bei der Auswertung einer bestimmten Stützstelle j auch bei den Versuchen mit hohen Unterschieden zwischen den Belastungsaltern t_0 und t_{0w} keine eindeutige Verschlechterung der Vorhersage durch die Verwendung des Belastungsalters t_0. Bestätigt wird dies durch den ebenfalls in Tabelle 5-6 angegebenen, gemäß Gl. 5-25 aus N Versuchen mit demselben Belastungsalter t_0 berechneten, mittleren Fehler F_j.

$$F_j = \frac{1}{N} \cdot \sum_{i=1}^{N} \left| \frac{\bar{\varepsilon}_{ij,Mod} - \bar{\varepsilon}_{ij,V}}{\bar{\varepsilon}_{ij,V}} \right| \quad \textbf{(5-25)}$$

Tab. 5-6 Gemäß Gl. 5-24 und 5-25 berechnete Fehler der Verformungsberechnung der Betone A (links) und B (rechts)

			t-t_0 = 0,1 d		t-t_0 = 1000 d	
Versuch i	t_0	t_{0w}	$F_{ij}(t_0)$	$F_{ij}(t_{0w})$	$F_{ij}(t_0)$	$F_{ij}(t_{0w})$
A-16/0,2	16 h	18 h	-0,33	-0,38	-0,31	-0,33
A-16/0,2-91/0		15,7 h	0,05	0,07	-0,24	-0,24
A-16/0,4-28/0		16,5 h	0,04	0,02	0,39	0,38
A-16/0,6		15,7 h	-0,19	-0,18	-0,34	-0,34
A-16/0,6W		18 h	-0,08	-0,16	-0,06	-0,08
Mittlerer Fehler F_j			0,14	0,16	0,27	0,28
A-20/0,2-28/0	20 h	20,3 h	1,54	1,52	0,09	0,09
A-20/0,2-91/0		24,2 h	0,35	0,18	0,01	-0,04
A-20/0,2-180/0		24,4 h	2,88	2,39	0,14	0,08
A-20/0,3		22,8 h	0,13	0,02	-0,09	-0,12
A-20/0,3W		18 h	-0,28	-0,23	-0,07	-0,05
A-20/0,4-28/0		20,1 h	1,17	1,16	0,06	0,05
A-20/0,4-28/0W		18,5 h	0,17	0,24	0,32	0,35
A-20/0,6		24,2 h	-0,07	-0,20	0,00	-0,05
A-20/0,6-28/0		20,3 h	0,12	0,11	0,03	0,03
Mittlerer Fehler F_j			0,74	0,67	0,09	0,10
A-24/0,2-28/0	24 h	22,9 h	0,33	0,37	0,26	0,28
A-24/0,2-91/0		32,3 h	0,14	-0,06	0,04	-0,03
A-24/0,4		22,1 h	0,62	0,72	0,29	0,32
A-24/0,4-28/0		22,9 h	-0,09	-0,06	0,10	0,11
A-24/0,6		22,1 h	-0,14	-0,08	0,14	0,16
A-24/0,6-28/0		22,9 h	-0,31	-0,28	0,00	0,01
Mittlerer Fehler F_j			0,27	0,26	0,14	0,15

			t-t_0 = 0,1 d		t-t_0 = 1000 d	
Versuch	t_0	t_{0w}	$F_{ij}(t_0)$	$F_{ij}(t_{0w})$	$F_{ij}(t_0)$	$F_{ij}(t_{0w})$
B-12/0,2	12 h	13,4 h	-0,28	-0,34	-0,12	-0,15
B-12/0,2-91/0		14,6 h	0,15	-0,01	0,00	-0,05
B-12/0,4-28/0		14,6 h	0,19	0,02	-0,22	-0,26
B-12/0,6		12,8 h	1,16	1,04	0,29	0,26
B-12/0,6-28/0		14,6 h	0,34	0,14	-0,05	-0,10
Mittlerer Fehler F_j			0,44	0,33	0,13	0,16
B-16/0,2-28/0	16 h	17,8 h	0,17	0,08	0,00	-0,03
B-16/0,2-91/0		15,3 h	0,80	0,86	0,20	0,22
B-16/0,2-180/0		16,6 h	0,18	0,15	0,16	0,14
B-16/0,3		16,5 h	0,55	0,52	0,17	0,16
B-16/0,3W		17,8 h	0,18	0,09	-0,03	-0,05
B-16/0,4-28/0		16,5 h	0,27	0,23	0,08	0,07
B-16/0,4-28/0W		17,8 h	0,18	0,09	-0,09	-0,12
B-16/0,6		16,6 h	0,29	0,25	0,06	0,05
B-16/0,6-28/0		17,8 h	0,54	0,41	0,01	-0,02
Mittlerer Fehler F_j			0,35	0,30	0,09	0,10
B-24/0,2-28/0	24 h	22,2 h	0,02	0,09	-0,10	-0,08
B-24/0,2-91/0		25,9 h	0,03	-0,02	0,06	0,04
B-24/0,4		23,6 h	0,38	0,40	0,13	0,13
B-24/0,4-28/0		22,2 h	0,23	0,30	-0,11	-0,09
B-24/0,6		23,6 h	0,13	0,14	-0,03	-0,02
B-24/0,6-28/0		22,2 h	0,31	0,40	-0,06	-0,04
Mittlerer Fehler F_j			0,18	0,22	0,08	0,07

Zusammenfassend ist festzustellen, dass die Frischbetontemperatur einen Einfluss auf die zeitliche Entwicklung der Druckfestigkeit im jungen Betonalter besitzt. Die mit einer rascheren Festigkeitsentwicklung durch erhöhte Frischbetontemperaturen einhergehende Verringerung des Kriechvermögens wird jedoch durch die beobachteten Streuungen der Versuchswerte überdeckt.

Anhand des Fehlers F_{ij} wurde vorangehend beurteilt, ob die Vernachlässigung des Einflusses der Frischbetontemperatur auf die Festigkeitsentwicklung junger Betone eine Verschlechterung der Vorhersagegenauigkeit des Summationsansatzes bewirkt. Weitere Verfahren für die umfassende statistische Bewertung eines Modells sowie den Vergleich mit verschiedenen in der Literatur veröffentlichten Kriechansätzen sind beispielsweise in [AlM 05, Baz 07, CEB 199] zusammengestellt. Das im Folgenden angewendete Verfahren von MÜLLER und HILSDORF wurde unter anderem zur Ermittlung der Vorhersagegenauigkeit des im MODEL CODE 1990 vorgeschlagenen Kriechmodells herangezogen [CEB 199, Mül 82]. Es bedient sich des in Gl. 5-26 definierten modifizierten Standardschätzfehlers s_i, anhand dessen die mittlere Abweichung zwischen den gemessenen Kriechverformungen und der entsprechenden Vorhersage berechnet wird.

$$s_i = \sqrt{\frac{1}{n-1}\sum_{j=1}^{n}(\Delta\bar{\varepsilon}_{ij})^2} \tag{5-26}$$

Hierin beschreibt $\Delta\bar{\varepsilon}_{ij}$ die Differenz zwischen dem in Versuch i an der Stützstelle j gemessenen Gesamtkriechmaß $\bar{\varepsilon}_{ij,V}$ und der Vorhersage $\bar{\varepsilon}_{ij,Mod}$, siehe Abb. 5-8. Die Anzahl n der betrachteten Stützstellen variiert mit der Belastungsdauer der einzelnen Kriechversuche, siehe Anhang C.4.

Da eine bestimmte Differenz $\Delta\bar{\varepsilon}_{ij}$ bei kleinen Versuchswerten stärker zu wichten ist, wird in Anlehnung an den in der Statistik gängigen Variationskoeffizienten zusätzlich der Parameter v_i angegeben. Dieser berechnet sich gemäß Gl. 5-27 aus dem Verhältnis zwischen dem modifizierten Standardschätzfehler s_i und dem im Versuch gemessenen mittleren Gesamtkriechmaß.

$$v_i = \sqrt{\frac{\frac{1}{n-1}\sum_{j=1}^{n}(\Delta\bar{\varepsilon}_{ij})^2}{\frac{1}{n^2}\left(\sum_{j=1}^{n}\bar{\varepsilon}_{ij,V}\right)^2}} \tag{5-27}$$

Tab. 5-7 Statistische Kenngrößen gemäß Gl. 5-26 bis 5-28 der Verformungsberechnung der Betone A (links) und B (rechts)

Versuch	t_0	t_{0w}	$s_i(t_0)$	$s_i(t_{0w})$	$v_i(t_0)$	$v_i(t_{0w})$
A-16/0,2	16 h	18 h	16,66	18,60	0,29	0,33
A-16/0,2-91/0		15,7 h	21,51	21,21	0,37	0,37
A-16/0,4-28/0		16,5 h	8,38	7,76	0,24	0,22
A-16/0,6		15,7 h	32,69	32,28	0,45	0,44
A-16/0,6W		18 h	4,22	6,94	0,09	0,15
Mittlerer Variationskoeffizient für t_0 = 16 h					0,31	0,32
A-20/0,2-28/0	20 h	20,3 h	6,12	5,97	0,22	0,21
A-20/0,2-91/0		24,2 h	4,09	1,33	0,12	0,04
A-20/0,2-180/0		24,4 h	13,33	10,35	0,51	0,40
A-20/0,3		22,8 h	2,44	3,67	0,07	0,11
A-20/0,3W		18 h	10,85	9,03	0,25	0,21
A-20/0,4-28/0		20,1 h	3,78	3,75	0,12	0,12
A-20/0,4-28/0W		18,5 h	4,01	4,98	0,12	0,15
A-20/0,6		24,2 h	2,46	2,65	0,06	0,06
A-20/0,6-28/0		20,3 h	2,18	1,96	0,06	0,05
Mittlerer Variationskoeffizient für t_0 = 20 h					0,22	0,18
A-24/0,2-28/0	24 h	22,9 h	2,70	2,92	0,09	0,10
A-24/0,2-91/0		32,3 h	5,28	1,19	0,18	0,04
A-24/0,4		22,1 h	5,07	6,38	0,19	0,24
A-24/0,4-28/0		22,9 h	3,37	2,72	0,10	0,08
A-24/0,6		22,1 h	3,10	2,48	0,08	0,07
A-24/0,6-28/0		22,9 h	10,78	9,85	0,23	0,21
Mittlerer Variationskoeffizient für t_0 = 24 h					0,16	0,14
Mittlerer Variationskoeffizient *V* aller Versuchsreihen an jungen Betonen					0,23	0,22

Versuch	t_0	t_{0w}	$s_i(t_0)$	$s_i(t_{0w})$	$v_i(t_0)$	$v_i(t_{0w})$
B-12/0,2	12 h	13,4 h	6,55	8,04	0,17	0,21
B-12/0,2-91/0		14,6 h	3,25	0,82	0,13	0,03
B-12/0,4-28/0		14,6 h	4,59	2,06	0,20	0,09
B-12/0,6		12,8 h	14,03	12,75	0,68	0,62
B-12/0,6-28/0		14,6 h	8,27	4,84	0,33	0,19
Mittlerer Variationskoeffizient für t_0 = 12 h					0,36	0,31
B-16/0,2-28/0	16 h	17,8 h	1,39	0,94	0,06	0,04
B-16/0,2-91/0		15,3 h	6,67	7,24	0,35	0,38
B-16/0,2-180/0		16,6 h	3,82	3,42	0,17	0,15
B-16/0,3		16,5 h	4,96	4,57	0,26	0,24
B-16/0,3W		17,8 h	2,13	1,03	0,10	0,05
B-16/0,4-28/0		16,5 h	3,29	2,89	0,16	0,14
B-16/0,4-28/0W		17,8 h	1,64	1,37	0,07	0,06
B-16/0,6		16,6 h	4,43	3,86	0,16	0,14
B-16/0,6-28/0		17,8 h	4,80	3,25	0,20	0,14
Mittlerer Variationskoeffizient für t_0 = 16 h					0,19	0,18
B-24/0,2-28/0	24 h	22,2 h	1,24	0,86	0,06	0,04
B-24/0,2-91/0		25,9 h	2,06	1,33	0,11	0,07
B-24/0,4		23,6 h	3,40	3,56	0,21	0,22
B-24/0,4-28/0		22,2 h	1,57	2,27	0,09	0,12
B-24/0,6		23,6 h	1,19	1,37	0,05	0,06
B-24/0,6-28/0		22,2 h	3,03	4,02	0,15	0,20
Mittlerer Variationskoeffizient für t_0 = 24 h					0,12	0,14
Mittlerer Variationskoeffizient *V* aller Versuchsreihen an jungen Betonen					0,23	0,21

Eine abschließende Beurteilung des Kriechmodells erfolgt über die Berechnung des mittleren Variationskoeffizienten V unter der Berücksichtigung sämtlicher Einstufenkriechversuche ($i = 1 \ldots N$) mit Belastungsaltern $t_0 \leq 24$ h:

$$V = \sqrt{\frac{1}{N} \cdot \sum_{i=1}^{N} v_i^2} \tag{5-28}$$

Die für die einzelnen Einstufenversuche an den Betonen A und B berechneten statistischen Kennwerte sind in Tab. 5-7 zusammengestellt.

In den Abbildungen 5-44 und 5-45 zeigen sich insbesondere bei den Kriechversuchen an Beton A mit einem Belastungsalter t_0 von 16 h hohe Abweichungen zwischen den gemessenen und den berechneten Verformungswerten. Dennoch weisen die an das Verformungsverhalten der beiden Betone A und B individuell angepassten Modelle nahezu denselben mittleren Variationskoeffizienten V auf, siehe Tab. 5-7. Dies liegt in den höheren Kriechverformungen des Betons A begründet, die in die Berechnung des Variationskoeffizienten im Nenner von Gl. 5-27 direkt eingehen. Demnach bewirkt die größere Kriechverformung von Beton A eine Relativierung der höheren Unterschiede zwischen Versuch und Vorhersage. Hinsichtlich der Verwendung des Betonalters t_0 anstelle des wahren Belastungsalters t_{0w} zeigt sich ebenfalls keine eindeutige Verschlechterung der Vorhersagegenauigkeit.

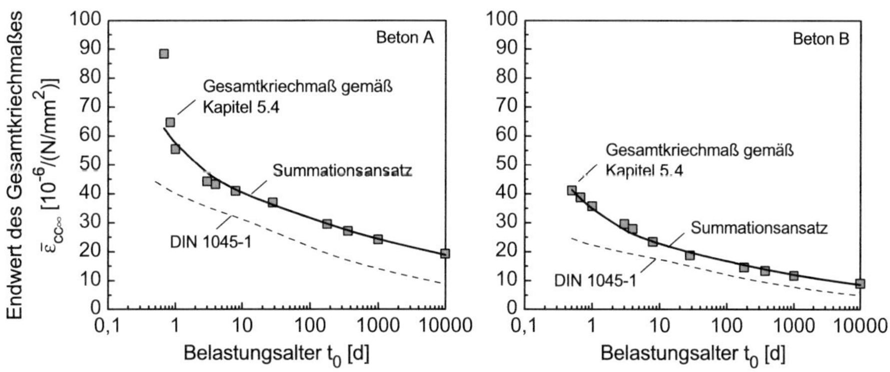

Abb. 5-46 Endwert des Gesamtkriechmaßes gemäß Summationsansatz im Vergleich mit der Modellierung des Gesamtkriechens in Kapitel 5.4. Beton A (links) und Beton B (rechts)

Obwohl eine statistische Bewertung des entwickelten Kriechmodells ausschließlich anhand der vorliegenden Kriechversuche mit jungen Belastungsaltern $t_0 \leq 24$ h möglich ist, besitzt dieses auch für höhere Belastungsalter Gültigkeit. Daher war zusätzlich zu überprüfen, inwieweit das gemäß Summationsansatz berechnete Gesamtkriechen dem ursprünglich in Kapitel 5.4 durch Extrapolation der Versuchsdaten in Verknüpfung mit dem Modell der DIN 1045-1 ermittelten Gesamtkriechen entspricht. Dessen gute Übereinstimmung bestätigt sich in obiger Abb. 5-46, in die das Gesamtkriechmaß unter

Belastungsgraden $\bar{\sigma}$ = 0,2 eingetragen ist. Bis zu diesem Belastungsgrad besteht ein linearer Zusammenhang zwischen Endkriechmaß und der aufgebrachten Spannung und die sofortige plastische Verformung ist gleich Null. Zusätzlich in die Diagramme eingetragen ist die Vorhersage gemäß des Modells in der DIN 1045-1 welches ab einem Belastungsalter von 1 d Gültigkeit besitzt. Das deutliche Unterschätzen der Altersabhängigkeit der Kriechverformungen beider Betone A und B für $t_0 \leq 3$ d unterstreicht die Notwendigkeit einer Anpassung der Bemessungsnorm an das hohe Kriechvermögen von im jungen Alter belasteten Betonen.

Ergänzend zeigen die folgenden beiden Diagramme in Abb. 5-47 die zeitliche Entwicklung des gemäß Summationsansatz ermittelten Gesamtkriechens der Betone A und B. Diese berechnet aus der Gesamtkriechverformung $\varepsilon_{cc,t}(t-t_0)$ in Bezug auf den Endwert des Gesamtkriechens $\varepsilon_{cc\infty}$. Entsprechend der altersabhängigen Formulierung der Zeitfunktion der verzögert elastischen Verformung und der Fließverformung verzögert sich die zeitliche Entwicklung des Gesamtkriechens mit zunehmendem Belastungsalter t_0. Den Kurven gegenübergestellt ist die vom Belastungsalter unabhängig formulierte Zeitfunktion des Modells der DIN 1045-1. Dieser Ansatz wurde auf Basis einer umfassenden Datenbank [RIL 98] entwickelt. Infolge der in der Literatur vorliegenden begrenzten Anzahl von Langzeitkriechversuchen an sehr jungen Betonen enthält diese vorwiegend Kriechversuche mit höheren Belastungsaltern von mehreren Tagen bis Monaten. Die im Modell der DIN 1045-1 gewählte Zeitfunktion entspricht daher einer vereinfachten Abbildung der mittleren zeitlichen Entwicklung des Kriechens älterer Betone. Unabhängig davon diente sie jedoch als guter Anhaltspunkt für die Formulierung der Altersabhängigkeit der zeitlichen Entwicklung des Gesamtkriechens im vorliegenden Summationsansatz.

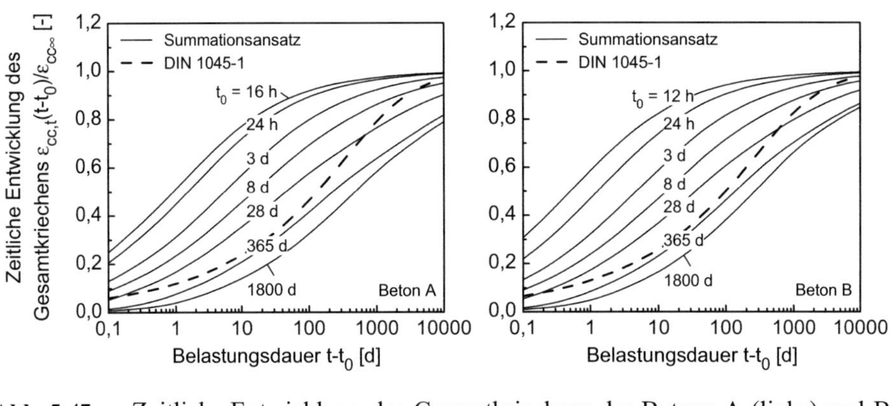

Abb. 5-47 Zeitliche Entwicklung des Gesamtkriechens der Betone A (links) und B (rechts) gemäß Summationsansatz bzw. nach DIN 1045-1 für verschiedene Belastungsalter

Die Wahl der in Abb. 5-47 dargestellten S-förmigen Kurvenverläufe und die damit verbundene Annahme eines Endwertes des Kriechens erfolgte auf Basis des an jungen Betonen mit Belastungsaltern bis 4 d beobachteten Verformungsverhaltens, siehe

Abb. 5-12. Dementgegen ermöglichen verschiedene Kriechdaten aus der Literatur mit höheren Belastungsaltern auch nach sehr langen Versuchsdauern keine Abschätzung eines definierten Endwertes. Entsprechend wählten BAZANT und MÜLLER [Baz 91, Mül 86] eine logarithmische Zeitfunktion zur Beschreibung des Grundkriechens. Der hier entwickelte Summationsansatz trägt dieser Beobachtung insofern Rechnung, dass für Belastungsalter größer ca. 28 d innerhalb üblicher Versuchsdauern von mehreren Monaten bis wenigen Jahren kein ausgeprägter S-förmiger Kurvenverlauf vorhergesagt wird.

5.8 Zusammenfassung

Gemäß heutigem Kenntnisstand entsteht das Kriechen von Beton aufgrund von Gleitvorgängen und Wasserumlagerungen in der Mikrostruktur und ist daher maßgeblich vom Hydratationsgrad des Zementsteins abhängig. Bei Auswertung der durchgeführten Druckfestigkeitsprüfungen war zu erkennen, dass eine erhöhte Frischbetontemperatur einen beschleunigten Hydratationsverlauf und damit höhere Probenfestigkeiten in den ersten Stunden nach der Herstellung bewirkt. Dieser Zusammenhang wurde bei der Modellbildung durch die Einführung des sogenannten wahren Belastungsalters t_{0w} berücksichtigt.

Während des Belastungsvorgangs im Kriech- und Relaxationsversuch treten sowohl reversible elastische Verformungen als auch irreversible plastische Verformungen auf. Diese plastischen Verformungen sind umso größer, je jünger der Beton bei Belastungsbeginn bzw. je höher der aufgebrachte Belastungsgrad sind. In verschiedenen Kriechmodellen aus der Literatur wurde die sofortige plastische Verformung als Teil der sich im Anschluss an die Belastung entwickelnden zeit- und lastabhängigen Kriechverformung aufgefasst. Im Relaxationsversuch resultiert der aufgezeichnete Spannungsabfall jedoch ausschließlich aus den zeit- und lastabhängigen Kriechverformungen. Die bereits während des Belastungsvorgangs auftretende Spannungsrelaxation infolge der sofortigen plastischen Verformung ist nicht messbar. Vor diesem Hintergrund wurde in der vorliegenden Arbeit das nichtlineare Verformungsverhalten bei Lastaufbringung über einen eigenen additiven Modellteil beschrieben. Dieser entspricht im rheologischen Modell den Verformungen eines Federelements mit einer spannungs- und altersabhängigen Steifigkeit.

Im Rahmen der in Kapitel 3 vorgestellten Analyse bestehender Kriechmodelle aus der Literatur wurde festgestellt, dass die korrekte Berücksichtigung des komplexen nichtlinearen Verformungsverhaltens sowie die widerspruchsfreie Beschreibung des Kriechens und der Relaxation nur anhand eines Summationsansatzes möglich ist. Entsprechend unterscheidet das entwickelte Kriechmodell zwischen reversiblen verzögert elastischen Verformungen und irreversiblen Fließverformungen.

Ausgangspunkt für die Entwicklung des Summationsansatzes war die Modellierung des im Versuch gemessenen Gesamtkriechens versiegelter Betone anhand dessen eine direkte Unterscheidung zwischen verzögert elastischen Verformungen und Fließverformungen zunächst nicht möglich ist. Hierbei wurden für die Optimierung der hyperbolischen Zeitfunktion in Abhängigkeit des Belastungsalters und der Belastungsdauer sowohl Erkenntnisse aus dem vorliegenden Versuchsprogramm als auch aus der einschlägigen Fachliteratur herangezogen. Die anschließende Ermittlung des Endwertes des Gesamtkriechens erfolgte anhand der mittels Regression an die Messdaten angepassten hyperbolischen Zeitfunktion in Verknüpfung mit der Vorhersage des Modells in der DIN 1045-1 für höhere Belastungsalter. Für die spätere Aufspaltung des modellierten Gesamtkriechens in verzögert elastische Verformungen und Fließverformungen war die Betrachtung ausgewählter Belastungsalter ausreichend. Auf die Entwicklung einer eigenen Alterungsfunktion zur Beschreibung der Höhe des Gesamtkriechens in Abhängigkeit des Belastungsalters wurde daher verzichtet.

Rückschlüsse auf die Höhe und die zeitliche Entwicklung der verzögert elastischen Verformungen ermöglichte die Aufzeichnung der verzögert elastischen Rückverformung nach Entlastung ausgewählter Kriechversuche. Die Optimierung des zunächst in allgemeiner Form aufgestellten linearen Modells erfolgte durch den Vergleich der mittels des Superpositionsprinzips von BOLTZMANN berechneten Rückverformungen mit den entsprechenden Messdaten. Es basiert auf einer Reihenschaltung von fünf Kelvinelementen, deren alternde Feder- und Dämpferkennwerte für sämtliche Belastungsalter thermodynamisch korrekt formuliert sind. Hierdurch ist eine Dehnungsumkehr bei der Berechnung der im Anschluss an eine vollständige Entlastung von Kriechproben auftretenden Rückverformungen ausgeschlossen.

Das Fließen entspricht den Verformungen eines alternden Dämpferelementes, dessen Viskosität innerhalb des angegebenen Gültigkeitsbereichs des Modells ebenfalls thermodynamisch widerspruchsfrei definiert ist. Der im Fließmodell eingeführte Nichtlinearitätsindex beschreibt die von der Spannung und der Belastungsdauer abhängige Überproportionalität des Kriechens unter erhöhten Spannungen. Das hohe Fließvermögen der beiden Betone im jungen Belastungsalter erforderte die Einführung von zwei additiven Alterungsfunktionen. Die zeitliche Entwicklung des Fließens wird über eine hyperbolische Zeitfunktion dargestellt, deren Altersabhängigkeit mit zunehmendem Belastungsalter kontinuierlich abnimmt.

Die spannungsabhängige Alterung im Mehrstufenversuch wird zum einen durch die Abhängigkeit des Modells der verzögert elastischen Verformung vom Belastungsalter und der Belastungsdauer berücksichtigt. Des Weiteren ergibt sie sich aus der speziellen impulsförmigen Superposition der Fließverformungen, bei der stets die mittels des Erstbelastungsalters berechnete Fließkurve Verwendung findet.

Die Vorhersagegenauigkeit des Summationsansatzes liegt überwiegend innerhalb des für Kriechversuche üblicherweise angegebenen Streubereichs von ± 30 %. Hierbei zeigt sich keine eindeutige Verschlechterung der Vorhersage, wenn anstelle des um den Einfluss der Frischbetontemperatur korrigierten wahren Belastungsalters t_{0w}, das Belastungsalter t_0 (Zeit nach Wasserzugabe bei der Betonherstellung) eingesetzt wird. Die entsprechende statistische Auswertung erfolgte ausschließlich anhand der für die Entwicklung und Optimierung des Kriechmodells verwendeten Versuchsdaten junger

Betone. Die Erweiterung des Modells für höhere Belastungsalter basiert vorwiegend auf theoretischen Überlegungen in Verknüpfung mit dem in der Literatur veröffentlichten Kenntnisstand zum Kriechen älterer Betone.

Im Rahmen der vorliegenden Arbeit wurden verschiedene Parameter der Modelle der verzögert elastischen Verformung und der Fließverformung individuell an das Verformungsverhalten der beiden Betone A und B angepasst. Die Einführung zusätzlicher Funktionen in Abhängigkeit der Druckfestigkeit oder des Wasserzementwertes erwies sich als nicht sinnvoll. Begründet liegt dies unter anderem im raschen Anstieg des Fließvermögens für sinkende Belastungsalter $t_0 < 3$ d, der im Vergleich der beiden Betone deutliche Unterschiede aufweist. Des Weiteren konnten die hohen Fließverformungen des Betons A für sehr junge Belastungsalter selbst über zwei additive Alterungsfunktionen nicht zufriedenstellend abgebildet werden. Eine Verknüpfung der Alterungsfunktionen über weitere Parameter hätte die Vorhersagegenauigkeit des Modells zusätzlich verschlechtert. Eine solche Vorgehensweise ist erst nach zukünftigen umfassenden experimentellen Untersuchungen sinnvoll, die neben dem Verformungsverhalten weiterer Betone zusätzlichen Aufschluss über den Streubereich der Altersabhängigkeit des Fließens geben.

Kapitel 6
Berechnung der Relaxation und Diskussion der Relaxationsversuche

---

Sowohl die Verformungen im Kriechversuch als auch der Spannungsabfall im Relaxationsversuch basieren auf denselben Mechanismen in der Mikrostruktur des Zementsteins und werden in der vorliegenden Arbeit über ein Stoffgesetz beschrieben. Infolge der komplexen Formulierung des entwickelten Ansatzes ist die Lösung des Stoffgesetzes für den Fall der Relaxation nur auf numerischem Wege möglich. In diesem Kapitel wird der hierfür verwendete Berechnungsalgorithmus im Detail hergeleitet und die entsprechende Vorhersage der Relaxation den vorliegenden Versuchsdaten gegenübergestellt.

6.1 Einleitung

Im vorherigen Kapitel wurden die einzelnen Einflussparameter auf das Kriechverhalten junger Betone aufgezeigt und ein Modell zur widerspruchsfreien Vorhersage der Verformungen unter konstanten und veränderlichen Spannungen vorgestellt. Hält man anstelle der zu Beginn eines Versuchs aufgebrachten Spannung die entsprechende Dehnung konstant, ist mit zunehmender Belastungsdauer ein kontinuierlicher Spannungsabfall zu beobachten. Sowohl die Kriechverformungen als auch dieser als Relaxation bezeichnete Spannungsabfall basieren auf denselben physikalischen Mechanismen in der Mikrostruktur des Zementsteins. Aus diesem Grund werden in der vorliegenden Arbeit das Kriechen und die Relaxation über *ein* Stoffgesetz beschrieben.

Wie bereits in Kapitel 2.3 erläutert, ist eine Überführung von Kriech- in Relaxationsansätze in mathematisch geschlossen lösbarer Form nur unter bestimmten Bedingungen hinsichtlich der mathematischen Formulierung des Kriechmodells möglich. Bei komplexen Ansätzen - beispielsweise dem in dieser Arbeit entwickelten Kriechansatz - sind hierzu im Allgemeinen numerische Lösungsverfahren anzuwenden. Der zugrunde liegende numerische Algorithmus wird im Folgenden im Detail vorgestellt. Im Anschluss daran werden die Versuchsdaten aus den durchgeführten Relaxationsversuchen diskutiert und der Berechnung gegenübergestellt.

6.2 Algorithmus zur Berechnung der Relaxation

Bei der Durchführung von Relaxationsversuchen ist zu berücksichtigen, dass bei Beton sowohl ausgeprägte lastabhängige als auch lastunabhängige Verformungen auftreten. Die lastunabhängigen Schwind- und Temperaturdehnungen erzeugen per Definition keinen relaxationsbedingten Spannungsabfall und die Anfangsdehnung im Versuch ist entsprechend der zeitlichen Entwicklung dieser Verformungen zu korrigieren. Bei der Berechnung der Relaxation ist hingegen eine spezielle Betrachtung der Schwind- und Temperaturdehnungen nicht notwendig. Eingang in den im Folgenden vorgestellten Algorithmus finden ausschließlich die einen relaxationsbedingten Spannungsabfall erzeugenden lastabhängigen Verformungskomponenten.

Der Grundsatz der Umrechnung des Kriechens in die Relaxation lässt sich anhand von Gl. 6-1 in allgemeiner Form erläutern. Die bereits in Kapitel 2.2.3.3 vorgestellte Integralgleichung beschreibt die impulsförmige Superposition zur Berechnung der lastabhängigen Verformungen $\varepsilon_{c\sigma}$ unter einer veränderlichen Spannungsgeschichte. Im Fall der Relaxation ist die Dehnung $\varepsilon_{c\sigma}$ auf der linken Seite konstant und die Gleichung unter Verwendung eines numerischen Algorithmus nach der Spannung $\sigma(t)$ aufzulösen.

$$\varepsilon_{c\sigma}(t) = \sigma(t)J(t,t) + \int_{t_0}^{t} \frac{dJ(t,\tau)}{d\tau}\sigma(\tau)d\tau \qquad \textbf{(6-1)}$$

Hierin beschreiben t den jeweils betrachteten Zeitpunkt, t_0 das Erstbelastungsalter und J die Kriechfunktion. Die Kriechfunktion J ist für den in Kapitel 5 entwickelten Summationsansatz wie folgt definiert:

$$J(t,t_0,\sigma_0) = \frac{1}{E_s(t_0,\sigma_0)} + \bar{\varepsilon}_v(t,t_0) + \bar{\varepsilon}_f(t,t_0,\sigma_0) \qquad \textbf{(6-2)}$$

Sie beinhaltet den Elastizitätsmodul $E_s(t_0,\sigma_0)$ zur Berechnung der sofortigen Dehnung während der Lastaufbringung zu Beginn des Versuchs, siehe Kapitel 5.3. Des Weiteren das verzögert elastische Kriechmaß $\bar{\varepsilon}_v(t,t_0)$ gemäß Kapitel 5.5.3 und das Fließmaß $\bar{\varepsilon}_f(t,t_0,\sigma_0)$ gemäß Kapitel 5.6.2. Mit σ_0 ist die im Belastungsalter t_0 aufgebrachte Spannung bezeichnet.

Die sofortige Dehnung ist neben dem Belastungsalter nichtlinear von der Höhe der aufgebrachten Spannung abhängig. Eine Überlagerung dieser Verformungen unter einer veränderlichen Spannungsgeschichte ist daher ausschließlich anhand der oben angegebenen impulsförmigen Superposition möglich, siehe hierzu Kapitel 2.2.3.3.

Infolge der Linearität der verzögert elastischen Verformung kann für die Berechnung unter veränderlichen Spannungen sowohl auf das Superpositionsprinzip von BOLTZMANN als auch auf die oben dargestellte impulsförmige Superposition zurückgegriffen werden. Dementgegen war für eine widerspruchsfreie Beschreibung des Fließens eine spezielle Art der impulsförmigen Superposition zu wählen, siehe Kapitel 5.6.3. Diese lässt sich nicht über die oben angegebene Gl. 6-1 abbilden, da bei sämtlichen, zu beliebigen Zeitpunkten auftretenden Spannungsänderungen stets die auf Basis des Erstbelastungsalters t_0 berechnete Fließkurve verwendet werden muss.

Vor diesem Hintergrund beinhaltet der Algorithmus zur Vorhersage der Relaxation zwei verschiedene Arten der impulsförmigen Superposition. Gl. 6-1 für die sofortige Dehnung und die verzögert elastische Dehnung sowie die Superposition gemäß Kapitel 5.6.3 für die Fließverformung. Die Herleitung des Algorithmus gliedert sich dementsprechend in zwei Abschnitte. In beiden wird auf den in Abb. 6-1 dargestellten veränderlichen Spannungsverlauf zurückgegriffen. Unter Berücksichtigung der im Relaxationsversuch mit zunehmender Belastungsdauer abnehmenden Relaxationsgeschwindigkeit ist die Zeitachse im logarithmischen Maßstab aufgetragen und gemäß Gl. 5-1 in n gleichgroße Zeitabschnitte unterteilt.

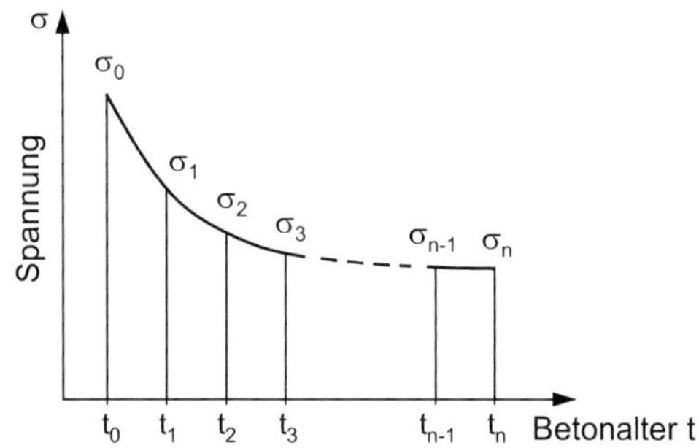

Abb. 6-1 Veränderliche Spannungsgeschichte als Grundlage für die numerische Berechnung der Relaxation

Im ersten Teil des Algorithmus auf Basis von Gl. 6-1 wird das Fließen zunächst nicht betrachtet und die sofortige Dehnung sowie das verzögert elastische Kriechmaß $\bar{\varepsilon}_v$ in einer Ersatzkriechfunktion I zusammengefasst:

$$I(t,t_0) = \frac{1}{E_s(t_0,\sigma_0)} + \bar{\varepsilon}_v(t,t_0) \tag{6-3}$$

Weiterhin wird das in Gl. 6-1 beschriebene Integral entsprechend der oben angegebenen Spannungsgeschichte über eine Summenfunktion angenähert. In Anlehnung an die bereits in Kapitel 2.2.3.3 erläuterte Gl. 2-9 berechnet sich die zum Zeitpunkt $t = t_n$ unter veränderlichen Spannungen auftretende Dehnung ε_n zu:

$$\varepsilon_n = \sigma_n I(t_n,t_n) + \sum_{j=0}^{n-1} \frac{1}{2}(\sigma_j + \sigma_{j+1}) \cdot [I(t_n,t_j) - I(t_n,t_{j+1})] \tag{6-4}$$

$$= \sigma_n I(t_n,t_n) + \frac{1}{2}(\sigma_{n-1} + \sigma_n) \cdot [I(t_n,t_{n-1}) - I(t_n,t_n)] + \sum_{j=0}^{n-2} \frac{1}{2}(\sigma_j + \sigma_{j+1}) \cdot [I(t_n,t_j) - I(t_n,t_{j+1})]$$

In jedem beliebigen Zeitintervall $t_{j+1} - t_j$ wird der Spannungsverlauf stets über die mittlere Spannung $0{,}5 \cdot (\sigma_j + \sigma_{j+1})$ angenähert.

Betrachtet man anstelle des Zeitpunktes t_n den vorletzten Zeitpunkt t_{n-1}, ergibt sich die folgende Verformung:

$$\varepsilon_{n-1} = \sigma_{n-1} I(t_{n-1},t_{n-1}) + \sum_{j=0}^{n-2} \frac{1}{2}(\sigma_j + \sigma_{j+1}) \cdot [I(t_{n-1},t_j) - I(t_{n-1},t_{j+1})] \qquad \textbf{(6-5)}$$

Aus der Differenz der Gleichungen 6-4 und 6-5 berechnet sich der Verformungszuwachs im letzten Zeitintervall zu:

$$\varepsilon_n - \varepsilon_{n-1} = \frac{1}{2}(\sigma_{n-1} + \sigma_n) \cdot [I(t_n,t_{n-1}) - I(t_n,t_n)] + \sigma_n I(t_n,t_n) - \sigma_{n-1} I(t_{n-1},t_{n-1}) + \qquad \textbf{(6-6)}$$

$$\sum_{j=0}^{n-2} \frac{1}{2}(\sigma_j + \sigma_{j+1}) \cdot [I(t_n,t_j) - I(t_n,t_{j+1}) - I(t_{n-1},t_j) + I(t_{n-1},t_{j+1})]$$

Im Relaxationsversuch unter einer konstanten Dehnung tritt im Anschluss an die Anfangsdehnung ε_0 kein weiterer Verformungszuwachs auf und die Dehnungsdifferenz $\varepsilon_n - \varepsilon_{n-1}$ ist stets gleich Null. Unter Einhaltung dieser Bedingung lässt sich Gl. 6-6 in die folgende Rekursionsformel umwandeln, anhand derer sich die Spannung σ_n zu einem beliebigen Zeitpunkt t_n auf Basis der gesamten vorangehenden Spannungsgeschichte berechnen lässt:

$$\sigma_n = \frac{-1}{0{,}5[I(t_n,t_{n-1}) + I(t_n,t_n)]} \cdot \qquad \textbf{(6-7)}$$

$$\left\{ \sigma_{n-1} \cdot \left[\frac{1}{2} I(t_n,t_{n-1}) - \frac{1}{2} I(t_n,t_n) - I(t_{n-1},t_{n-1})\right] + \right.$$

$$\left. \sum_{j=0}^{n-2} \frac{1}{2}(\sigma_j + \sigma_{j+1}) \cdot [I(t_n,t_j) - I(t_n,t_{j+1}) - I(t_{n-1},t_j) + I(t_{n-1},t_{j+1})] \right\}$$

Gemäß den Grenzen der Summenfunktion ist die Rekursionsformel ab einem Zeitpunkt $t_n \geq t_2$ anwendbar. Die Berechnung der Spannungen zu Versuchsbeginn bzw. im Anschluss an das erste Zeitintervall (Zeitpunkt t_1) erfolgt anhand der Gleichungen 6-8 bis 6-10. Bei Lastaufbringung zu Beginn des Relaxationsversuchs ergibt sich die sofortige Anfangsdehnung aus der Höhe der Anfangsspannung σ_0 sowie dem in der Funktion $I(t_0,t_0)$ enthaltenen Elastizitätsmodul $E_s(t_0,\sigma_0)$, siehe Gl. 6-3. Die zeitabhängige verzögert elastische Verformung ε_v ist Null.

$$\varepsilon_0 = \sigma_0 I(t_0,t_0) = \frac{\sigma_0}{E_s(t_0,\sigma_0)} \qquad \textbf{(6-8)}$$

Bei einer vorgegebenen Anfangsdehnung ε_0 berechnet sich die Anfangsspannung σ_0 entsprechend zu:

$$\sigma_0 = \varepsilon_0 / I(t_0,t_0) = \varepsilon_0 \cdot E_s(t_0,\sigma_0)$$

Auf Basis von Gl. 6-4 ergibt sich für die zum Zeitpunkt t_1 auftretende Dehnung ε_1:

$$\varepsilon_1 = \frac{1}{2}(\sigma_0 + \sigma_1)[I(t_1,t_0) - I(t_1,t_1)] + \sigma_1 I(t_1,t_1) \quad \textbf{(6-9)}$$

Nach Differenzbildung $\varepsilon_n - \varepsilon_{n-1} = \varepsilon_1 - \varepsilon_0 = 0$ für den Fall eines Relaxationsversuchs unter konstanten Dehnungen ergibt sich die Spannung σ_1 zum Zeitpunkt t_1:

$$\sigma_1 = -\sigma_0 \cdot \frac{\left[\frac{1}{2}I(t_1,t_0) - \frac{1}{2}I(t_1,t_1) - I(t_0,t_0)\right]}{\frac{1}{2}I(t_1,t_0) + \frac{1}{2}I(t_1,t_1)} \quad \textbf{(6-10)}$$

Wird ein Betonprobekörper im Kurzzeitdruckversuch bis zu einem bestimmten Belastungsgrad belastet und sofort im Anschluss daran entlastet, tritt eine sofortige elastische Rückverformung auf, die sich näherungsweise anhand des Tangentenmoduls $E_c(t_0)$ beschreiben lässt. Die während der Belastung gemessenen überproportionalen Verformungen aufgrund einer Mikrorissbildung, von Gefügestörungen bzw. raschen Kriechverformungen sind folglich nahezu irreversibel. Bei einer erneuten Belastung der Probe sind weitere überproportionale Dehnungen erst bei Überschreiten des zuvor aufgebrachten Belastungsgrads zu beobachten. Daher ist in der Berechnung der Relaxation anhand des hier erläuterten Algorithmus das sofortige überproportionale Spannungs-Dehnungsverhalten ausschließlich in den dem Erstbelastungsalter t_0 zugeordneten Funktionen $I(t_j,t_0)$ zu berücksichtigen, siehe Gl. 6-3 ff. Nach Versuchsbeginn fällt die Spannung kontinuierlich ab und bewirkt keine weiteren überproportionalen sofortigen Dehnungen. Sämtliche Funktionen I mit Belastungsaltern größer t_0 berechnen sich ausschließlich über den in Gl. 5-4 angegebenen Tangentenmodul $E_c(t_0)$.

Die Gleichungen 6-7 und 6-10 beschreiben ausschließlich den relaxationsbedingten Spannungsabfall infolge des verzögert elastischen Verformungsverhaltens von Beton. Bei der Berechnung der Spannungsrelaxation infolge Fließens wird dementgegen auf die bereits anhand von Abb. 5-39 erläuterte spezielle Form der impulsförmigen Superposition zurückgegriffen. Bei dieser wird die Dehnung unter einer mit der Zeit t_j veränderlichen Spannungsgeschichte stets auf Basis der mit dem Erstbelastungsalter t_0 ermittelten Fließkurve berechnet. Die daraus resultierenden Dehnungen zu den Zeitpunkten t_n bzw. t_{n-1} sind in den Gleichungen 6-11 und 6-12 angegeben:

$$\varepsilon_{f,n} = g_2(t_0) \cdot 10^{-6}\left\{\sum_{j=1}^{n}\frac{1}{2}(\sigma_{j-1} + \sigma_j)[n(t_j,t_0,\bar{\sigma}_{j-1}) \cdot f_2(t_j,t_0) - n(t_{j-1},t_0,\bar{\sigma}_{j-1}) \cdot f_2(t_{j-1},t_0)]\right\} \quad \textbf{(6-11)}$$

$$\varepsilon_{f,n-1} = g_2(t_0) \cdot 10^{-6}\left\{\sum_{j=1}^{n-1}\frac{1}{2}(\sigma_{j-1} + \sigma_j)[n(t_j,t_0,\bar{\sigma}_{j-1}) \cdot f_2(t_j,t_0) - n(t_{j-1},t_0,\bar{\sigma}_{j-1}) \cdot f_2(t_{j-1},t_0)]\right\} \quad \textbf{(6-12)}$$

Hierin bezeichnen $g_2(t_0)$ die vom Erstbelastungsalter t_0 abhängige Alterungsfunktion, $n(t,\bar{\sigma})$ den Nichtlinearitätsindex und f_2 die Zeitfunktion des Fließens. Die in die Zeitfunktion einzusetzende Belastungsdauer bezieht sich stets auf das Erstbelastungsalter. Gemäß der ursprünglich in Kapitel 5.6.2 angegebenen Definition berechnet sich der Nichtlinearitätsindex aus der zum betreffenden Zeitpunkt aufgebrachten Spannung bzw. dem entsprechenden Belastungsgrad $\bar{\sigma}$. Bei Anwendung von Gl. 6-11 entspräche dies im letzten Zeitintervall $t_n - t_{n-1}$ dem Mittel aus der Spannung σ_{n-1} und der gesuchten Spannung σ_n. Vor diesem Hintergrund berechnet sich im hier angegebenen Algorithmus der Nichtlinearitätsindex stets aus der Spannung zu Beginn des betrachteten Zeitintervalls.

Beide Dehnungen $\varepsilon_{f,n}$ und $\varepsilon_{f,n-1}$ sind für die Berechnung der Relaxation infolge sämtlicher lastabhängiger Verformungen den in den Gleichungen 6-4 und 6-5 angegebenen Dehnungen ε_n und ε_{n-1} hinzuzuaddieren. Die endgültige Rekursionsformel zur Ermittlung der Spannung zum Zeitpunkt t_n ergibt sich unter Einhaltung der Bedingung für Relaxationsversuche unter konstanten Dehnungen $(\varepsilon_n + \varepsilon_{f,n}) - (\varepsilon_{n-1} + \varepsilon_{f,n-1}) = 0$ zu:

$$\sigma_n = \frac{-1}{0{,}5\{I(t_n,t_{n-1}) + I(t_n,t_n) + n(t_n,t_0,\bar{\sigma}_{n-1}) \cdot f_2(t_n,t_0) - n(t_{n-1},t_0,\bar{\sigma}_{n-1}) \cdot f_2(t_{n-1},t_0)\}} \cdot \tag{6-13}$$

$$\Bigg\{\sigma_{n-1}\left[\frac{1}{2}I(t_n,t_{n-1}) - \frac{1}{2}I(t_n,t_n) - I(t_{n-1},t_{n-1})\right] +$$

$$\sigma_{n-1}\left[\frac{1}{2}n(t_n,t_0,\bar{\sigma}_{n-1}) \cdot f_2(t_n,t_0) - \frac{1}{2}n(t_{n-1},t_0,\bar{\sigma}_{n-1}) \cdot f_2(t_{n-1},t_0)\right] +$$

$$\sum_{j=0}^{n-2}\frac{1}{2}(\sigma_j + \sigma_{j+1}) \cdot [I(t_n,t_j) - I(t_n,t_{j+1}) - I(t_{n-1},t_j) + I(t_{n-1},t_{j+1})]\Bigg\}$$

Zum Zeitpunkt der Lastaufbringung ist die zeitabhängige Fließverformung gleich Null, und die Anfangsspannung σ_0 bzw. die zugehörige Anfangsdehnung ε_0 berechnen sich ungeändert gemäß Gl. 6-8. Dementgegen ergibt sich die Fließdehnung $\varepsilon_{f,1}$ zum Zeitpunkt t_1 anhand von Gl. 6-11 zu:

$$\varepsilon_{f,1} = g_2(t_0) \cdot 10^{-6}\left\{\frac{1}{2}(\sigma_0 + \sigma_1)[n(t_1,t_0,\bar{\sigma}_0) \cdot f_2(t_1,t_0) - n(t_0,t_0,\bar{\sigma}_0) \cdot f_2(t_0,t_0)]\right\} \tag{6-14}$$

$$= g_2(t_0) \cdot 10^{-6} \cdot \frac{1}{2}(\sigma_0 + \sigma_1) \cdot n(t_1,t_0,\bar{\sigma}_0) \cdot f_2(t_1,t_0)$$

Ergänzt man Gl. 6-9 um Gl. 6-14 zu $\varepsilon_1 + \varepsilon_{f,1}$ und setzt mit Gl. 6-8 die Differenz der Dehnungen $(\varepsilon_1 + \varepsilon_{f,1}) - \varepsilon_0 = 0$ berechnet sich die Spannung σ_1 infolge sämtlicher lastabhängiger Verformungen zu:

$$\sigma_1 = -\sigma_0 \cdot \frac{\frac{1}{2}I(t_1,t_0) - \frac{1}{2}I(t_1,t_1) - I(t_0,t_0) + \frac{1}{2}n(t_1,t_0,\bar{\sigma}_0) \cdot f_2(t_1,t_0)}{\frac{1}{2}I(t_1,t_0) + \frac{1}{2}I(t_1,t_1) + \frac{1}{2}n(t_1,t_0,\bar{\sigma}_0) \cdot f_2(t_1,t_0)} \tag{6-15}$$

Der numerische Algorithmus zur Berechnung der Relaxation aus dem für das Kriechen entwickelten Stoffgesetz wurde in der vorliegenden Arbeit in Microsoft Excel in der Programmiersprache Visual Basic programmiert. Anschließend erfolgte der Vergleich mit den gemessenen Relaxationsdaten sowie die Überprüfung des Verfahrens hinsichtlich der physikalisch korrekten Vorhersage des Relaxationsverlaufs, siehe Kapitel 6.3.

Ein solch aufwendiger Algorithmus findet in der Baupraxis vorwiegend in Finite-Elemente-Programme Eingang. Nachteil des vorgestellten Verfahrens ist, dass für eine zeitveränderliche Berechnung des Spannungs-Dehnungsverhaltens stets der gesamte Spannungsverlauf gespeichert werden muss. Dies erfordert insbesondere bei der Modellierung dreidimensionaler Baukonstruktionen erhebliche Rechnerkapazitäten. Eine einfachere numerische Handhabung des viskoelastischen Betonverhaltens wäre alternativ anhand von Differenzialbeziehungen anstelle der verwendeten Integralbeziehungen möglich. Bei der damit einhergehenden Abbildung der Kriech- oder Relaxationsfunktion durch sogenannte Dirichletreihen handelt es sich jedoch um eine Annäherung des Materialverhaltens und keine direkte stoffgesetzliche Beschreibung [Baz 89b].

In der baupraktischen Bemessung wird das viskoelastische Betonverhalten häufig unter Verwendung des effektiven Elastizitätsmoduls durch ein rein elastisches Verformungsverhalten angenähert. Der darin enthaltene Relaxationskennwert wurde aus Kriechansätzen aus der Literatur abgeleitet, die jedoch vorwiegend für Betone mit höheren Belastungsaltern Gültigkeit besitzen. Die durchgeführten Versuche und das daraus entwickelte Modell bilden somit die Datenbasis für die Entwicklung entsprechender Relaxationskennwerte für junge Betone.

6.3 Diskussion der Relaxationsdaten und Vergleich mit der numerischen Berechnung

Zusätzlich zu den in Kapitel 5 vorgestellten Kriechversuchen unter konstanten und veränderlichen Spannungen wurden an beiden Betonen A und B verschiedene Relaxationsversuche durchgeführt. Die Belastung der Proben erfolgte 24 h und 3 d bzw. 16 h bei Beton A und 12 h bei Beton B nach ihrer Herstellung. Kurz vor Beginn der Relaxationsversuche wurde an drei Begleitproben derselben Betoniercharge die Spannungs-Dehnungslinie bis zum Bruch aufgezeichnet. Die gemessenen mittleren Dehnungen unter den Belastungsgraden $\bar{\sigma}_0$ von 0,3 und 0,6 dienten als Anfangsdehnungen ε_0, die unter Berücksichtigung des Schwindens über die gesamte Versuchsdauer konstant gehalten wurden.

Abb. 6-2 veranschaulicht die an den Betonen A und B gemessenen Spannungsverläufe in Abhängigkeit von der Belastungsdauer $t - t_0$ für sämtliche untersuchten Belastungsalter und Belastungsgrade. Ausgehend von der Anfangsspannung σ_0 zeigt sich der für Relaxationsversuche typische kontinuierliche Spannungsabfall. Ebenfalls in die Diagramme eingetragen ist die Vorhersage des Relaxationsverlaufs anhand des in Kapitel 6.2 vorgestellten numerischen Algorithmus. Entsprechend den Kurvenbezeichnungen im Diagramm wurde hierbei bei den im jungen Alter belasteten Proben das wahre Belastungsalter t_{0w} eingesetzt. Das Berechnungsverfahren ermöglicht eine gute Abbildung der Versuchsdaten. Lediglich der an Beton B für das Belastungsalter von 3 d gemessene Spannungsabfall wird durch das Modell etwas unterschätzt.

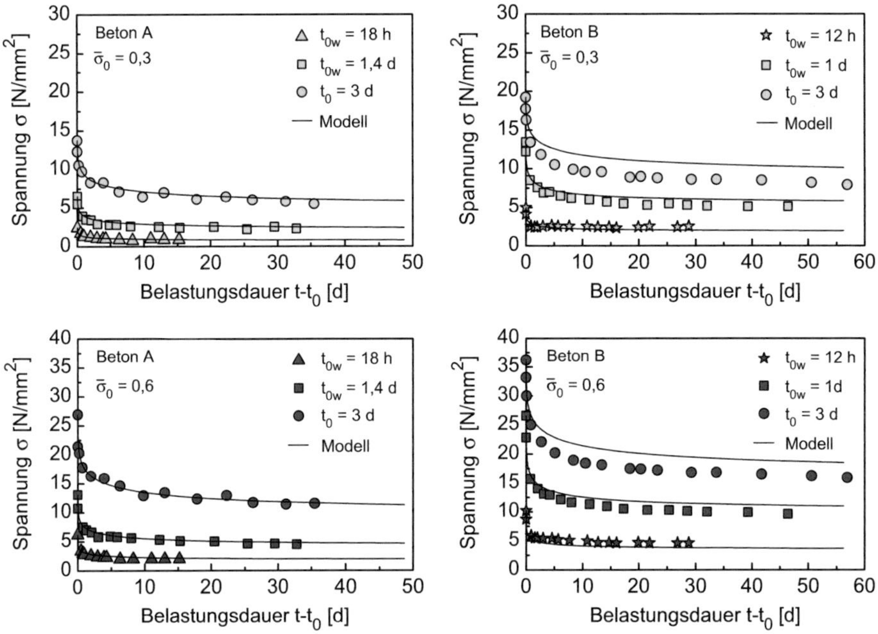

Abb. 6-2 In den Relaxationsversuchen an den Betonen A (links) und B (rechts) gemessene Spannungen für verschiedene Belastungsalter und Belastungsgrade im Vergleich mit dem Modell

Aussagen über die zeitliche Entwicklung des Spannungsabfalls ermöglicht Abb. 6-3, in dem die nach einer bestimmten Belastungsdauer gemessene Spannung $\sigma(t,t_0)$ stets auf die Anfangsspannung σ_0 bezogen ist. Die Gegenüberstellung der Versuchsdaten für die unterschiedlichen Belastungsgrade $\bar{\sigma}_0$ von 0,3 bzw. 0,6 lässt hierbei keinen signifikanten Einfluss der Spannungshöhe auf den zeitlichen Verlauf erkennen. Grund ist die rasche Reduktion der Spannungen in Spannungsbereiche, in denen ein lineares, d. h. zu den Spannungen proportionales Kriechen auftritt. Bezüglich der Abhängigkeit der zeitlichen Entwicklung des Spannungsabfalls vom Belastungsalter zeigen sich insbesondere bei Beton A deutliche Unterschiede innerhalb der ersten Tage nach Versuchsbeginn. Beispielsweise ist die Spannung im Versuch mit einem wahren Belastungsalter t_{0w} von 18 h nach 6 d im Mittel auf ca. 35 % der Anfangsspannung abgefallen. Bei Versuchsbeginn im Alter von 3 d sind nach demselben Zeitraum noch nahezu 50 % der Anfangsspannung vorhanden. Bei Beton B erscheint der Einfluss des Belastungsalters deutlich geringer.

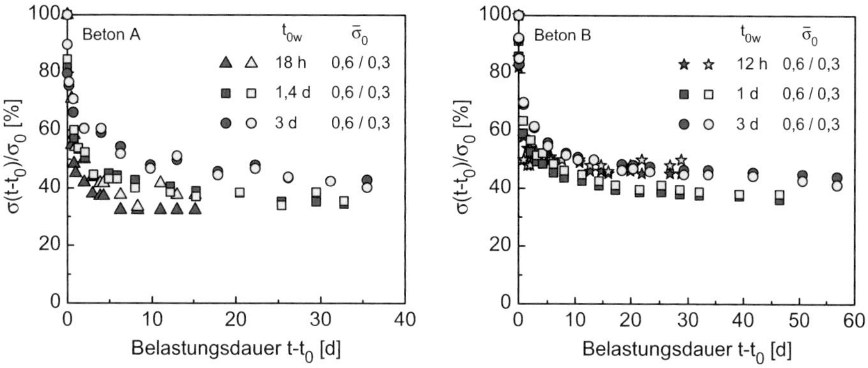

Abb. 6-3 Zeitliche Entwicklung der Spannung in den Versuchen an Beton A (links) und B (rechts) mit verschiedenen Belastungsaltern und Belastungsgraden in Bezug auf die zu Versuchsbeginn gemessene Anfangsspannung σ_0

Für eine erste Abschätzung der über die Versuchsdauer hinausgehenden weiteren Spannungsentwicklung veranschaulicht Abb. 6-4 den gemessenen Spannungsabfall $\sigma_0 - \sigma(t - t_0)$ über die Belastungsdauer im halblogarithmischen Maßstab.

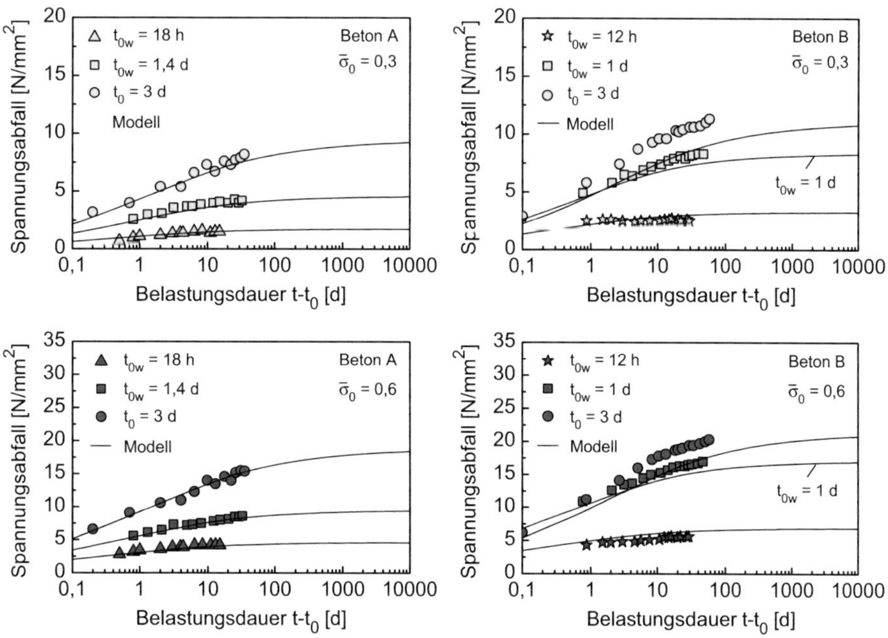

Abb. 6-4 Gemessener Spannungsabfall in den Versuchen an den Betonen A (links) und B (rechts) mit verschiedenen Belastungsaltern und Belastungsgraden im Vergleich mit dem Modell

Bei sehr jungen Belastungsaltern t_{0w} von 12 h bzw. 18 h ist der Spannungsabfall bereits innerhalb der Versuchsdauer nahezu vollständig abgeschlossen. Dies liegt in dem hohen Verformungsvermögen der im jungen Alter belasteten Betone sowie der raschen Festigkeitsentwicklung der Probekörper während des Versuchs begründet. Mit zunehmendem Belastungsalter verringert sich die Verformungsgeschwindigkeit in der Mikrostruktur und die Kurvenverläufe lassen auf einen über die Versuchsdauer hinausgehenden Spannungsabfall schließen. Dieser Zusammenhang wird über das Modell richtig widergespiegelt. Eine genaue Evaluierung der Vorhersagegenauigkeit wäre jedoch nur anhand weiterer Relaxationsversuche mit Versuchsdauern von mehreren Monaten möglich.

Abschließend soll überprüft werden, inwieweit sich die Vorhersagegenauigkeit ändert, wenn bei der Berechnung der Relaxation anstelle des wahren Belastungsalters t_{0w} das Betonalter t_0 verwendet wird. Temperaturbedingte Unterschiede zwischen den beiden Betonaltern waren hierbei nur bei Beton A zu berücksichtigen. Abb. 6-5 verdeutlicht, dass selbst Abweichungen zwischen den beiden Betonaltern t_{0w} und t_0 von ungefähr 9 h nur marginale Veränderungen des Relaxationsverlaufes bewirken. Dies liegt in der Verwendung des Superpositionsprinzips zur Berechnung der Relaxation begründet. Der vorgestellte Algorithmus beinhaltet nicht nur die Kriechfunktion für das Belastungsalter, sondern sämtliche den für die Berechnung der Relaxation verwendeten Stützstellen t_j zugeordnete Kriechfunktionen, siehe Abb. 6-1. Hierin liegt ebenfalls die Ursache, warum anhand des in Kapitel 5.6 entwickelten Fließmodells, welches das hohe Verformungsvermögen des Betons A im Alter von 16 h unterschätzt, dennoch eine gute Vorhersage des Relaxationsverhaltens möglich ist.

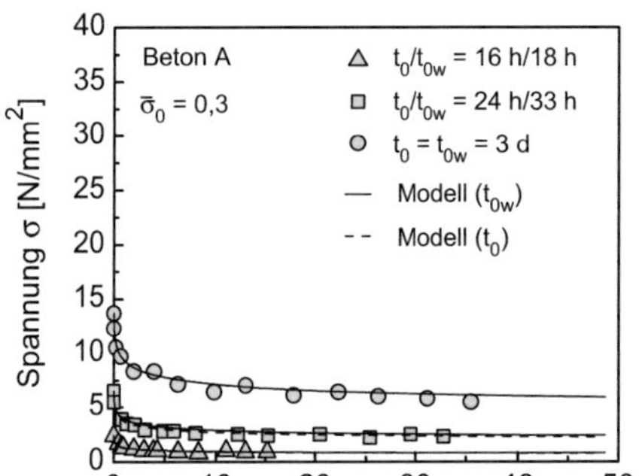

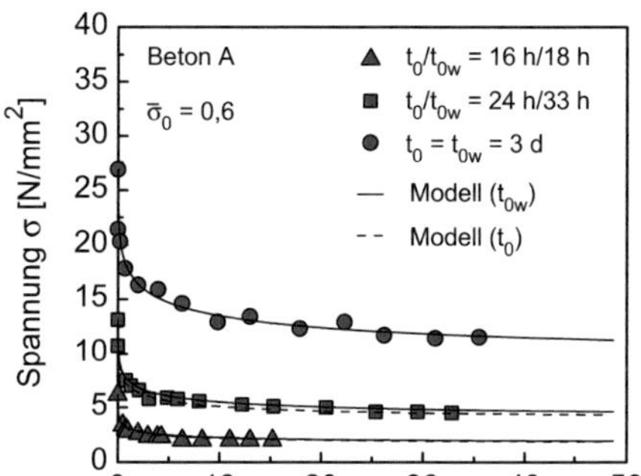

Abb. 6-5 Berechnung der Relaxation des Betons A unter Berücksichtigung des wahren Belastungsalters t_{0w} bzw. des Betonalters t_0 im Vergleich mit den entsprechenden Versuchsdaten. Belastungsgrad $\bar{\sigma}_0$ gleich 0,3 (links) sowie gleich 0,6 (rechts)

Über den Vergleich mit den gemessenen Relaxationsdaten hinaus wurde das entwickelte Stoffgesetz anhand des in Visual Basic programmierten numerischen Algorithmus einer umfassenden Prüfung hinsichtlich der widerspruchsfreien Vorhersage des

Relaxationsverlaufs unterzogen. Innerhalb des in Kapitel 5.6.3 angegebenen Gültigkeitsbereichs des Kriechmodells tritt kein Vorzeichenwechsel im Spannungsverlauf auf, siehe auch Anhang D.2. Des Weiteren nimmt, entsprechend dem im Versuch beobachteten Relaxationsverhalten, die Geschwindigkeit des Spannungsabfalls mit zunehmender Belastungsdauer kontinuierlich ab. Da sowohl die Zeitfunktion im Modell der verzögert elastischen Verformung als auch die Zeitfunktion der Fließverformung einen Endwert besitzen, strebt der berechnete, relaxationsbedingte Spannungsabfall ebenfalls einem Grenzwert entgegen.

6.4 Zusammenfassung

Die durchgeführten Relaxationsversuche geben Einblick in die Einflussparameter auf das Relaxationsverhalten junger normal- und hochfester Betone unter Druckbeanspruchung. Demnach sind Versuche an sehr jung belasteten Betonen durch einen raschen Spannungsabfall innerhalb der ersten Tage nach Versuchsbeginn gekennzeichnet. Infolge der starken hydratationsbedingten Festigkeitssteigerung der Probekörper verlangsamt sich die Relaxationsgeschwindigkeit jedoch zunehmend, sodass der Spannungsabfall innerhalb der Versuchsdauer von ungefähr 15 d nahezu abgeschlossen ist. Mit zunehmendem Belastungsalter verringert sich die nach Versuchsbeginn auftretende Relaxationsgeschwindigkeit und der zeitliche Verlauf der Versuchsdaten lässt einen über die Messdauer hinausgehenden weiteren Spannungsabfall erkennen. Genauere Aussagen zum Endwert der Spannungen sind anhand der vorliegenden Versuchsdauern nicht möglich. Infolge des raschen Spannungsabfalls nach Versuchsbeginn in Bereiche, in denen ein linearer Zusammenhang zwischen Spannung und Kriechverformung besteht, besitzt der Belastungsgrad keinen Einfluss auf die zeitliche Entwicklung der Spannungen.

Ziel der vorliegenden Arbeit war die Beschreibung des Kriechens und der Relaxation anhand *eines* Stoffgesetzes. Im Fall der Relaxation erfolgt dessen Lösung auf numerischem Wege. Für die korrekte Berücksichtigung der verzögert elastischen Verformungen und der Fließverformungen basiert der vorgestellte numerische Algorithmus auf zwei unterschiedlichen Konzepten der impulsförmigen Superposition. Weiterhin beinhaltet er einen aus Versuchsdaten entwickelten Ansatz zur Beschreibung des Kurzeitverformungsverhaltens der untersuchten Betone. Neben einer guten Vorhersage der gemessenen Versuchsdaten ermöglicht das entwickelte Stoffgesetz die korrekte Berechnung eines kontinuierlichen Spannungsabfalls mit stetig abnehmender Relaxationsgeschwindigkeit. Auch nach sehr langen Belastungsdauern tritt kein Vorzeichenwechsel im Spannungsverlauf auf. Entsprechend den endlichen Zeitfunktionen zur Beschreibung des Kriechens strebt der relaxationsbedingte Spannungsverlauf ebenfalls einem Endwert entgegen. Wird in den numerischen Algorithmus das Belastungsalter t_0 (Betonalter nach Wasserzugabe bei der Betonherstellung) anstelle des um den Einfluss der Frischbetontemperatur korrigierten wahren Belastungsalters t_{0w} eingesetzt, bewirkt dies eine vernachlässigbare Veränderung des berechneten Spannungsverlaufs.

Kapitel 7
Zusammenfassung und Ausblick

Insbesondere im jungen Belastungsalter von wenigen Stunden bis Tagen nach der Herstellung zeigt Beton ein ausgeprägtes Kriech- und Relaxationsvermögen, welches anhand von Langzeitversuchen bislang nur unzureichend untersucht wurde. Weiterhin weisen verschiedene in der Literatur veröffentlichte Materialgesetze Schwächen hinsichtlich der korrekten Abbildung des zeitabhängigen Spannungs- bzw. Verformungsverhaltens auf. Vor diesem Hintergrund wurde im Rahmen der vorliegenden Arbeit ein nichtlineares rheologisches Stoffgesetz entwickelt, welches das Kriech- und Relaxationsverhalten sowohl für sehr junge als auch höhere Belastungsalter korrekt zu beschreiben vermag. Als Grundlage diente ein umfassendes Versuchsprogramm zum Kriechen eines normalfesten und eines hochfesten Betons mit Belastungsaltern von wenigen Stunden bis Tagen unter konstanten und veränderlichen Druckspannungen. Ergänzend wurden Relaxationsversuche in zwei vollständig neu konzipierten und eingerichteten Versuchsständen durchgeführt. Innerhalb des Zeitraums nach Lastaufbringung, in dem bei im jungen Alter belasteten Betonen hohe Kriechverformungen auftreten, sind Trocknungsprozesse von untergeordneter Bedeutung. Daher beschränkte sich das Versuchsprogramm auf die Betrachtung versiegelt gelagerter Probekörper. In der anschließenden Modellentwicklung erfolgte die Verknüpfung des beobachteten Kriech- und Relaxationsverhaltens junger Betone mit dem in der Literatur veröffentlichten Kenntnisstand zum Verhalten von Beton mit höheren Belastungsaltern.

Entsprechend einem Summationsansatz wird anhand des entwickelten Kriechmodells zwischen einem reversiblen verzögert elastischen Verformungsanteil und einem irreversiblen Fließanteil unterschieden, siehe Kapitel 5. Die linear von der Spannung abhängige verzögert elastische Verformung berechnet sich aus der Summe der Einzelverformungen von fünf in Reihe angeordneten Kelvinelementen. Deren alternde Feder- und Dämpferkennwerte sind innerhalb des gesamten Gültigkeitsbereichs des Modells thermodynamisch widerspruchsfrei formuliert. Hierdurch wird im Gegensatz zu verschiedenen Modellen aus der Literatur keine Umkehr der nach einer vollständigen Entlastung von Kriechproben auftretenden verzögert elastischen Rückverformung vorhergesagt. Sowohl die Höhe als auch die zeitliche Entwicklung der mit der Belastungsdauer ansteigenden verzögert elastischen Verformung sind vom Belastungsalter abhängig. Die Entwicklung und Optimierung des Modells erfolgte durch den Vergleich der mittels Superpositionsprinzip von BOLTZMANN berechneten verzögert elastischen Rückverformung und den entsprechenden Versuchsdaten. Hierdurch wird der Zusammenhang zwischen der verzögert elastischen Rückverformung und der Belastungsdauer des vor Entlastung durchgeführten Kriechversuchs ebenso korrekt beschrieben, wie die Verminderung des Kriechvermögens infolge der vorangehenden Spannungsgeschichte (spannungsabhängige Alterung).

Das nichtlineare Fließmodell basiert auf den Verformungen eines Dämpferelementes, dessen Viskosität innerhalb des Gültigkeitsbereichs des Kriechansatzes ebenfalls thermodynamisch korrekt definiert ist. Die untersuchten jungen Betone mit niedrigen Druckfestigkeiten zu Beginn des Kriechversuchs weisen hohe Endkriechverformungen auf, welche mit zunehmendem Belastungsalter rasch abnehmen. Dieser Zusammenhang ist im Fließmodell über die Einführung von zwei additiven Alterungsfunktionen berücksichtigt. Die mit der Spannung ansteigende Überproportionalität des Fließens wird mithilfe eines Nichtlinearitätsindexes beschriebenen, der mit zunehmender Belastungsdauer kontinuierlich abnimmt. In Mehrstufenkriechversuchen, d. h. unter veränderlichen Spannungen ist das beobachtete nichtlineare Fließverhalten von der Höhe der Spannungen sowie der gesamten Spannungsgeschichte abhängig. Dies ist im Modell sowohl durch eine entsprechende Wahl der mathematischen Funktionen als auch durch die Anwendung einer speziellen Form der impulsförmigen Superposition berücksichtigt.

Bei Lastaufbringung im Kriech- und Relaxationsversuch setzen sich die damit einhergehenden sofortigen Dehnungen aus reversiblen elastischen sowie irreversiblen plastischen Verformungen zusammen. Die Größe der sofortigen plastischen Verformung steigt mit zunehmendem Belastungsgrad und abnehmendem Belastungsalter. Sie bewirkt im Relaxationsversuch bereits bei Lastaufbringung einen ersten relaxationsbedingten Spannungsverlust, dessen Höhe in Bezug auf ein rein elastisches Spannungs-Verformungsverhalten jedoch nicht messbar ist. Der anschließend aufgezeichnete Spannungsverlauf resultiert ausschließlich aus den oben erläuterten verzögert elastischen Verformungen und Fließverformungen. Bei der Entwicklung verschiedener Kriechmodelle aus der Literatur wurden die sofortigen plastischen Verformungen mit den anschließenden zeit- und lastabhängigen Kriechverformungen zusammengefasst. Insbesondere bei Betrachtung junger Betone mit einem hohen sofortigen plastischen Verformungsvermögen bewirkt ein solches Vorgehen bei der numerischen Berechnung der Relaxation ein Überschätzen des gemessenen Spannungsverlusts, siehe Anhang E. Vor diesem Hintergrund wurde in der vorliegenden Arbeit das nichtlineare Verformungsverhalten bei Lastaufbringung über einen eigenen additiven Modellteil beschrieben. Dieser entspricht im rheologischen Modell den Verformungen eines Federelements mit einer spannungs- und altersabhängigen Steifigkeit.

Das Kriechverhalten junger Betone ist in den ersten Tagen nach Belastungsbeginn durch eine hohe Verformungsgeschwindigkeit gekennzeichnet. Diese nimmt anschließend durch die rasche Festigkeitsentwicklung der Probekörper und die damit einhergehende Reduktion des effektiven Belastungsgrads deutlich ab. Vor diesem Hintergrund basiert die Entwicklung des Summationsansatzes auf der Annahme eines Endwertes der verzögert elastischen Verformung als auch der Fließverformung. Bei verschiedenen Versuchsergebnissen aus der Literatur zum Grundkriechen versiegelter normalfester Betone mit höheren Belastungsaltern ist hingegen auch nach Belastungsdauern von mehreren Monaten bis Jahren kein Anstreben eines Endwertes erkennbar. In diesen oft widersprüchlichen Versuchsdaten liegt die bis heute andauernde Diskussion über die genaue zeitliche Entwicklung von Langzeitkriechverformungen begründet. Das entwickelte Modell verknüpft das beobachtete Verformungsverhalten junger Betone mit den oben erläuterten Erkenntnissen aus der Literatur. Durch eine altersabhängige Formulierung der Zeitfunktionen wird das Anstreben der Endkriechverformung mit zunehmendem Belastungsalter in den Bereich sehr langer Belastungsdauern verschoben.

Die Festigkeitsentwicklung junger Betone ist neben der gewählten Betonrezeptur von den jahreszeitbedingten Schwankungen der Frischbetontemperatur abhängig. Grundlage für die Modellbildung bildete daher ein um den Einfluss der Temperatur korrigiertes wahres Belastungsalter t_{0w}. Anhand einer statistischen Auswertung konnte anschließend gezeigt werden, dass infolge der unvermeidlichen Streuungen der Versuchsdaten die Verwendung des Belastungsalters t_0 (vergangene Zeit nach Wasserzugabe bei der Betonherstellung) keine Verschlechterung der Vorhersagegenauigkeit des Modells bewirkt.

Neben dem für junge Betone entwickelten Kriechmodell auf Basis des Belastungsalters finden sich in der Literatur verschiedene Ansätze in Abhängigkeit des Hydratationsgrades. Grundvoraussetzung für eine gute Vorhersagegenauigkeit dieser Modelle sind neben Kenntnissen zu den auftretenden Bauteiltemperaturen und der Festigkeitsentwicklung der betrachteten Betone detaillierte Informationen über die Reaktivität der Bindemittel. Diese speziell auf das Verformungsverhalten junger Betone unter Zug- bzw. Druckbeanspruchung abgestimmten Ansätze wurden vorwiegend auf Basis von Kriechversuchen mit Belastungsdauern von wenigen Tagen bis Wochen entwickelt. Sie sind daher geeignet für die Berechnung des Verformungsverhaltens von Bauteilen in den ersten Tagen nach der Herstellung, jedoch nicht für eine gesicherte Abbildung des Langzeitverformungsverhaltens von Betonen mit beliebigen Belastungsaltern.

Im Gegensatz dazu verknüpft das in der vorliegenden Arbeit entwickelte Kriechmodell zum Druckkriechen das experimentell ermittelte Verformungsverhalten junger Betone mit dem in der Literatur veröffentlichten Kenntnisstand zum Kriechen mit höheren Belastungsaltern. Grundlage für die Beschreibung des Langzeitkriechverhaltens junger Betone bildeten verschiedene Kriechversuche mit Belastungsdauern von mehreren Wochen bis Monaten. Die Vorhersagegenauigkeit des Modells liegt für junge Belastungsalter innerhalb des üblicherweise bei Kriechverformungen beobachteten Streubereichs zwischen 25 % und 30 %.

Sowohl der Anstieg der Kriechverformungen unter Lasteinwirkung als auch der relaxationsbedingte Spannungsabfall in Probekörpern unter einer konstanten Dehnung liegen in denselben Verformungsprozessen in der Mikrostruktur des Zementsteins begründet. Entsprechend werden in dieser Arbeit das Kriechen und die Relaxation anhand *eines* Stoffgesetzes beschrieben. Infolge dessen komplexer Formulierung erfolgt die mathematische Lösung für den Fall der Relaxation auf numerischem Weg. In den entsprechenden Algorithmus geht neben den Modellteilen zur Beschreibung der verzögert elastischen Verformung und des Fließens zusätzlich die sofortige Dehnung bei Lastaufbringung bzw. der anschließenden Spannungsänderung ein. Hierbei wird die sofortige plastische Verformung ausschließlich zur Berechnung der mit der Lastaufbringung einhergehenden Anfangsverformung herangezogen. Der anschließende kontinuierliche Spannungsabfall bewirkt ein rein elastisches Kurzzeitdehnungsverhalten, welches über den Tangentenmodul abgebildet wird. Für die korrekte Beschreibung der einzelnen Verformungskomponenten unter veränderlichen Spannungen ist der numerische Algorithmus zusätzlich auf die Nichtlinearität des Fließens und auf die für die einzelnen Verformungskomponenten anzuwendenden unterschiedlichen Superpositionsprinzipien abgestimmt.

Die oben erläuterte Abhängigkeit der zeitlichen Entwicklung des Kriechens vom Belastungsalter spiegelt sich im Spannungsverlauf des Relaxationsversuchs wider. Demnach ist das Relaxationsverhalten junger Betone durch einen raschen Spannungsabfall in den ersten Tagen nach Versuchsbeginn gekennzeichnet, der anschließend innerhalb weniger Wochen nahezu zum Stillstand kommt. Mit zunehmendem Belastungsalter zu Beginn des Versuchs sinkt die Relaxationsgeschwindigkeit, sodass bei höheren Belastungsaltern auch nach Versuchsdauern von mehreren Wochen weitere Spannungsverluste zu beobachten sind. Infolge des raschen Abfalls der Spannungen in Bereiche, in denen ein linearer Zusammenhang zwischen Spannung und Verformung herrscht, war in sämtlichen Versuchen kein Einfluss des anfänglich aufgebrachten Belastungsgrads zu erkennen. In Übereinstimmung mit den aufgezeichneten Messdaten und Erkenntnissen aus der Literatur wird durch das Stoffgesetz ein kontinuierlicher Spannungsabfall mit stetig sinkender Relaxationsgeschwindigkeit vorhergesagt. Entsprechend den im Kriechmodell eingeführten endlichen Zeitfunktionen strebt der berechnete relaxationsbedingte Spannungsabfall ebenfalls gegen einen Endwert. Im Gegensatz zu verschiedenen Modellen aus der Literatur tritt hierbei kein Vorzeichenwechsel im Spannungsverlauf auf.

Das entwickelte rheologische Modell ermöglicht somit innerhalb seines gesamten Gültigkeitsbereichs eine widerspruchsfreie Vorhersage des Kriechens und der Relaxation. Beispielsweise aus der eingeschränkten experimentellen Datenbasis zum Druckkriechen von nur zwei unterschiedlichen Betonen im jungen Belastungsalter oder der Verknüpfung dieser Erkenntnisse mit dem in der Literatur veröffentlichten Kenntnisstand zum Kriechen mit höheren Belastungsaltern ergaben sich jedoch auch verschiedene offene wissenschaftliche Fragen. Diese sollen im Folgenden näher beleuchtet werden.

Wie bereits erläutert, besitzen Betone mit sehr jungen Belastungsaltern $t_0 < 24$ h ein hohes Fließvermögen, welches infolge des weiteren Hydratationsfortschritts mit zunehmendem Belastungsalter rasch abnimmt. Diese Altersabhängigkeit ist bei normal- und hochfesten Betonen unterschiedlich stark ausgeprägt und war im Fall des untersuchten normalfesten Betons auch über zwei additive Alterungsfunktionen nicht vollständig zu erfassen. Vor diesem Hintergrund wurden im Rahmen der vorliegenden Arbeit die Parameter dieser Alterungsfunktionen durch Regression an das Verformungsverhalten der beiden Betone individuell angepasst und dieses Konzept in der Entwicklung sämtlicher Funktionen des rheologischen Modells beibehalten. Für eine allgemeine Anwendbarkeit des Modells ist jedoch zukünftig eine zusätzliche funktionale Verknüpfung dieser Parameter beispielsweise anhand des Wasserzementwerts oder der Druckfestigkeit unabdingbar. Grundvoraussetzung für ein solches Vorgehen sind jedoch weitere Erkenntnisse bezüglich des Streubereichs der einzelnen Funktionen. Hierzu sind unter Konstanthaltung des Wasserzementwertes oder der Druckfestigkeit verschiedene Betone unterschiedlicher Zusammensetzung umfassend zu untersuchen.

Darüber hinaus erfordert die weitere Optimierung der oben genannten Alterungsfunktionen des Fließens eine Erweiterung des Versuchsprogramms um Kriechversuche mit Belastungsaltern bis in den Bereich des Erstarrungsendes. Bei diesen geringen Druckfestigkeiten ist jedoch eine starre Verbindung zwischen der in Kapitel 4 beschriebenen Messeinrichtung und dem Beton nicht mehr möglich. Stattdessen sollte beispielsweise auf optische Messverfahren oder bereits bei der Probekörperherstellung einbetonierte Messsysteme zurückgegriffen werden. Des Weiteren wurden die verwendeten Versuchsstände in den Kriechversuchen mit sehr jungen Belastungsaltern teilweise nur zu 4 % ausgelastet. Eine gesicherte Aufbringung noch geringerer Lasten ist daher nur in Versuchsständen möglich, deren Lastbereich und Regelung bei Lastaufbringung an das Kraft-Verformungsverhalten junger Betone angepasst sind.

Im Gegensatz zum Fließverhalten der Betone lassen die vorliegenden Untersuchungen zur Höhe der verzögert elastischen Verformung im jungen Belastungsalter nur eine geringe Altersabhängigkeit erkennen. Dies ist durch weitere umfassende Kriechversuche an verschiedenen normal- und hochfesten Betonen mit Belastungsaltern bis in den Bereich des Erstarrungsendes zu verifizieren. Anschließend ist der auf diese Weise ermittelte, statistisch gut abgesicherte Verlauf der Alterungsfunktion hinsichtlich der thermodynamisch widerspruchsfreien Formulierung der Feder- und Dämpferkennwerte des rheologischen Modells zu überprüfen. Wie bereits in Kapitel 5.5.3 erläutert, sind hierbei dem Verlauf der Alterungsfunktion sehr enge Grenzen gesetzt. Zur notwendigen Feinabstimmung des Funktionsverlaufes wurde im Rahmen dieser Arbeit eine aus zwei additiven Funktionen bestehende Alterungsfunktion eingeführt.

Weiterer Optimierungsbedarf besteht in der Vorhersage des nichtlinearen Kriechens unter veränderlichen Spannungen. Während das Modell für den normalfesten Beton eine sehr gute Vorhersage der nach einer Laständerung auftretenden Verformungen ermöglicht, wird das Verformungsverhalten des hochfesten Betons tendenziell unterschätzt. Dies resultiert unter anderem aus der Tatsache, dass bei der Entwicklung des Modells in Bezug auf das Kriechverhalten der untersuchten Betone für höhere Belastungsalter auf Erkenntnisse aus der Literatur zurückgegriffen wurde. Hierdurch liegen weder Versuche zum Streubereich der Kriechverformungen noch zu deren genauer zeitlicher Entwicklung vor. Letzteres ist im Hinblick der in der Fachwelt bis heute andauernden Diskussion über die genaue Zeitfunktion des Kriechens besonders wesentlich. Diese Kenntnislücke ist zukünftig durch weitere Langzeituntersuchungen mit Belastungsdauern bis zu mehreren Jahren zu schließen. Weiterhin war aus den vorliegenden Versuchsdaten keine Abhängigkeit des Nichtlinearitätsindexes des Fließens vom Belastungsalter zu erkennen. Die getroffene Annahme dieses Zusammenhangs für sämtliche Belastungsalter ist in weiteren Forschungsvorhaben zu überprüfen. Bis zum heutigen Zeitpunkt ungeklärt ist auch die Frage, ob die in den Mehrstufenversuchen aufgebrachte erste Spannungsstufe eine innere Mikrorissbildung bewirkt, die nach einer

Spannungserhöhung in verstärkten Kriechverformungen resultiert. In diesem Fall wäre das entwickelte Materialgesetz durch geeignete Schädigungsmodelle zu erweitern. Erste Einblicke in die Ursachen des Kriechens in der Mikrostruktur verspricht die Methode der Röntgenkleinwinkelstreuung, anhand derer lastbedingte Veränderungen der spezifischen Oberfläche sehr dünner Zementsteinproben erfasst werden können [Neu 05].

Wie oben bereits erläutert, wurde zur genauen Berücksichtigung der durch die Frischbetontemperatur beeinflussten Festigkeitsentwicklung junger Betone das Modell anhand des sogenannten wahren Belastungsalters t_{0w} entwickelt. Eine umfassende statistische Auswertung hat anschließend gezeigt, dass sich die Vorhersagegenauigkeit des Modells nicht maßgeblich verschlechtert, wenn anstelle des wahren Belastungsalters das Belastungsalter t_0 (Zeitpunkt nach Wasserzugabe bei der Betonherstellung) eingesetzt wird. Dies liegt in den starken Streuungen der Verformungswerte begründet. In diesem Zusammenhang ist jedoch darauf hinzuweisen, dass die Frischbetontemperaturen der hergestellten Betonierchargen lediglich in einem Bereich zwischen 16 °C und 25 °C schwankten. Des Weiteren führte die Hydratation nur zu einer geringfügigen Erwärmung der Probekörper, die im Betonalter von zwei Tagen bereits nahezu abgeschlossen war. Solche Temperaturbedingungen treten in der Baupraxis nur bei schlanken bzw. dünnwandigen Bauteilen auf.

Bei frisch hergestellten massigen Bauteilen hingegen resultiert die hohe Hydratationswärmeentwicklung in Kombination mit ausgeprägten Temperaturgradienten in starken Festigkeitsunterschieden über den Bauteilquerschnitt. Zusätzlich verstärken hohe Temperaturen das Kriechen, wodurch bei dessen Berechnung der Einfluss der Festigkeitsentwicklung dem des instationären Temperaturprofils zu überlagern ist. Als besonders geeignet für die entsprechend komplexe numerische Berechnung des zeitabhängigen Spannungs-Dehnungsverhaltens massiger Bauteile infolge abfließender Hydratationswärme haben sich Kriechmodelle in Abhängigkeit des Hydratationsgrads α anstelle des Belastungsalters t_0 erwiesen. Für deren Entwicklung ist die Untersuchung des Kriechens junger Betone unter verschiedenen Temperaturbedingungen unabdingbar, wobei aufgrund der begrenzten Dauer der Hydratationswärmeentwicklung die Betrachtung des Langzeitkriechens nicht notwendig ist.

Neben der Temperatur wird das Kriechverhalten von Beton zusätzlich von den hygrischen Umgebungsbedingungen beeinflusst. Da innerhalb des Zeitraums nach Lastaufbringung, in dem bei im jungen Alter belasteten Betonen hohe Kriechverformungen auftreten, Trocknungsprozesse von untergeordneter Bedeutung sind, beschränkte sich das durchgeführte Versuchsprogramm auf die Betrachtung versiegelt gelagerter Probekörper. In der Bemessung von Bauteilen unter den unterschiedlichsten Lagerungsbedingungen sind neben der zeitlichen Entwicklung der Kriechverformungen jedoch insbesondere die zu erwartenden Endverformungen von Bedeutung. Für die Erweiterung bestehender Bemessungsmodelle um das Grund- und Trocknungskriechen junger Betone sind daher in zukünftigen Forschungsarbeiten ergänzende Versuche an unversiegelt gelagerten Probekörpern notwendig.

Im Vergleich der vorliegenden Versuchsdaten mit dem der DIN 1045-1 zugrunde liegenden Kriechmodell wurde beispielsweise deutlich, dass in der Bemessung von Beton- und Stahlbetonbauteilen die Größe des Kriechens junger Betone stark unterschätzt wird. Weiterhin ist dessen zeitliche Entwicklung durch einen raschen Verformungsanstieg in den ersten Tagen der Belastung und eine anschließende deutliche Reduktion der Kriechgeschwindigkeit gekennzeichnet. Dieser Unterschied zum Verformungsverhalten von Beton mit höheren Belastungsaltern ist in der DIN 1045-1 bislang nicht berücksichtigt. Das durchgeführte Versuchsprogramm zum Grundkriechen bildet somit einen guten Ausgangspunkt für die Weiterentwicklung bestehender Bemessungsansätze. Eine erste optimierte Version des der DIN 1045-1 zugrunde liegenden Kriechmodells ist in der Vorversion des MODEL CODE 2010 aus dem Jahr 2012 veröffentlicht [Fib 65].

Die numerische Berechnung der Relaxation aus dem zur Beschreibung des Kriechens entwickelten Stoffgesetz ermöglicht eine gute Vorhersage des im Relaxationsversuch aufgezeichneten Spannungsverlaufs. Für die entsprechende Optimierung des Kriechmodells gaben die durchgeführten Versuche jedoch lediglich einem ersten Einblick in das Relaxationsverhalten unter Druckbeanspruchung. Trotz Versuchsdauern von mehreren Wochen ermöglichten sie insbesondere für höhere Belastungsalter keine gesicherte Abschätzung des weiteren zeitlichen Verlaufs und des Endwertes der Spannungsrelaxation. Das vorhergesagte Langzeitrelaxationsverhalten basiert daher teilweise auf Annahmen, die anhand von zukünftigen umfassenden Relaxationsversuchen mit verschiedenen Belastungsaltern und Belastungsdauern von mehreren Monaten bis Jahren überprüft werden sollten.

Literaturverzeichnis

[ACI 08] ACI 2092R-08: Guide for Modeling and Calculating Shrinkage and Creep in Hardened Concrete. American Concrete Institute, Report of Committee 209, 2008

[ACI 92] ACI 209R-92: Prediction of Creep, Shrinkage and Temperature Effects in Concrete Structures. American Concrete Institute, Report of Committee 209, reapproved 2008

[Ada 06] Adam, T.: Ein Modell zur Beschreibung der Hydratation von Beton in Abhängigkeit vom Feuchtegehalt. Dissertation, Technische Universität Darmstadt, Deutschland, 2006

[Ald 78] Alda, W.: Zum Schwingkriechen von Beton. Dissertation an der TU Braunschweig, Deutschland, 1978

[Ald 80] Alda, W.; Rostasy, F. S.: Zum Kriechen von Beton unter veränderlicher einaxialer Druckbeanspruchung, Teil 2. In: Betonwerk und Fertigteiltechnik, Heft 7, 1980, S. 436-441

[AlM 05] Al-Manaseer, A.; Lam, J.-P.: Statistical Evaluation of Shrinkage and Creep Models. In: ACI Materials Journal, May/June 2005, pp. 170-176

[Alt 01] Altoubat, S. A.; Lange, D. A.: Tensile Basic Creep: Measurements and Behavior at Early Age. In: ACI Materials Journal, September/October 2001, pp. 386-393

[Aut 98] Autoshrink '98. Proceedings of the International Workshop on Autogenous Shrinkage of Concrete. Tazawa, E. (Ed.), Japan Concrete Institute, Hiroshima, Japan, 1998

[Bas 79] Bastgen, K. J.: Zum Spannungs-Dehnungs-Zeit-Verhalten von Beton - Relaxation, Kriechen und deren Wechselwirkung. Dissertation an der Rheinisch-westfälischen Technischen Hochschule Aachen, Deutschland, 1979

[Baz 72] Bazant, Z. P.: Prediction of Concrete Creep Effects Using Age-Adjusted Effective Modulus Method. In: ACI Journal, April, 1972, pp. 212-217

[Baz 82] Bazant, Z. P.: Mathematical Models for Creep and Shrinkage of Concrete. In: Creep and Shrinkage in Concrete Structures. Bazant, Z. P., Wittmann, F. H. (eds), John Wiley & Sons, 1982, pp. 163-256

[Baz 82a] Bazant, Z. P.; Chern, J.-C.: Comment on the Use of Ross' Hyperbola and Recent Comparisons of various practical Creep Prediction Models. In: Cement and Concrete Research, Vol. 12, 1982, pp. 527-532

[Baz 85] Bazant, Z. P.; Chern, J.-C.: Triple Power Law for Concrete Creep. In: Journal of Engineering Mechanics, Vol. 111, No. 1, January 1985, pp. 63-83

[Baz 85a] Bazant, Z. P.; Chern, J.-C.: Log Double Power Law for Concrete Creep. In: ACI Journal, No. 5, September/October 1985, 665-675

[Baz 89] Bazant, Z. P.; Prasannan, S.: Solidification Theory for Concrete Creep. Part I, Formulation. In: Journal of Engineering Mechanics, Vol. 115, No. 8, August 1989, pp. 1691-1703

[Baz 89a] Bazant, Z. P.; Prasannan, S.: Solidification Theory for Concrete Creep. Part II, Verification and Application. In: Journal of Engineering Mechanics, Vol. 115, No. 8, August 1989, pp. 1704-1725

[Baz 89b] Bazant, Z.P. (ed.): Mathematical Modeling of Creep and Shrinkage of Concrete. John Wiley and Sons, 1989

[Baz 95] Bazant, Z. P.; Baweja, S.: Creep and Shrinkage Prediction Model for Analysis and Design of Concrete Structures - Model B3. In: Materials and Structures, 28, 1995, pp. 357-365

[Baz 96] Bazant, Z. P.; Baweja, S.: Short Form of Creep and Shrinkage Prediction Model B3 for Structures of Medium Sensitivity. In: Materials and Structures, 29, 1996, pp. 587-593

[Baz 07] Bazant, Z. P.; Li, G.-H.: Unbiased Statistical Comparison of Creep and Shrinkage Prediction Models. Structural Engineering Report No. 07-12/A210u, Northwestern University Evanston, USA, 2007

[Bet 10] Betonkalender 2010, Teil 1. Bergmeister, K.; Fingerloos, F.; Wörner, J.-D. (Hrsg.), Ernst & Sohn, 2010

[Bis 95] Bissonnette, B.; Pigeon, M.: Tensile Creep at Early Ages of Ordinary, Silica Fume and Fiber Reinforced Concretes. In: Cement and Concrete Research, Vol. 25, No. 5, 1995, pp. 1075-1085

[Bol 76] Boltzmann, L.: Zur Theorie der elastischen Nachwirkungen. In: Annalen der Physik und Chemie, Ergänzungsband 7, 1876

[Bre 01] van Breugel, K.; Lokhorst, S. J.: The Role of Microstructural Development on Creep and Relaxation of Hardening Concrete. In: Proceedings of the International RILEM Conference "Early Age Cracking in Cementitious Systems, EAC'01". Kovler, K., Bentur, A. (Eds), Haifa, Israel, 2001, pp. 3-10

[Bud 89] Budelmann, H.: Verhalten von Beton bei mäßig erhöhten Betriebstemperaturen. Deutscher Ausschuss für Stahlbeton, Heft 404, 1989

[CEB 142] Comité Euro-International du Béton (CEB): CEB Design Manual on Structural Effects of Time-Dependent Behaviour of Concrete. CEB Bulletin d'Information, No. 142/142 Bis, Lausanne, Schweiz, 1984

[CEB 199] Comité Euro-International du Béton (CEB): Evaluation of the Time-Dependent Behavior of Concrete. CEB Bulletin d'Information, No. 199, Lausanne, Schweiz, 1990

[CEB 213] Comité Euro-International du Béton (CEB): CEB-FIP Model Code 1990. CEB Bulletin d'Information, No. 213/214, Lausanne, Schweiz, 1993

[Chi 05] Chiorino, M. A.: A Rational Approach to the Analysis of Structural Effects due to Creep. In: Shrinkage and Creep of Concrete, American Concrete Institute, ACI-SP 227, pp. 107-141

[DAf 525] Deutscher Ausschuss für Stahlbeton. Erläuterungen zu DIN 1045-1. Heft 525, 2. Auflage 2010

[DBV 06] Deutscher Beton- und Bautechnikverein, DBV: Merkblatt Rissbildung, Begrenzung der Rissbildung im Stahlbeton- und Spannbetonbau, Fassung Januar 2006.

[DeS 97] De Schutter, G.; Taerwe, L.: Towards a more Fundamental Non-linear Basic Creep Model for Early Age Concrete. In: Magazine of Concrete Research, 49, No. 180, September, 1997, pp. 195-200

[Dil 95] Dilger, W. H.; Wang, C.: Shrinkage and Creep of High-Performance Concrete (HPC) - A Critical Review. In: Proceedings of the Adam Neville Symposium on Concrete Technology, Las Vegas, USA, 1995, pp. 361-379

[Dil 96] Dilger, W. H.; Niitani, K.; Wang, C.: Experimental Study on Shrinkage and Creep of High-Performance Concrete. In: Proceedings of the 4th International Symposium on Utilization of High-Strength/High-Performance Concrete, Paris, France, 1996, pp. 311-319

[Dil 97] Dilger, W. H.; Niitani, K.; Wang, C.: A Creep and Shrinkage Prediction Model for High-Performance Concrete. In: Proceedings of the International Conference on Engineering Materials, Ottawa, Canada, 1997

[Dis 37] Dischinger, F.: Untersuchungen über die Knicksicherheit, die elastische Verformung und das Kriechen des Betons bei Bogenbrücken. In: Der Bauingenieur, Heft 33/34, August 1937, S. 487-520

[Dis 39] Dischinger, F.: Elastische und plastische Verformungen der Eisenbetontragwerke und insbesondere der Bogenbrücken. In: Der Bauingenieur, Heft 5/6, Februar 1939, S. 53-63

[Emb 89] Emborg, M.: Thermal Stresses in Concrete Structures at Early Ages. Dissertation at Lulea University of Technology, Sweden, 1989

[Fau 03] Faust, T.: Leichtbeton im Konstruktiven Ingenieurbau. Ernst & Sohn, 2003

[Fib 42] Fédération Internationale du Béton (fib): Constitutive Modelling of High-Strength / High Performance Concrete (HSC/HPC). Fib Bulletin 42. Lausanne, Schweiz, 2007

[Fib 55] Model Code 2010, First complete draft, Vol 1+2. Fib Bulletins 55+56. Lausanne, Schweiz, 2010

[Fib 65] Model Code 2010, Final draft, Vol 1+2. Fib Bulletins 65+66. Lausanne, Schweiz, 2012

[Flü 67] Flügge, W.: Viscoelasticity. Blaisdell Publishing Company, 1967

[Fre 77] Freiesleben Hansen, P.; Pedersen, E. J.: Maleinstrument til kontrol af betons haerdning. In: Nordisk Betong, Vol. 1, 1977, pp. 21-25

[Gar 01] Gardner, N. J.; Lockman, M. J.: Design Provisions for Drying Shrinkage and Creep of Normal-Strength Concrete. In: ACI Materials Journal, March/April 2001, pp. 159-167

[Gar 01a] Gardner, N. J.; Lockman, M. J.: Compliance, Relaxation and Creep Recovery of Normal Strength Concrete. In: Proceedings of the 2nd International Conference on Engineering Materials, California, USA, 2001, pp. 111-122

[Gar 04] Gardner, N. J.; Tsuruta, H.: Is Superposition of Creep Strains Valid for Concretes Subjected to Drying Creep? In: ACI Materials Journal, September/October 2004, pp. 409-415

[Gar 04a] Gardner, N. J.: Comparison of Prediction Provisions for Drying Shrinkage and Creep of Normal Strength Concretes. In: Canadian Journal of Civil Engineering, Vol. 31, No. 5, Sept./Oct., pp. 767-775

[Gru 90] Grube, H.: Ursachen des Schwindens von Beton und Auswirkungen auf Betonbauteile. Habilitationsschrift an der Technischen Hochschule Darmstadt, Deutschland, 1990

[Grü 01] Grübl, P.; Weigler, H.; Karl, S.: Beton. Arten, Herstellung und Eigenschaften, Ernst & Sohn, 2001

[Gut 99] Gutsch, A.-W.: Stoffeigenschaften jungen Betons, Versuche und Modelle. Deutscher Ausschuss für Stahlbeton, Heft 495, 1999

[Hag 02] Hagihara, S.; Masuda, Y.; Nakamura, S.: Creep Behaviour of High Strength Concrete in Early Age. In: Proceedings of the 6th International Symposium on Utilization of High Strength/High Performance Concrete, Vol. 2. König, G., Dehn, F., Faust, T. (Eds), Leipzig, Deutschland, June 2002, pp. 991-1003

[Han 53] Hanson, J. A.: A 10-Year Study of Creep Properties of Concrete. Concrete Laboratory Report No. SP-38. United States Department of the Interior Bureau of Reclamation, 1953

[Hau 04] Hauck, H. G.: Fließmittel der neuen Generation für die Transportbetonindustrie. In: Beton, Heft 3, 2004, S. 128-131

[Hed 00] Hedlund, H.: Hardening Concrete. Measurements and Evaluation of Non-Elastic Deformation and Associated Restraint Stresses. Dissertation at Lulea University of Technology, Sweden, 2000

[Hil 83] Hilsdorf, H. K.; Müller, H. S.: A Discussion on the Note "Comments on the Use of Ross' Hyperbola and recent Comparisons of various practical Creep Prediction Models" by Z. P. Bazant and J. C. Chern. In: Cement and Concrete Research, Vol. 13, 1983, pp. 441-443

[Hil 87] Hilsdorf, H. K.; Müller, H. S.: Stoffgesetze für das Kriechen und Schwinden von Dischinger bis heute. In: Spannweite der Gedanken. Zur 100. Wiederkehr des Geburtstages von Franz Dischinger. M. Specht (Hrsg.), Springer Verlag, 1987

[Hof 74] Hoffmann, K.: Grundlagen der Dehnungsmessstreifen-Technik. H. VD 72001: Die Anwendung der Wheatstoneschen Brückenschaltung. Firmendruckschrift der Hottinger Baldwin Messtechnik GmbH, Darmstadt, 1974

[Hof 87] Hoffmann, K.: Eine Einführung in die Technik des Messens mit Dehnungsmessstreifen. Herausgeber: Hottinger Baldwin Messtechnik GmbH, Darmstadt, 1987

[Ill 65] Illston, J. M.: The Components of Strain in Concrete under Sustained Compressive Stress. Magazine of Concrete Research, Vol. 17, No. 50, March 1965

[Iri 00] Iriya, K.; Hasegawa, K.; Umehara, H.: Effective Elastic Modulus for Thermal Stress Analysis considering Early Age Creep Behavior. In: Proceedings of the International Workshop on Control of Cracking in Early Age Concrete. Mihashi, H., Wittmann, F. H. (eds), Sendai, Japan, August 2000, pp. 245-254

[Kra 99] Kranz, S.: Lokale Schwind- und Temperaturgradienten in bewehrten, oberflächennahen Zonen von Betonstrukturen. Dissertation, Universität Karlsruhe, Deutschland, 1999

[Kra 04] Krauß, M.: Probabilistischer Nachweis der Wirksamkeit von Maßnahmen gegen frühe Trennrisse in massigen Bauteilen. Dissertation, TU Braunschweig, Deutschland, 2004

[Kvi 10] Kvitsel, V.: Zur Vorhersage des Schwindens und Kriechens von normal- und hochfestem Konstruktionsleichtbeton mit Blähtongesteinskörnung. Dissertation, Karlsruher Institut für Technologie, Deutschland, 2010

[Lar 03] Larson, M.; Jonasson, J.-E.: Linear Logarithmic Model for Concrete Creep. Part I. Formulation and Evaluation. In: Journal of Advanced Concrete Technology, Vol. 1, No. 2, July 2003, pp. 172-187

[Lar 03a] Larson, M.; Jonasson, J.-E.: Linear Logarithmic Model for Concrete Creep. Part II. Prediction Formulas for Description of Creep Behaviour. In: Journal of Advanced Concrete Technology, Vol. 1, No. 2, July 2003, pp. 188-200

[LeR 96] Le Roy, R.; de Larrard, F.; Pons, G.: The AFREM Code Type Model for Creep and Shrinkage of High-Performance Concrete. In: Proceedings of the 4th International Symposium on Utilization of High-Strength/High-Performance Concrete. Paris, France, 1996, pp. 387-396

[LeR 96a] Le Roy, R.: Déformations instantanées et différées des bétons à hautes performances. Série ouvrages d'art - OA22. Laboratoire Central des Ponts et Chaussées. France, Septembre 1996

[Loc 72] Lockett, F. J.: Nonlinear Viscoelastic Solids. Academic Press, London, New York, 1972

[Loh 07] Lohmeyer, G.; Ebeling, K.: Weiße Wannen einfach und sicher. Konstruktion und Ausführung wasserundurchlässiger Bauwerke aus Beton. 8. überarbeitete Auflage, 2007

[Lok 98] Lokhorst, S. J.: Deformational Behaviour of Concrete Influenced by Hydration Related Changes of the Microstructure. Delft University of Technology, The Netherlands, 1998

[McH 43] McHenry, D.: A New Aspect of Creep in Concrete and its Application to Design. In: Proceedings ASTM, Vol. 43, 1943 (zitiert aus [Mül 86])

[Mey 97] Meyberg, K.; Vachenauer, P.: Höhere Mathematik 2. 2. Auflage, 1997

[Min 81] Mindess, S.; Young, J. G.: Concrete. Prentice Hall Inc, New Jersey, USA, 1981

[Mül 82] Hüller, H. S.; Hilsdorf, H. K.: Comparison of Prediction Methods for Creep Coefficients of Structural Concrete with Experimental Data. In: Fundamental Research on Creep and Shrinkage of Concrete, F. H. Wittmann (ed.), 1982, S. 269-278

[Mül 86] Müller, H. S.: Zur Vorhersage des Kriechens von Konstruktionsbeton. Dissertation, Universität Karlsruhe, Deutschland, 1986

[Mül 94] Müller, H. S.; Rubner, K.: High-Strength Concrete - Microstructural Characteristics and Related Durability Aspects. In: Proceedings of the International RILEM Workshop on Durability of High Performance Concrete, H. Sommer (ed.), 1994, pp. 23-37

[Mül 02] Müller, H. S.; Kvitsel, V.: Kriechen und Schwinden von Beton. Grundlagen der neuen DIN 1045 und Ansätze für die Praxis. In: Beton- und Stahlbetonbau, 97, Heft 1, 2002, S. 8-19

[Mül 09] Müller, H. S.; Burkart, I.: Materialgesetze für das Spannungs-Dehnungs-Zeitverhalten von ultra-hochfestem Beton. Arbeitsbericht zum entsprechenden Forschungsvorhaben im Rahmen der 2. Förderperiode des DFG SPP 1182 "Nachhaltiges Bauen mit ultra-hochfestem Beton", Karlsruher Institut für Technologie, 2009

[Nec 94] Nechvatal, D.; Stöckl, S.; Kupfer, H.: Kriechen, Rückkriechen und Dauerstandfestigkeit von Beton bei unterschiedlichem Feuchtegehalt und Verwendung von Portlandzement bzw. Portlandkalksteinzement. Deutscher Ausschuss für Stahlbeton, Heft 442, 1994

[Neu 05] Neumann, A.; Herold, G.; Müller, H. S.: Investigations on Creeping Mechanisms of Hardened Cement Paste by Means of Small Angle X-ray Scattering (SAXS). In: Proceedings of the International Conference on Creep, Shrinkage and Durability of Concrete and Concrete Structures (CONCREEP 7), Sept. 2005, Nantes, France, pp. 39-44

[Nev 83] Neville, A. M.; Dilger, W. H.; Brooks, J. J.: Creep of plain and structural concrete. Construction Press, London, Great Britain, 1983

[Nev 00] The Adam Neville Symposium: Creep and Shrinkage - Structural Design Effects. Al-Manaseer, E. (ed.), ACI SP-194, 2000

[Nie 70] Nielsen, L. F.: Kriechen und Relaxation des Betons. In: Beton- und Stahlbetonbau, Heft 11, 1970, S. 272-275

[Nie 10] Nietner, L.: Thermisch bedingte Risse. In: Tagungsband zum 7. Symposium Baustoffe und Bauwerkserhaltung „Beherrschung von Rissen in Beton". Karlsruher Institut für Technologie, März 2010, S. 23-32

[Oh 00] Oh, B. H.; Cha, S. W.: Realistic Analysis of Thermal and Shrinkage Stresses in Concrete Structures at Early Ages. In: Proceedings of the International Workshop on Control of Cracking in Early Age Concrete. Mihashi, H., Wittmann, F. H. (eds), Sendai, Japan, August 2000, pp. 131-138

[Ost 01] Ostergaard, L.; Lange, D. A.; Altoubat, S. A.; Stang, H.: Tensile Basic Creep of Early-Age Concrete under Constant Load. In: Cement and Concrete Research, 31, 2001, pp. 1895-1899

[Oza 00] Ozawa, M.; Morimoto, H.: Evaluation of creep of high-strength concrete at early ages. In: Proceedings of the International Workshop on Control of Cracking in Early Age Concrete. Mihashi, H., Wittmann, F. H. (eds), Sendai, Japan, August 2000, pp. 255-264

[Pap 01] Papula, L.: Mathematische Formelsammlung für Ingenieure und Naturwissenschaftler. 7. Auflage, Vieweg+Teubner, 2001

[Per 98] Persson, B.: Quasi-instantaneous and Long-term Deformations of High-Performance Concrete with Some Related Properties. Report TVBM-1016, Lund University, Sweden, 1998

[RIL 98] RILEM TC 107 Subcommittee 5: Data Base on Creep and Shrinkage. RILEM Draft Report. Principal authors: Müller, H. S., Bazant, Z. P. und Küttner, C. H., nicht veröffentlichter Arbeitsbericht

[Ros 58] Ross, A. D.: Creep of Concrete under Variable Stress. In: ACI Journal, Proceedings Vol. 54, 1958, S. 739-758

[Ros 72] Rostasy, F. S.; Teichen, K.-T.; Engelke, H.: Beitrag zur Klärung des Zusammenhangs von Kriechen und Relaxation bei Normalbeton. In: Straßenbau und Straßenverkehrstechnik, Heft 139, 1972

[Ros 01] Rostasy, F. S.; Krauß, M.: Frühe Risse in massigen Betonbauteilen - Ingenieurmodelle für die Planung von Gegenmaßnahmen. Deutscher Ausschuss für Stahlbeton, Heft 520, 1. Auflage, 2001

[Rot 98] Rottler, S.: Kriechen von Beton unter veränderlicher Spannung. Dissertation, Universität Karlsruhe, Deutschland, 1998

[Rüs 62] Rüsch, H.; Kordina, K.; Hilsdorf, H.: Versuche über das Kriechen unbewehrten Betons. Der Einfluss des mineralogischen Charakters der Zuschläge auf das Kriechen von Beton. Deutscher Ausschuss für Stahlbeton, Heft 146, 1962

[Sak 04] Sakata, K.; Shimomura, T.: Recent Progress in Research on and Code Evaluation of Concrete Creep and Shrinkage in Japan. In: Journal of Advanced Concrete Technology, Vol. 2, No. 2, June 2004, pp. 133-140

[Sas 05] Sassone, M.; Chiorino, M. A.: Design Aids for the Evaluation of Creep Induced Structural Effects. In: American Concrete Institute, ACI SP-227, pp. 239-259

[Sch 72] Schade, D.: Einige eindimensionale Ansätze zur Berechnung des Kriechens und der Relaxation von Betontragwerken. In: Beton- und Stahlbetonbau, Heft 3, 1972, S. 63-67

[Sch 04] Schindler, A. K.: Effect of Temperature on Hydration of Cementitious Materials. In: ACI Materials Journal, January/February 2004, pp. 72-81

[Sch 96] Schrage, I.; Springenschmidt, R.: Versuche über das Kriechen und Schwinden hochfesten Betons. In: Beton- und Stahlbetonbau, 91, Heft 2+3, 1996, S. 30-36 und 68-71

[She 92] Shen, J.-H.: Lineare und nichtlineare Theorie des Kriechens und der Relaxation von Beton unter Druckbeanspruchung. Deutscher Ausschuss für Stahlbeton, Heft 432, 1992

[Spr 98] Springenschmid, R. (Hrsg.): Prevention of Thermal Cracking in Concrete at Early Ages. Rilem Report No. 15, 1998

[Stö 67] Stöckl, S.: Tastversuche über den Einfluss von vorangegangenen Dauerlasten auf die Kurzzeitfestigkeit des Betons. Deutscher Ausschuss für Stahlbeton, Heft 196, 1967

[Tro 66] Trost, H.: Spannungs-Dehnungs-Gesetz eines viskoelastischen Festkörpers wie Beton und Folgerungen für Stabtragwerke aus Stahlbeton und Spannbeton. In: Beton, Heft 6, 1966, S. 233-248

[Tro 67] Trost, H.: Auswirkungen des Superpositionsprinzips auf Kriech- und Relaxationsprobleme bei Beton und Spannbeton. In: Beton- und Stahlbetonbau, Heft 10, 1967, S. 230-238 sowie Heft 11, S. 261-269

[Tro 78] Trost, H.; Cordes, H.; Abele, G.: Kriech- und Relaxationsversuche an sehr altem Beton. In: Deutscher Ausschuss für Stahlbeton, Heft 295, 1978

[Ume 94] Umehara, H.; Uehara, T.; Iisaka, T.; Sugiyama, A.: Effect of Creep in Concrete at Early Ages on Thermal Stress. In: Proceedings of the International RILEM Symposium "Thermal Cracking in Concrete at Early Ages. Springenschmid, R. (ed.), Munich, Germany, 1994, pp. 79-86

[Wag 58] Wagner, O.: Das Kriechen unbewehrten Betons. Deutscher Ausschuss für Stahlbeton, Heft 131, 1958

[Wes 99] Westman, G.: Concrete Creep and Thermal Stresses. New Creep Models and their Effects on Stress Development. Dissertation at Lulea University of Technology, Sweden, 1999

[Whi 32] Whitney, C. S.: Plain and Reinforced Concrete Arches. Progress Report on the Limitations of the Theory of Elasticity and the Effect of Plastic Flow, Shrinkage, Temperature Variations and the Freyssinet Method of Adjustment. In: Journal of the American Concrete Institute, Vol. 3, No. 7, March 1932, pp. 479-519

[Wih 03] Wihler, H.-D.: Der Einfluss der Temperatur auf die Festigkeitsentwicklung bei Mörteln und Betonen. In: Beton, Heft 5, 2003, S. 240-242

[Wit 71] Wittmann, F.: Über den Zusammenhang von Kriechverformung und Spannungsrelaxation des Betons. In: Beton- und Stahlbetonbau, Heft 3, 1971, S. 63-65

[Yue 93] Yue, L. L.; Taerwe, L.: Two-function Method for the Prediction of Concrete Creep under Decreasing Stress. In: Materials and Structures, 26, 1993, pp. 268-273

Normen

DIN 1045-1	Tragwerke aus Beton, Stahlbeton und Spannbeton. Teil 1, Bemessung und Konstruktion, Ausgabe August 2008
DIN 1048-5	Prüfverfahren für Beton. Teil 5, Festbeton, gesondert hergestellte Probekörper, Ausgabe Juni 1991
DIN 4227-1	Spannbeton. Teil 1, Ausgabe Juli 1988
DIN EN 12390-2	Prüfung von Festbeton. Teil 2, Herstellung und Lagerung von Probekörpern für Festigkeitsprüfungen, Ausgabe Juni 2001
DIN EN 12390-3	Prüfung von Festbeton. Teil 3, Druckfestigkeit von Probekörpern, Ausgabe April 2002 bzw. Juli 2009

Anhang A
Eigenschaften der Betonausgangsstoffe

A.1 Zement

Tab. A-1 Chemische Analyse des CEM I 42,5 R-LA (Mittelwerte)

Bestandteile /Klinkerphasen	glühverlusthaltig in %	glühverlustfrei in %
Glühverlust	1,63	
Unlösliche	0,65	
SiO_2	22,31	22,68
Al_2O_3	3,51	3,57
Fe_2O_3	1,31	1,33
CaO	65,33	66,41
MgO	1,01	1,02
Mn_2O_3	0,05	0,05
TiO_2	0,21	0,21
P_2O_5	0,14	0,14
K_2O	0,48	0,49
Na_2O	0,24	0,24
Na_2O-Äquivalent	0,55	0,56
SO_3	3,17	3,22
Cl	0,03	0,03
C_3S	61,82	
C_2S	17,36	
C_3A	7,11	
$C_2(A,F)$	3,98	

Der Blaine-Wert des Zements liegt zwischen 3200 und 3400 cm^2/g.

Zusätzlich zu den Klinkerphasen sind ca. 3 % Kalkstein sowie ca. 6 % Gips und Anhydrit enthalten.

A.2 Sieblinie der Gesteinskörnungen

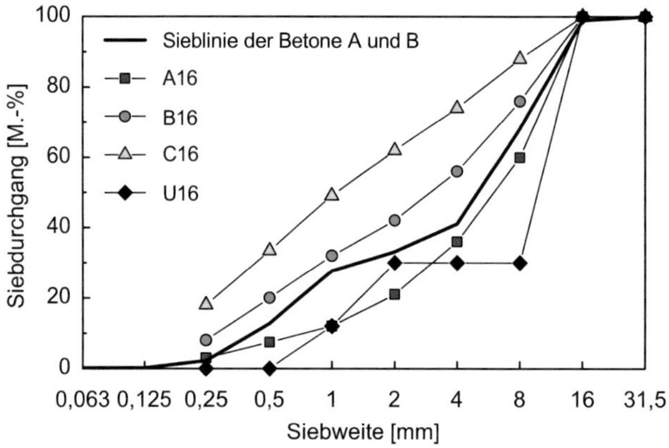

Abb. A-1 Sieblinie der zur Herstellung der Betone A und B verwendeten Gesteinskörnung

Tab. A-2 Quantitative Angaben zur Sieblinie der zur Herstellung der Betone A und B verwendeten Gesteinskörnung

Siebweite [mm]	0,25	0,5	1	2	4	8	16	31,5
Siebdurchgang [M.-%]	2,2	12,8	27,7	33,2	41,1	68,2	98,9	100

A.3 Zusatzstoffe und Zusatzmittel

Tab. A-3 Technische Daten der verwendeten Silikasuspension und des Fließmittels

Technische Daten	Silikasuspension	Fließmittel
Rohstoffbasis	amorphes Siliciumdioxid suspendiert in Wasser	Polycarboxylatether
Dichte bei 20 °C	1,39 ± 0,02 kg/dm³	1,06 ± 0,02 kg/dm³
Feststoffgehalt	50,7 ± 1,5 M.-%	30,6 %

Anhang B
Zusammenfassung des rheologischen Modells

Das in der vorliegenden Arbeit entwickelte Modell zur Beschreibung der zeit- und lastabhängigen Verformungen ε_c setzt sich aus der sofortigen Dehnung ε, der reversiblen verzögert elastischen Verformung ε_v und der irreversiblen Fließverformung ε_f zusammen.

$$\varepsilon_c(t) = \varepsilon(t_0,\bar{\sigma}) + \varepsilon_v(t,t_0) + \varepsilon_f(t,t_0,\sigma) \qquad \textbf{(B-1)}$$

Die Formeln dieser drei Modellteile, deren Parameter durch Regression an das Verformungsverhalten der untersuchten Betone A und B angepasst sind, sind im Folgenden zusammengestellt.

Sofortige Dehnung

$$\varepsilon(t_0,\bar{\sigma}) = \begin{cases} \dfrac{\sigma}{E_c(t_0)} & \text{für } 0 \le \bar{\sigma} \le 0{,}2 \\[2ex] \dfrac{\sigma}{E_s(\bar{\sigma},t_0)} & \text{für } 0{,}2 < \bar{\sigma} \le 0{,}8 \end{cases} \qquad \text{in [m/m]} \qquad \textbf{(B-2)}$$

darin beschreibt, jeweils in [N/mm^2],

$$E_c(t_0) = E_{c28} \cdot \exp\left(\frac{s_1}{2}\left[1 - \sqrt{\frac{28}{t_0}}\right]\right) \qquad \textbf{(B-3)}$$

den Tangentenmodul und

$$E_s(\bar{\sigma},t_0) = E_c(t_0) \cdot \left[1 - s_2\left(\frac{\bar{\sigma} - 0{,}2}{s_3}\right)^{s_4} - s_5(\bar{\sigma} - 0{,}2) \cdot \exp(-s_6 \cdot t_0)\right] \qquad \textbf{(B-4)}$$

den Sekantenmodul, siehe das Modell der Spannungs-Dehnungslinie in Kapitel 5.3.

Des Weiteren bedeuten:

t_0	Belastungsalter [d] (Zeit nach Wasserzugabe bei der Betonherstellung)
t	betrachtetes Betonalter [d]

σ im Belastungsalter t_0 aufgebrachte Spannung [N/mm²]

$\bar{\sigma}$ im Belastungsalter t_0 aufgebrachter Belastungsgrad $\bar{\sigma} = \sigma / f_{cm}(t_0)$ [-]

$f_{cm}(t_0)$ mittlere Zylinderdruckfestigkeit des Betons (d/h = 150/300 mm) im Belastungsalter t_0 [N/mm²]

E_{c28} Tangentenmodul im Alter von 28 d [N/mm²], siehe Tab. B-1

s_i Parameter $s_1 \ldots s_6$ [-], siehe Tab. B-1

Tab. B-1 Parameter zur Berechnung der Spannungs-Dehnungsbeziehung im Kurzzeitdruckversuch

Parameter	E_{c28}	s_1	s_2	s_3	s_4	s_5	s_6
	[N/mm²]	[-]					
Beton A	33.600	0,20	2,51	2,9	1,7	0,35	0,28
Beton B	38.000	0,16	0,56	2,7	1,3	0,61	0,88

Die getrennte Betrachtung des reversiblen elastischen Anteils ε_{ci} bzw. des irreversiblen plastischen Anteils ε_{pl} ist anhand der folgenden Gleichungen möglich:

$$\varepsilon_{ci}(t_0) = \frac{\sigma}{E_c(t_0)} \quad \text{in [m/m]} \qquad \textbf{(B-5)}$$

$$\varepsilon_{pl}(t_0) = \frac{k \cdot \sigma}{E_c(t_0) \cdot (1-k)} \quad \text{in [m/m]} \qquad \textbf{(B-6)}$$

Hierin beschreiben:

σ die im Belastungsalter t_0 aufgebrachte Spannung [N/mm²]

E_c den Tangentenmodul gemäß Gl. B-3 [N/mm²]

sowie aus Gl. B-4

$$k = s_2\left(\frac{\bar{\sigma} - 0{,}2}{s_3}\right)^{s_4} - s_5(\bar{\sigma} - 0{,}2) \cdot \exp(-s_6 \cdot t_0)$$

Das Modell der sofortigen Dehnung wurde anhand von im Kurzzeitdruckversuch aufgezeichneten Spannungs-Dehnungslinien mit Belastungsaltern $t_0 \geq 16$ h für Beton A und $t_0 \geq 12$ h für Beton B entwickelt. Bei Anwendung des Modells für jüngere Belastungsalter ist die Genauigkeit der Vorhersage durch geeignete Versuche zu überprüfen.

Die Berechnung dieser Verformungskomponente unter veränderlichen Spannungen erfolgt unter Verwendung der in Kapitel 2.2.3.3 erläuterten impulsförmigen Superposition. Bei abfallenden Spannungen wird anstelle des Sekantenmoduls der Tangentenmodul für das entsprechende Betonalter eingesetzt, siehe Kapitel 6.2.

Verzögert elastische Verformung

$$\varepsilon_v(t,t_0) = \sigma \cdot h_1 \cdot g_1(t_0) \cdot f_1(t,t_0) \qquad \text{in [m/m]} \qquad \textbf{(B-7)}$$

mit

$$h_1 = 1{,}50 \cdot 10^{-5} \text{ für Beton A [-]}$$

$$h_1 = 0{,}79 \cdot 10^{-5} \text{ für Beton B [-]}$$

Die Alterungsfunktion

$$g_1(t_0) = g_o(t_0) + g_z(t_0) \qquad \textbf{(B-8)}$$

setzt sich aus der Funktion

$$g_o(t_0) = 0{,}25 + \frac{45{,}75}{60 + t_0^{0{,}68}} \qquad \textbf{(B-9)}$$

sowie einer additiven Funktion

$$g_z(t_0) = -0{,}05 + \frac{0{,}1}{1 + t_0^{0{,}04}} \qquad \textbf{(B-10)}$$

zusammen.

Die zeitliche Entwicklung der verzögert elastischen Verformung wird über die Zeitfunktion

$$f_1(t,t_0) = \sum_{i=1}^{5} n_i \cdot \left[1 - e^{-a_i(t^b - t_0^b)}\right] \qquad \textbf{(B-11)}$$

beschrieben.

Des Weiteren sind:

t_0 Belastungsalter [d] (Zeit nach Wasserzugabe bei der Betonherstellung)

t betrachtetes Betonalter [d]

σ im Belastungsalter t_0 aufgebrachte Spannung [N/mm^2]

Die Parameter $n_1 \ldots n_5$ und $a_1 \ldots a_5$ sowie die Höhe des Exponenten b sind in der nachfolgenden Tabelle angegeben.

Tab. B-2 Parameter zur Vorhersage der verzögert elastischen Verformung

Parameter	Wert [-]	Parameter	Wert [-]
b	0,35		
a_1	1,0	n_1	0,19
a_2	1,2	n_2	0,22
a_3	7,0	n_3	0,26
a_4	35,2	n_4	0,19
a_5	200	n_5	0,14

Die Entwicklung des Modells der verzögert elastischen Verformung basiert auf einem umfassenden Versuchsprogramm mit Belastungsaltern $t_0 \geq 16\,\text{h}$ für Beton A sowie $t_0 \geq 12\,\text{h}$ für Beton B und Belastungsgraden $\bar{\sigma}_0 \leq 0{,}61$, siehe Tabellen C-1 und C-2 in Anhang C. Bei Anwendung des Modells für jüngere Belastungsalter sowie höhere Belastungsgrade ist die Genauigkeit der Vorhersage durch geeignete Versuche zu überprüfen.

Infolge der Linearität dieser Verformungskomponente ist die Berechnung der verzögert elastischen Verformungen unter einer veränderlichen Spannungsgeschichte sowohl anhand des Superpositionsprinzips von BOLTZMANN als auch anhand der impulsförmigen Superposition möglich, siehe Kapitel 2.2.3.3.

Fließverformung

$$\varepsilon_f(t,t_0,\sigma) = \sigma \cdot n(t,t_0,\bar{\sigma}) \cdot g_2(t_0) \cdot f_2(t,t_0) \cdot 10^{-6} \qquad \text{in [m/m]} \tag{B-12}$$

Der Nichtlinearitätsindex

$$n(t,t_0,\bar{\sigma}) = d(\bar{\sigma}) + \frac{\bar{\sigma}^{2,3}}{(t-t_0)+0{,}28} \tag{B-13}$$

mit

$$d(\bar{\sigma}) = \begin{cases} \bar{\sigma}+0{,}6 & \text{für } \bar{\sigma} \geq 0{,}4 \\ 1{,}0 & \text{für } 0 < \bar{\sigma} \leq 0{,}4 \end{cases}$$

beschreibt die Überproportionalität des Fließens und die Alterungsfunktion

$$g_2(t_0) = g_{2b}(t_0) + g_{2z}(t_0) = \frac{c_1}{0{,}1 + t_0^{c_2}} + \frac{c_3}{0{,}07 + t_0^{0{,}6}} \tag{B-14}$$

dessen Abhängigkeit vom Belastungsalter t_0.

Die hyperbolische Zeitfunktion

$$f_2(t,t_0) = \frac{(t-t_0)^{0,5}}{h(t_0)+(t-t_0)^{0,5}} \quad \textbf{(B-15)}$$

ist mit

$$h(t_0) = 46,4 \cdot \left(\frac{t_0}{t_0+48,6}\right)^{0,85} \quad \text{für Beton A}$$

$$h(t_0) = 31 \cdot \left(\frac{t_0}{t_0+36,6}\right)^{0,85} \quad \text{für Beton B}$$

ebenfalls vom Belastungsalter abhängig.

Des Weiteren bedeuten:

t_0	Belastungsalter [d]
t	betrachtetes Betonalter [d]
σ	im Belastungsalter t_0 aufgebrachte Spannung [N/mm²]
$\bar{\sigma}$	im Belastungsalter t_0 aufgebrachter Belastungsgrad $\bar{\sigma} = \sigma/f_{cm}(t_0)$ [-]
$f_{cm}(t_0)$	mittlere Zylinderdruckfestigkeit des Betons (d/h = 150/300 mm) im Belastungsalter t_0 [N/mm²]

Die für die beiden Betone A und B unterschiedlich gewählten Parameter $c_1 \ldots c_3$ sind in der nachfolgenden Tabelle angegeben.

Tab. B-3 Parameter der Alterungsfunktion des Fließens

	Beton	
Parameter [-]	A	B
c_1	26	16
c_2	0,06	0,1
c_3	20	13

Das zugrunde liegende rheologische Dämpferelement ist für Belastungsalter $t_0 \geq 8$ h und Belastungsgrade $\bar{\sigma} \leq 0,7$ thermodynamisch korrekt definiert. Optimiert wurde es anhand von Versuchen mit Belastungsaltern $t_0 \geq 16$ h für Beton A sowie $t_0 \geq 12$ h für Beton B und Belastungsgraden $\bar{\sigma}_0 \leq 0,65$, siehe Tabellen C-1 bis C-4 in Anhang C. Bei Anwendung des Modells für jüngere Belastungsalter sowie höhere Belastungsgrade ist die Genauigkeit der Vorhersage durch weitere Versuche zu überprüfen.

Die Berechnung der Fließverformungen unter veränderlichen Spannungen erfordert eine spezielle Form der impulsförmigen Superposition. Diese ist in Kapitel 5.6.3 näher erläutert.

Anhang C Kriech- und Schwindversuche

C.1 Versuchsparameter

In den folgenden Tabellen C-1 bis C-4 sind detaillierte Angaben zu den an den beiden Betonen A und B durchgeführten Kriechversuchen unter konstanten und veränderlichen Spannungen zusammengefasst. Die darin enthaltenen Parameter sind wie folgt definiert:

T_0	Frischbetontemperatur der Betoniercharge
t_0	Belastungsalter (Zeitpunkt nach Wasserzugabe bei der Betonherstellung)
t_{0w}	um den Einfluss der Frischbetontemperatur korrigiertes wahres Belastungsalter, siehe Kapitel 5.1
σ_0	zum Zeitpunkt t_0 aufgebrachte Spannung
$\bar{\sigma}_0$	zum Zeitpunkt t_0 aufgebrachter Belastungsgrad $\bar{\sigma}_0 = \sigma_0/f_{cm}(t_0)$
$f_{cm}(t_0)$	mittlere Druckfestigkeit von 3 zylindrischen Probekörpern, d/h = 150/300 mm im Belastungsalter t_0
E_s	Anhand der bei Lastaufbringung bis zur Spannung σ_0 aufgezeichneten Messdaten ermittelter Sekantenmodul zur Beschreibung der sofortigen Dehnung zu Beginn des Kriechversuchs, vgl. Kapitel 5.3 sowie die unten gegebene Abb. C-1
t_1	Entlastungsalter der Probekörper bei Aufzeichnung der verzögert elastischen Rückverformung bzw. Umbelastungsalter in den Versuchen unter veränderlichen Spannungen
σ_1	nach der Spannungsänderung zum Zeitpunkt t_1 vorherrschende Spannung
$\bar{\sigma}_1$	zum Zeitpunkt t_1 vorherrschender Belastungsgrad $\bar{\sigma}_1 = \sigma_1/f_{cm}(t_0)$
n.g.	Wert nicht erfasst

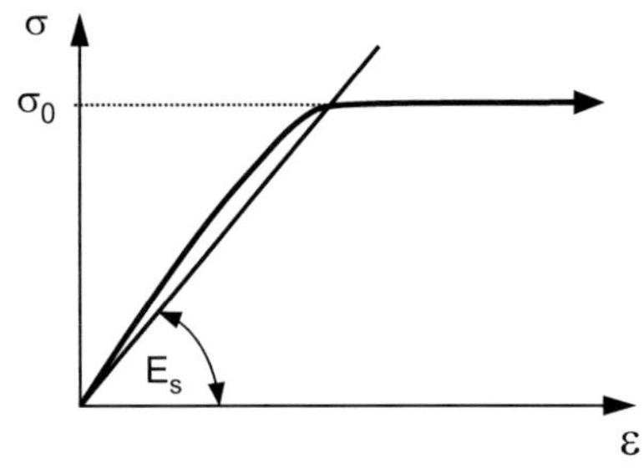

Abb. C-1 Sekantenmodul E_s, berechnet aus der bei Lastaufbringung im Kriechversuch gemessenen sofortigen Dehnung

Die Versuchsbezeichnung kennzeichnet den betrachteten Beton A oder B und beinhaltet Angaben zum Belastungsalter t_0 bzw. dem Belastungsgrad $\bar{\sigma}_0$. Entsprechend setzt sich die Bezeichnung der Einstufenversuche wie folgt zusammen:

Beton - t_0 [h]/$\bar{\sigma}_0$

Anhand des Zusatzbuchstabens „W" wird vermieden, dass zwei Einstufenversuche infolge der Wiederholungsversuche dieselbe Versuchsbezeichnung tragen, siehe die Erläuterungen zu Tab. 4-3 in Kapitel 4.5.1. In der Bezeichnung der Mehrstufenversuche bzw. der Einstufenversuche mit anschließender Aufzeichnung der verzögert elastischen Rückverformung sind zusätzliche Angaben zum Umbelastungs- bzw. Entlastungszeitpunkt t_1 gegeben:

Beton - t_0 [h]/$\bar{\sigma}_0$ - t_1 [d]/$\bar{\sigma}_1$

Hierbei ist zu beachten, dass die in den Bezeichnungen enthaltenen Belastungsgrade $\bar{\sigma}_0$ und $\bar{\sigma}_1$ entsprechend den in den Tabellen 4-3 bis 4-5 in Kapitel 4.5 aufgeführten Parametern der Versuchsplanung gewählt wurden. Bei den in den folgenden Tabellen C-1 bis C-4 angegebenen Belastungsgraden handelt es sich um die tatsächlich im Versuch eingestellten Belastungsgrade, siehe die diesbezüglichen Erläuterungen in Kapitel 4.5.2. Der zeitlichen Abstimmung des gesamten Versuchsplans geschuldete geringfügige Abweichungen bestehen des Weiteren zwischen den geplanten und im Versuch gewählten Zeitpunkten t_1 der Um- bzw. Entlastung der Kriechprobekörper. Die Messung der verzögert elastischen Rückverformung erfolgte an vollständig entlasteten Proben mit der entsprechenden Kennzeichnung $\bar{\sigma}_1 = 0$.

Tab. C-1 Parameter der Kriechversuche an Beton A unter konstanten Spannungen (Einstufenversuche)

Versuch	T_0	t_0	t_{0w}	$f_{cm}(t_0)$	σ_0	$\bar{\sigma}_0$	$E_s(t_0)$	t_1	σ_1	$\bar{\sigma}_1$
	[°C]	[h]	[h]	[N/mm²]	[N/mm²]	[-]	[N/mm²]	[d]	[N/mm²]	[-]
A-16/0,2	21,3	16	18	9,3	1,7	0,19	17100			
A-16/0,2-91/0	22,1	16	16	6,9	1,7	0,25	13400	91	0	0
A-16/0,4-28/0	18,6	16	17	6,9	3,5	0,51	13900	29	0	0
A-16/0,6	22,1	16	16	6,9	4,1	0,59	10200			
A-16/0,6W	21,3	16	18	9,3	5,4	0,58	12900			
A-20/0,2-28/0	20,4	20	20	12,1	2,9	0,24	16400	28	0	0
A-20/0,2-91/0	23,7	20	24	15,7	3,6	0,23	16800	91	0	0
A-20/0,2-180/0	24,5	20	24	16,0	3,3	0,21	17200	182	0	0
A-20/0,3	23,4	20	23	14,7	4,9	0,33	17700			
A-20/0,3W	19,6	20	18	9,8	3,4	0,35	14900			
A-20/0,4-28/0	22,9	20	20	12,1	4,3	0,36	12000	29	0	0
A-20/0,4-28/0W	20,8	20	19	10,4	4,6	0,45	13100	28	0	0
A-20/0,6	23,7	20	24	15,7	9,1	0,58	13600			
A-20/0,6-28/0	20,4	20	20	12,1	7,2	0,60	11600	28	0	0
A-24/0,2-28/0	20,5	24	23	14,8	3,3	0,23	16000	28	0	0
A-24/0,2-91/0	22,6	24	32	21,4	4,8	0,22	22000	91	0	0
A-24/0,4	16,5	24	22	13,8	5,5	0,40	13800			
A-24/0,4-28/0	20,5	24	23	14,8	6,2	0,43	17200	28	0	0
A-24/0,6	16,5	24	22	13,8	7,8	0,57	16200			
A-24/0,6-28/0	20,5	24	23	14,8	8,6	0,61	14600	28	0	0
A-72/0,2	22,4	72	72	35,0	7,0	0,20	51000			
A-96/0,2	20,8	96	96	34,2	7,5	0,22	31500			
A-96/0,2W	18,3	96	96	35,0	7,0	0,20	28600			
A-192/0,2	22,4	192	192	51,0	9,7	0,19	31500			
A-672/0,2	22,4	672	672	53,8	10,8	0,20	33200			

Tab. C-2 Parameter der Kriechversuche an Beton B unter konstanten Spannungen (Einstufenversuche)

Versuch	T_0	t_0	t_{0w}	$f_{cm}(t_0)$	σ_0	$\bar{\sigma}_0$	$E_s(t_0)$	t_1	σ_1	$\bar{\sigma}_1$
	[°C]	[h]	[h]	[N/mm²]	[N/mm²]	[-]	[N/mm²]	[d]	[N/mm²]	[-]
B-12/0,2	22,1	12	13	22,9	4,5	0,19	23100			
B-12/0,2-91/0	23,6	12	15	27,2	5,9	0,22	25300	91	0	0
B-12/0,4-28/0	24,5	12	15	27,1	10,7	0,39	23700	28	0	0
B-12/0,6	20,6	12	13	16,4	9,7	0,59	17500			
B-12/0,6-28/0	24,5	12	15	27,1	15,6	0,57	19000	28	0	0
B-16/0,2-28/0	22,0	16	18	35,6	6,1	0,17	28700	28	0	0
B-16/0,2-91/0	20,9	16	15	29,3	6,9	0,24	28800	91	0	0
B-16/0,2-180/0	n.g.	16	17	31,5	6,6	0,21	31500	180	0	0
B-16/0,3	20,7	16	17	32,6	10,2	0,31	31400			
B-16/0,3W	24,2	16	18	35,5	10,0	0,28	28200			
B-16/0,4-28/0	20,7	16	17	32,6	13,4	0,41	29400	28	0	0
B-16/0,4-28/0W	24,2	16	18	35,5	13,4	0,38	27200	28	0	0
B-16/0,6	n.g.	16	17	31,5	19,0	0,60	27400			
B-16/0,6-28/0	22,0	16	18	35,6	20,5	0,58	25900	28	0	0
B-24/0,2-28/0	23,8	24	22	42,7	8,0	0,19	30900	28	0	0
B-24/0,2-91/0	21,9	24	26	46,7	9,8	0,21	35300	91	0	0
B-24/0,4	21,9	24	24	44,4	18,0	0,41	32000			
B-24/0,4-28/0	23,8	24	22	42,7	16,7	0,39	32000	28	0	0
B-24/0,6	21,9	24	24	44,4	25,5	0,57	28700			
B-24/0,6-28/0	23,8	24	22	42,7	24,6	0,58	29200	28	0	0
B-72/0,2	20,6	72	72	63,0	12,6	0,20	34000			
B-96/0,2	23,5	96	96	64,2	12,2	0,19	38700			
B-96/0,2W	24,5	96	96	65,9	14,5	0,22	35000			
B-192/0,2	20,4	192	192	77,4	16,3	0,21	36900			
B-672/0,2	20,6	672	672	99,7	19,9	0,2	44000			

Tab. C-3 Parameter der Kriechversuche an Beton A unter veränderlichen Spannungen (Mehrstufenversuche)

Versuch	T_0	t_0	t_{0w}	$f_{cm}(t_0)$	σ_0	$\bar{\sigma}_0$	$E_s(t_0)$	t_1	σ_1	$\bar{\sigma}_1$
	[°C]	[h]	[h]	[N/mm²]	[N/mm²]	[-]	[N/mm²]	[d]	[N/mm²]	[-]
A-16/0,2-4/0,6	19,2	16	16	7,1	1,8	0,25	11700	4	4,6	0,64
A-16/0,4-4/0,6	19,2	16	16	7,1	3,1	0,44	11000	4	4,7	0,65
A-16/0,2-4/0,4	19,2	16	16	7,1	1,9	0,27	12300	4	3,3	0,46
A-16/0,2-8/0,6	20,5	16	16	7,6	2,1	0,28	10800	8	4,8	0,63
A-16/0,4-8/0,6	20,5	16	16	7,6	3,6	0,47	10700	8	4,9	0,65
A-16/0,2-8/0,4	20,5	16	16	7,6	2,4	0,31	12500	8	3,4	0,45
A-20/0,2-4/0,6	19,6	20	18	9,8	2,5	0,25	14700	4	6,1	0,62
A-20/0,4-4/0,6	19,3	20	18	9,4	4,0	0,43	11700	4	5,9	0,63
A-20/0,2-4/0,4	19,3	20	18	9,4	2,4	0,26	14700	4	4,1	0,44
A-20/0,2-8/0,6	19,8	20	20	11,8	2,6	0,22	15900	8	7,0	0,59
A-20/0,4-8/0,6	19,8	20	20	11,8	4,8	0,40	12100	8	7,2	0,61
A-20/0,2-8/0,4	19,6	20	18	9,8	2,3	0,23	17800	8	4,1	0,42
A-24/0,2-4/0,6	20,2	24	23	14,4	3,4	0,23	18700	4	8,9	0,62
A-24/0,4-4/0,6	20,2	24	23	14,4	6,2	0,43	16200	4	9,2	0,63
A-24/0,2-4/0,4	20,2	24	23	14,4	3,5	0,24	18900	4	6,2	0,43
A-24/0,2-8/0,6	21,7	24	24	15,4	3,1	0,20	18900	8	9,4	0,61
A-24/0,4-8/0,6	21,7	24	24	15,4	6,1	0,39	16500	8	9,4	0,61
A-24/0,2-8/0,4	20,2	24	23	14,4	3,3	0,23	12900	8	6,0	0,41
A-72/0,2-28/0,4	22,4	72	72	35,0	7,0	0,20	25000	28	14,0	0,40
A-72/0,2-28/0,6	22,4	72	72	35,0	7,0	0,20	24800	28	20,8	0,59

Tab. C-4 Parameter der Kriechversuche an Beton B unter veränderlichen Spannungen (Mehrstufenversuche)

Versuch	T_0	t_0	t_{0w}	$f_{cm}(t_0)$	σ_0	$\bar{\sigma}_0$	$E_s(t_0)$	t_1	σ_1	$\bar{\sigma}_1$
	[°C]	[h]	[h]	[N/mm²]	[N/mm²]	[-]	[N/mm²]	[d]	[N/mm²]	[-]
B-12/0,2-4/0,6	22,5	12	13	18,6	3,7	0,20	17900	4	10,7	0,58
B-12/0,4-4/0,6	22,5	12	13	18,6	7,0	0,38	20300	4	10,8	0,58
B-12/0,2-4/0,4	21,7	12	12	18,1	4,0	0,22	20800	4	7,1	0,39
B-12/0,2-8/0,6	22,8	12	13	19,2	3,9	0,20	21100	8	11,1	0,58
B-12/0,4-8/0,6	22,8	12	13	19,2	7,5	0,39	21000	8	11,1	0,58
B-12/0,2-8/0,4	22,8	12	13	19,2	4,0	0,21	21300	8	7,7	0,40
B-16/0,2-4/0,6	22,7	16	19	38,5	7,6	0,20	31300	4	21,1	0,55
B-16/0,4-4/0,6	22,7	16	19	38,5	15,1	0,39	30100	4	23,7	0,61
B-16/0,2-4/0,4	22,7	16	19	38,5	7,4	0,19	33200	4	15,2	0,40
B-16/0,2-8/0,6	19,4	16	15	28,5	6,4	0,23	28200	8	17,5	0,61
B-16/0,4-8/0,6	19,4	16	15	28,5	11,7	0,41	24200	8	17,2	0,61
B-16/0,2-8/0,4	24,2	16	18	35,5	6,8	0,19	30000	8	13,9	0,39
B-24/0,2-4/0,6	24,2	24	25	45,5	8,7	0,19	32200	4	26,1	0,57
B-24/0,4-4/0,6	24,2	24	25	45,5	17,4	0,38	33500	4	27,1	0,60
B-24/0,2-4/0,4	24,2	24	25	45,5	8,9	0,20	35100	4	17,5	0,38
B-24/0,2-8/0,6	19,3	24	19	36,5	8,0	0,22	30600	8	21,9	0,60
B-24/0,4-8/0,6	19,3	24	19	36,5	14,8	0,41	28800	8	22,2	0,61
B-24/0,2-8/0,4	23,8	24	22	42,7	8,1	0,19	34300	8	16,7	0,39
B-72/0,2-28/0,3	20,6	72	72	63,0	12,6	0,20	35000	28	19,1	0,31
B-72/0,2-28/0,4	20,6	72	72	63,0	12,6	0,20	31900	28	25,1	0,40

C.2 Übersicht über die Betonierchargen

In den folgenden beiden Tabellen findet sich ein Überblick über die Termine der Probenherstellung sowie der damit durchgeführten Versuche. Sämtliche an einem Termin hergestellten Probekörper stammen aus derselben Betoniercharge.

Tab. C-5 Herstelldatum der Probekörper für die Kriechversuche an Beton A

Versuch	Herstelldatum der Proben	Versuch	Herstelldatum der Proben
A-16/0,2-91/0 A-16/0,6	31.5.05	A-16/0,2 A-16/0,6W	12.6.06
A-20/0,2-180/0	4.7.05	A-24/0,2-28/0 A-24/0,4-28/0 A-24/0,6-28/0	21.12.06
A-192/0,2	9.8.05	A-16/0,2-8/0,6 A-16/0,4-8/0,6 A-16/0,2-8/0,4	8.1.07
A-24/0,2-91/0	5.9.05	A-16/0,4-28/0	5.2.07
A-20/0,6 A-20/0,2-91/0	7.9.05	A-20/0,4-28/0W A-96/0,2	12.2.07
A-20/0,3	28.9.05	A-96/0,2W	12.3.07
A-20/0,2-28/0 A-20/0,6-28/0	7.11.05	A-24/0,2-8/0,4 A-24/0,2-4/0,6 A-24/0,4-4/0,6 A-24/0,2-4/0,4	12.4.07
A-24/0,4 A-24/0,6	9.1.06	A-20/0,4-4/0,6 A-20/0,2-4/0,4	16.4.07
A-20/0,2-8/0,6 A-20/0,4-8/0,6	7.2.06	A-16/0,2-4/0,6 A-16/0,4-4/0,6 A-16/0,2-4/0,4	10.5.07
A-24/0,2-8/0,6 A-24/0,4-8/0,6	7.3.06	A-20/0,3W A-20/0,2-8/0,4 A-20/0,2-4/0,6	14.5.07
A-20/0,4-28/0	28.3.06	A-72/0,2 A-72/0,2-28/0,4 A-72/0,2-28/0,6 A-672/0,2	11.6.07

Tab. C-6 Herstelldatum der Probekörper für die Kriechversuche an Beton B

Versuch	Herstelldatum der Proben	Versuch	Herstelldatum der Proben
B-16/0,2-180/0 B-16/0,6	3.11.04	B-16/0,3W B-16/0,4-28/0W B-16/0,2-8/0,4	21.6.06
B-24/0,4 B-24/0,6	4.11.04	B-12/0,4-28/0 B-12/0,6-28/0	12.7.06
B-24/0,2-91/0	8.11.0,4	B-96/0,2W	17.7.06
B-16/0,2-91/0	9.11.04	B-24/0,2-8/0,4 B-24/0,2-28/0 B-24/0,4-28/0 B-24/0,6-28/0	17.8.06
B-16/0,3 B-16/0,4-28/0	6.12.04	B-96/0,2	4.9.06
B-12/0,6	4.1.05	B-24/0,2-4/0,6 B-24/0,4-4/0,6 B-24/0,2-4/0,4	9.10.06
B-16/0,2-8/0,6 B-16/0,4-8/0,6	1.2.05	B-12/0,2-4/0,6 B-12/0,4-4/0,6	16.10.06
B-24/0,2-8/0,6 B-24/0,4-8/0,6	22.3.05	B-12/0,2-8/0,6 B-12/0,4-8/0,6 B-12/0,2-8/0,4	13.11.06
B-192/0,2	12.4.05	B-16/0,2-4/0,6 B-16/0,4-4/0,6 B-16/0,2-4/0,4	20.11.06
B-12/0,2-91/0	4.5.05	B-12/0,2-4/0,4	11.12.06
B-12/0,2	12.4.06	B-72/0,2 B-72/0,2-28/0,3 B-72/0,2-28/0,4 B-672/0,2	17.12.07
B-16/0,2-28/0 B-16/0,6-28/0	26.4.06		

C.3 Sofortige Dehnung

In den folgenden beiden Tabellen sind die zu Beginn der Einstufenversuche an den Betonen A und B auftretenden sofortigen Dehnungen im Detail aufgeführt. Deren Berechnung erfolgt anhand des in Kapitel 5.3 bzw. Anhang B beschriebenen Modells unter Verwendung des wahren Belastungsalters t_{0w} und des tatsächlich im Kriechversuch aufgebrachten Belastungsgrads $\bar{\sigma}_0$. Entsprechend dem in der Fachliteratur häufig verwendeten Kriechmaß, sind die Verformungen auf die jeweils im Kriechversuch aufgebrachte Spannung bezogen. Die bezogene sofortige elastische Verformung $\bar{\varepsilon}_{ci}$ berechnet sich anhand des Tangenmoduls $E_c(t_0)$ und die bezogene gesamte sofortige Dehnung $\bar{\varepsilon} = \bar{\varepsilon}_{ci} + \bar{\varepsilon}_{pl}$ anhand des Sekantenmoduls $E_s(t_0)$. Entsprechend bildet die Differenz zwischen diesen beiden Verformungskomponenten die auf die Spannung bezogene sofortige plastische Verformung $\bar{\varepsilon}_{pl}$.

Tab. C-7 Gemäß Kapitel 5.3 berechnete sofortige Dehnung des Betons A (Einstufenversuche)

Versuch	t_{0w}	$\bar{\sigma}_0$	$E_c(t_{0w})$	$E_s(t_{0w})$	$\bar{\varepsilon}_{ci}(t_{0w})$	$\bar{\varepsilon}_{pl}(t_{0w})$	$\bar{\varepsilon}(t_{0w}) = \bar{\varepsilon}_{ci}(t_{0w}) + \bar{\varepsilon}_{pl}(t_{0w})$
	[h]	[-]	[N/mm²]	[N/mm²]	[10⁻⁶/(N/mm²)]	[10⁻⁶/(N/mm²)]	[10⁻⁶/(N/mm²)]
A-16/0,2	18	0,19	20156	20156	49,6	0	49,6
A-16/0,2-91/0	16	0,25	19423	19092	51,5	0,9	52,4
A-16/0,4-28/0	17	0,51	19802	16930	50,5	8,6	59,1
A-16/0,6	16	0,59	19423	15614	51,5	12,6	64,0
A-16/0,6W	18	0,58	20156	16385	49,6	11,4	61,0
A-20/0,2-28/0	20	0,24	20798	20532	48,1	0,6	48,7
A-20/0,2-91/0	24	0,23	21876	21679	45,7	0,4	46,1
A-20/0,2-180/0	24	0,21	21876	21814	45,7	0,1	45,8
A-20/0,3	23	0,33	21628	20599	46,2	2,3	48,5
A-20/0,3W	18	0,35	20156	18969	49,6	3,1	52,7
A-20/0,4-28/0	20	0,36	20798	19497	48,1	3,2	51,3
A-20/0,4-28/0W	19	0,45	20487	18254	48,8	6,0	54,8
A-20/0,6	24	0,58	21876	17942	45,7	10,0	55,7
A-20/0,6-28/0	20	0,60	20798	16693	48,1	11,8	59,9
A-24/0,2-28/0	23	0,23	21628	21432	46,2	0,4	46,7
A-24/0,2-91/0	32	0,22	23483	23357	42,6	0,2	42,8
A-24/0,4	22	0,40	21367	19641	46,8	4,1	50,9
A-24/0,4-28/0	23	0,43	21628	19566	46,2	4,9	51,1
A-24/0,6	22	0,57	21367	17607	46,8	10,0	56,8
A-24/0,6-28/0	23	0,61	21628	17304	46,2	11,6	57,8
A-72/0,2	72	0,20	27358	27358	36,6	0	36,6
A-96/0,2	96	0,22	28501	28421	35,1	0,1	35,2
A-96/0,2W	96	0,20	28501	28501	35,1	0	35,1
A-192/0,2	192	0,19	30798	30798	32,5	0	32,5
A-672/0,2	672	0,20	33600	33600	29,8	0	29,8

Tab. C-8 Gemäß Kapitel 5.3 berechnete sofortige Dehnung des Betons B (Einstufenversuche)

Versuch	t_{0w}	$\bar{\sigma}_0$	$E_c(t_{0w})$	$E_s(t_{0w})$	$\bar{\varepsilon}_{ci}(t_{0w})$	$\bar{\varepsilon}_{pl}(t_{0w})$	$\bar{\varepsilon}(t_{0w}) = \bar{\varepsilon}_{ci}(t_{0w}) + \bar{\varepsilon}_{pl}(t_{0w})$
	[h]	[-]	[N/mm^2]	[N/mm^2]	[10^{-6}/(N/mm^2)]	[10^{-6}/(N/mm^2)]	[10^{-6}/(N/mm^2)]
B-12/0,2	13	0,19	23160	23160	43,2	0	43,2
B-12/0,2-91/0	15	0,22	24098	23905	41,5	0,3	41,8
B-12/0,4-28/0	15	0,39	24098	22058	41,5	3,8	45,3
B-12/0,6	13	0,59	23160	18690	43,2	10,3	53,5
B-12/0,6-28/0	15	0,57	24098	19941	41,5	8,7	50,1
B-16/0,2-28/0	18	0,17	25249	25249	39,6	0	39,6
B-16/0,2-91/0	15	0,24	24098	23702	41,5	0,7	42,2
B-16/0,2-180/0	17	0,21	24894	24802	40,2	0,1	40,3
B-16/0,3	17	0,31	24894	23781	40,2	1,9	42,1
B-16/0,3W	18	0,28	25249	24466	39,6	1,3	40,9
B-16/0,4-28/0	17	0,41	24894	22680	40,2	3,9	44,1
B-16/0,4-28/0W	18	0,38	25249	23398	39,6	3,1	42,7
B-16/0,6	17	0,60	24894	20472	40,2	8,7	48,8
B-16/0,6-28/0	18	0,58	25249	21119	39,6	7,7	47,4
B-24/0,2-28/0	22	0,19	26455	26455	37,8	0	37,8
B-24/0,2-91/0	26	0,21	27409	27334	36,5	0,1	36,6
B-24/0,4	24	0,41	26958	24980	37,1	2,9	40,0
B-24/0,4-28/0	22	0,39	26455	24616	37,8	2,8	40,6
B-24/0,6	24	0,57	26958	23294	37,1	5,8	42,9
B-24/0,6-28/0	22	0,58	26455	22560	37,8	6,5	44,3
B-72/0,2	72	0,20	32239	32239	31,0	0	31,0
B-96/0,2	96	0,19	33312	33312	30,0	0	30,0
B-96/0,2W	96	0,22	33312	33269	30,0	0,1	30,1
B-192/0,2	192	0,21	35443	35429	28,2	<0,1	28,2
B-672/0,2	672	0,2	38000	38000	26,3	0	26,3

C.4 Kriechversuche unter konstanten Spannungen

In den folgenden Abbildungen C-2 bis C-17 ist das im Versuch gemessene Gesamtkriechmaß $\bar{\varepsilon}_{cc,t}$ der Berechnung mittels des in Kapitel 5 vorgestellten Modells gegenübergestellt. Hierbei sind Versuche aus derselben Betoniercharge in jeweils einem Diagramm zusammengefasst. Die Angaben in den Diagrammen beschränken sich auf das Belastungsalter t_0 bzw. das für die jeweilige Betoniercharge ermittelte wahre Belastungsalter t_{0w}. Sämtliche weitere Versuchsparameter sind in den Tabellen C-1 und C-2 zusammengestellt.

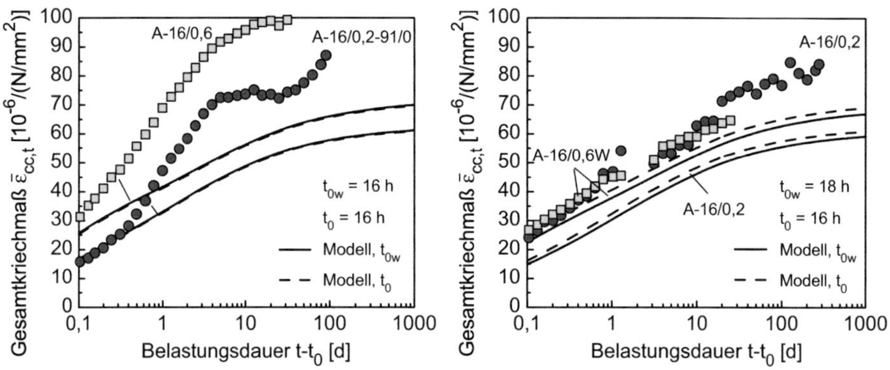

Abb. C-2 Beton A - Vergleich zwischen dem Gesamtkriechmaß in den Versuchen A-16/0,6 und A-16/0,2-91/0 (links) sowie A-16/0,2 und A-16/0,6W (rechts) und dem Modell für das Belastungsalter t_0 und das wahre Belastungsalter t_{0w}

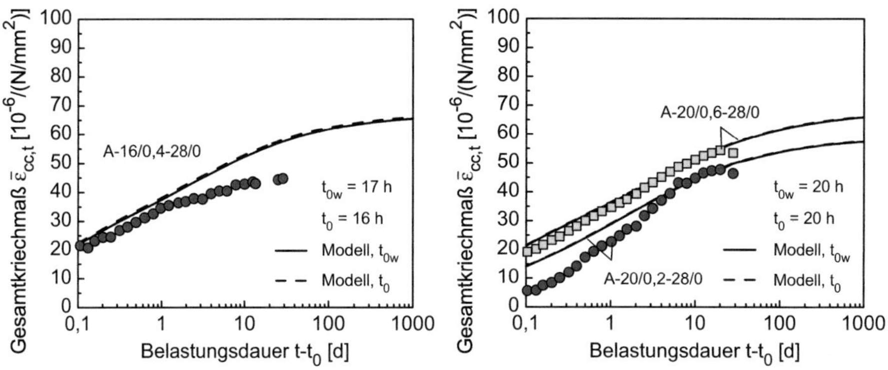

Abb. C-3 Beton A - Vergleich zwischen dem Gesamtkriechmaß in den Versuchen A-16/0,4-28/0 (links) sowie A-20/0,2-28/0 und A-20/0,6-28/0 (rechts) und dem Modell für das Belastungsalter t_0 und das wahre Belastungsalter t_{0w}

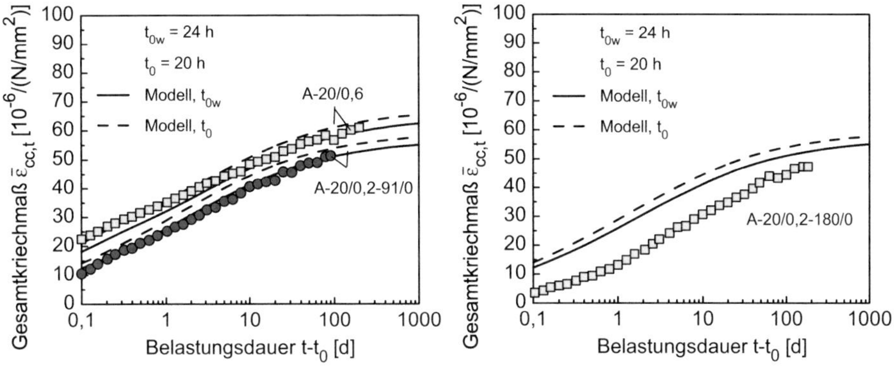

Abb. C-4 Beton A - Vergleich zwischen dem Gesamtkriechmaß in den Versuchen A-20/0,6 und A-20/0,2-91/0 (links) sowie A-20/0,2-180/0 (rechts) und dem Modell für das Belastungsalter t_0 und das wahre Belastungsalter t_{0w}

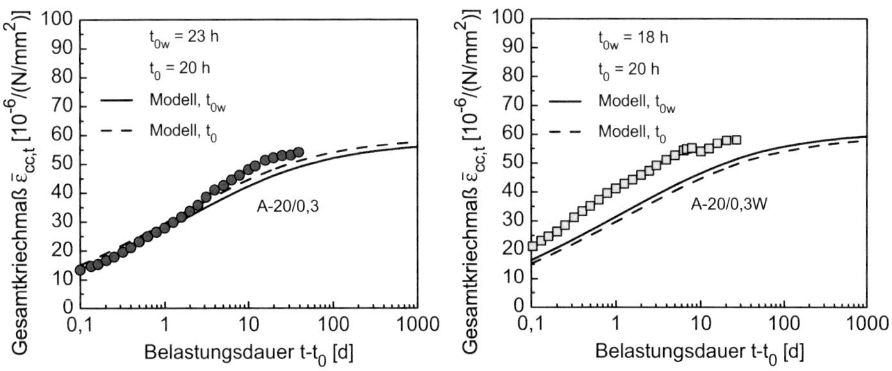

Abb. C-5 Beton A - Vergleich zwischen dem Gesamtkriechmaß in den Versuchen A-20/0,3 (links) sowie A-20/0,3W (rechts) und dem Modell für das Belastungsalter t_0 und das wahre Belastungsalter t_{0w}

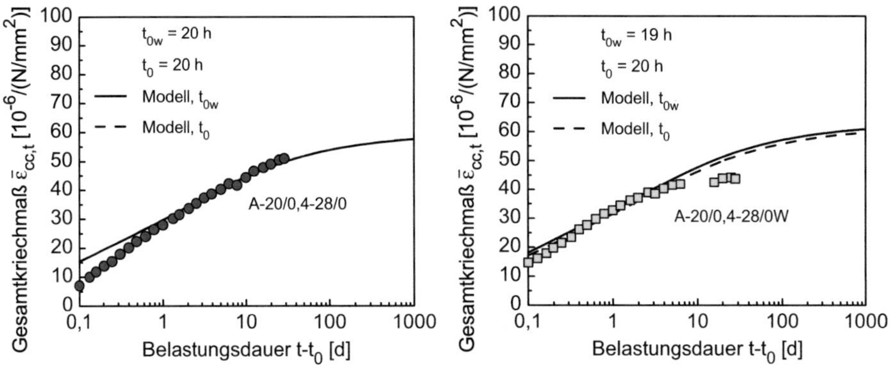

Abb. C-6 Beton A - Vergleich zwischen dem Gesamtkriechmaß in den Versuchen A-20/0,4-28/0 (links) sowie A-20/0,4-28/0W (rechts) und dem Modell für das Belastungsalter t_0 und das wahre Belastungsalter t_{0w}

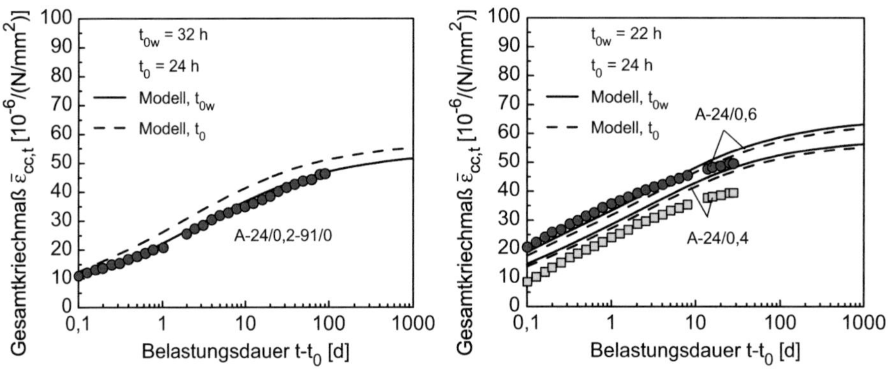

Abb. C-7 Beton A - Vergleich zwischen dem Gesamtkriechmaß in den Versuchen A-24/0,2-91/0 (links) sowie A-24/0,4 und A-24/0,6 (rechts) und dem Modell für das Belastungsalter t_0 und das wahre Belastungsalter t_{0w}

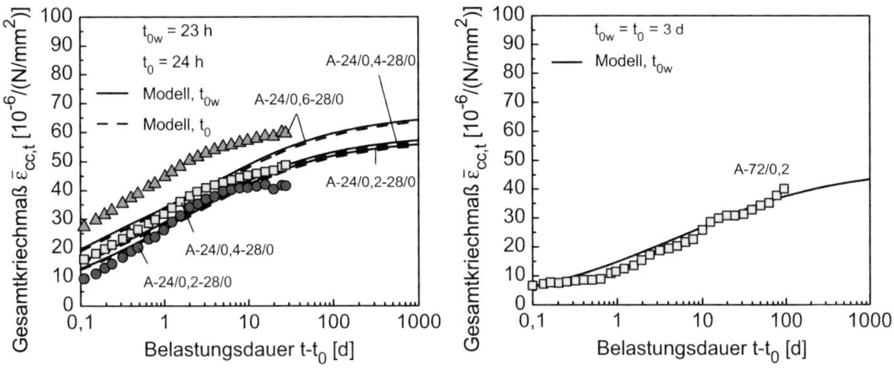

Abb. C-8 Beton A - Vergleich zwischen dem Gesamtkriechmaß in den Versuchen A-24/0,2-28/0, A-24/0,4-28/0 und A-24/0,6-28/0 (links) sowie A-72/0,2 (rechts) und dem Modell für das Belastungsalter t_0 und das wahre Belastungsalter t_{0w}

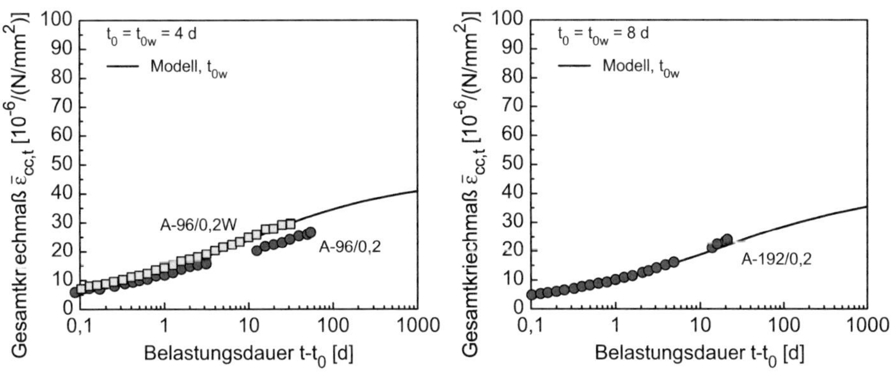

Abb. C-9 Beton A - Vergleich zwischen dem Gesamtkriechmaß in den Versuchen A-96/0,2 und A-96/0,2W (links) sowie A-192/0,2 (rechts) und dem Modell für das wahre Belastungsalter t_{0w}

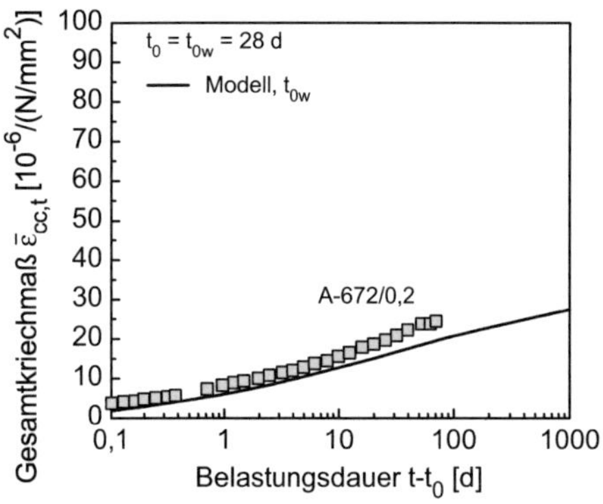

Abb. C-10 Beton A - Vergleich zwischen dem Gesamtkriechmaß im Versuch A-672/0,2 und dem Modell für das wahre Belastungsalter t_{0w}

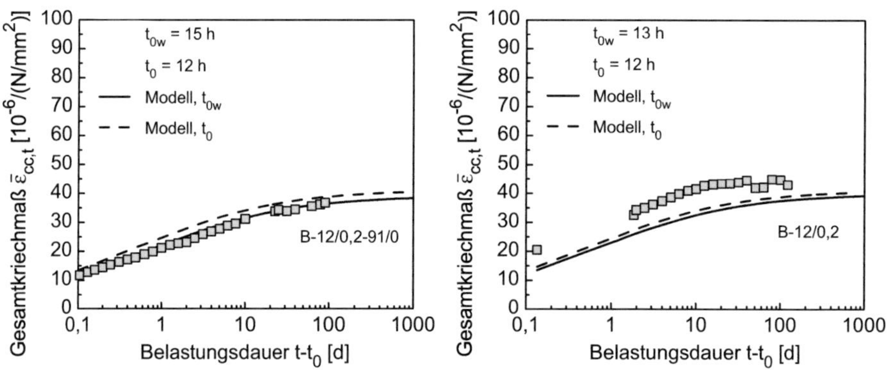

Abb. C-11 Beton B - Vergleich zwischen dem Gesamtkriechmaß in den Versuchen B-12/0,2-91/0 (links) sowie B-12/0,2 (rechts) und dem Modell für das Belastungsalter t_0 und das wahre Belastungsalter t_{0w}

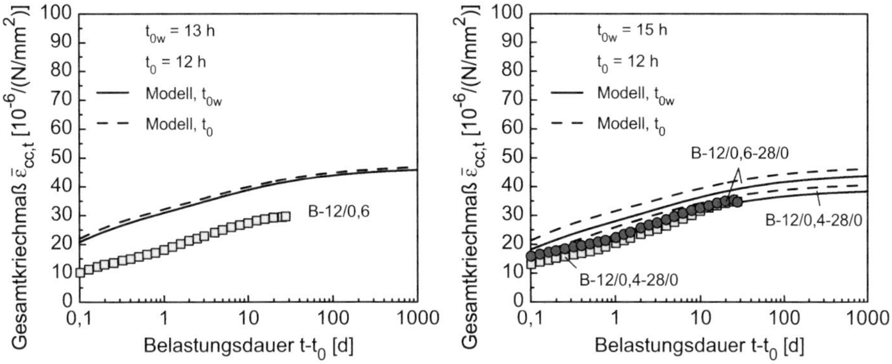

Abb. C-12 Beton B - Vergleich zwischen dem Gesamtkriechmaß in den Versuchen B-12/0,6 (links) sowie B-12/0,4-28/0 und B-12/0,6-28/0 (rechts) und dem Modell für das Belastungsalter t_0 und das wahre Belastungsalter t_{0w}

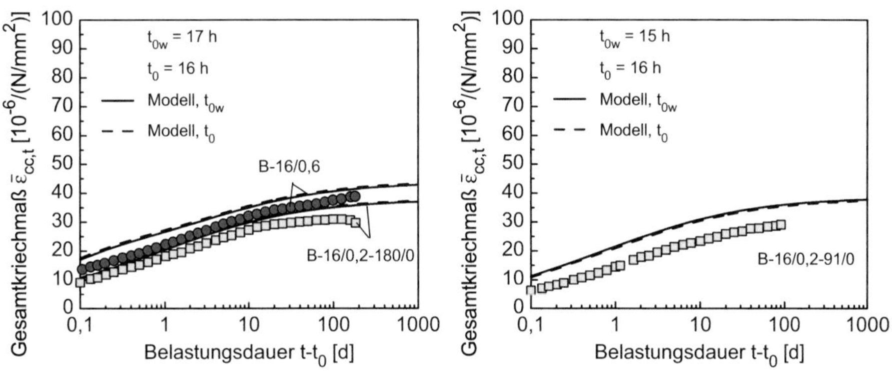

Abb. C-13 Beton B - Vergleich zwischen dem Gesamtkriechmaß in den Versuchen B-16/0,2-180/0 und B-16/0,6 (links) sowie B-16/0,2-91/0 (rechts) und dem Modell für das Belastungsalter t_0 und das wahre Belastungsalter t_{0w}

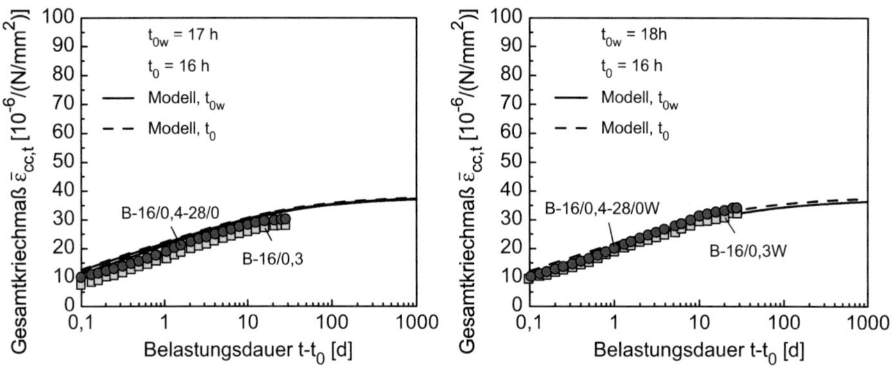

Abb. C-14 Beton B - Vergleich zwischen dem Gesamtkriechmaß in den Versuchen B-16/0,3 und B-16/0,4-28/0 (links) sowie B-16/0,3W und B-16/0,4-28/0W (rechts) und dem Modell für das Belastungsalter t_0 und das wahre Belastungsalter t_{0w}

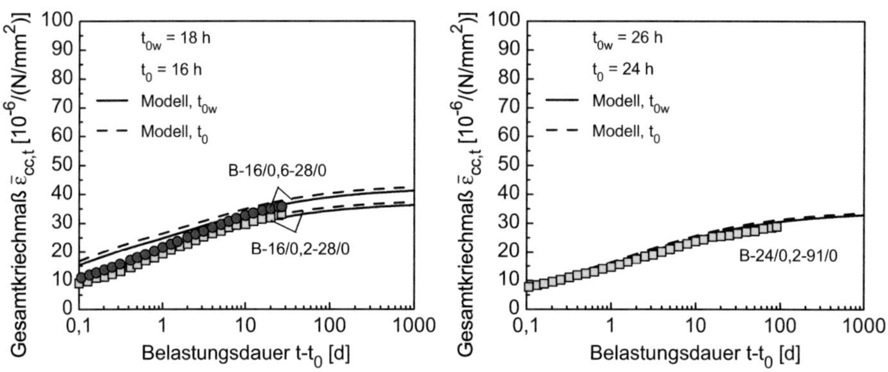

Abb. C-15 Beton B - Vergleich zwischen dem Gesamtkriechmaß in den Versuchen B-16/0,2-28/0 und B-16/0,6-28/0 (links) sowie B-24/0,2-91/0 (rechts) und dem Modell für das Belastungsalter t_0 und das wahre Belastungsalter t_{0w}

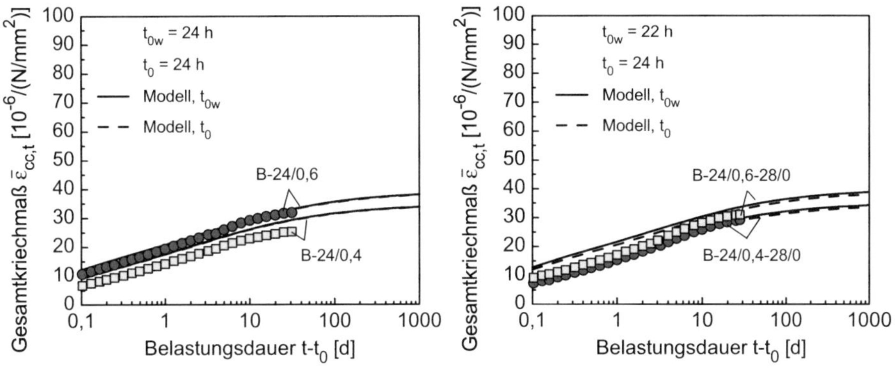

Abb. C-16 Beton B - Vergleich zwischen dem Gesamtkriechmaß in den Versuchen B-24/0,4 und B-24/0,6 (links) sowie B-24/0,4-28/0 und B-24/0,6-28/0 (rechts) und dem Modell für das Belastungsalter t_0 und das wahre Belastungsalter t_{0w}

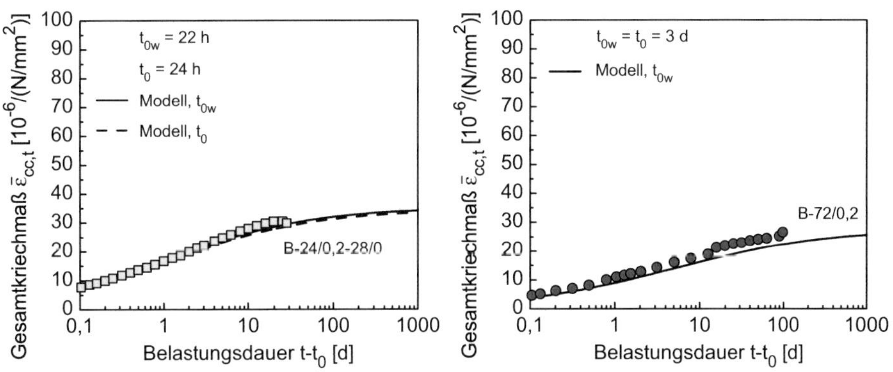

Abb. C-17 Beton B - Vergleich zwischen dem Gesamtkriechmaß in den Versuchen B-24/0,2-28/0 (links) sowie B-72/0,2 (rechts) und dem Modell für das Belastungsalter t_0 und das wahre Belastungsalter t_{0w}

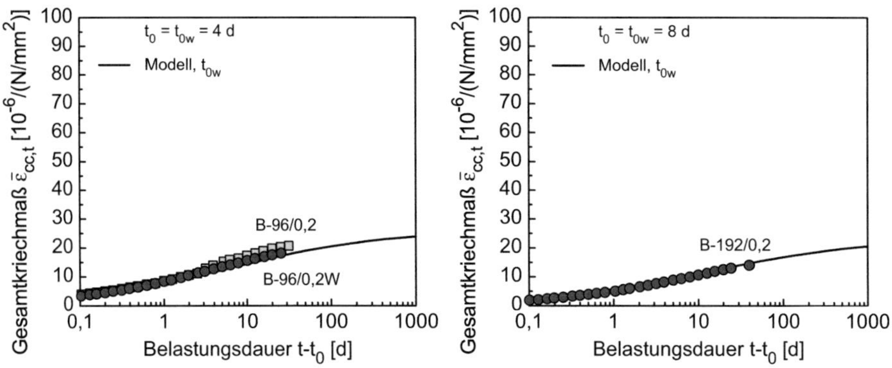

Abb. C-18 Beton B - Vergleich zwischen dem Gesamtkriechmaß in den Versuchen B-96/0,2 und B-96/0,2W (links) sowie B-192/0,2 (rechts) und dem Modell für das wahre Belastungsalter t_{0w}

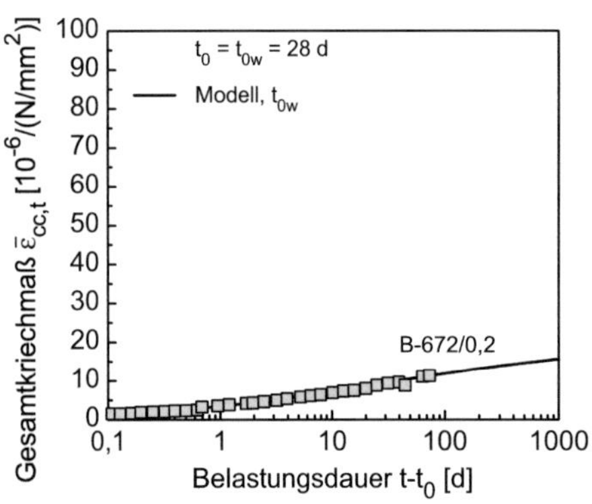

Abb. C-19 Beton B - Vergleich zwischen dem Gesamtkriechmaß im Versuch B-672/0,2 und dem Modell für das wahre Belastungsalter t_{0w}

C.5 Kriechversuche unter veränderlichen Spannungen

In den folgenden Abbildungen C-21 bis C-34 ist das im Mehrstufenversuch unter zwei verschiedenen Laststufen gemessene Gesamtkriechen $\varepsilon_{cc,t}$ der Berechnung mittels des in Kapitel 5 vorgestellten Kriechmodells gegenübergestellt, siehe Abb. C-20. Zur besseren Veranschaulichung der Genauigkeit des Modells hinsichtlich der Vorhersage der Verformungen nach einer Laständerung ist der Zuwachs des Gesamtkriechens unter den jeweiligen Belastungsgraden separat betrachtet. Neben dem wahren Belastungsalter t_{0w} und dem Umbelastungsalter t_1 ist der in den einzelnen Laststufen tatsächlich aufgebrachte Belastungsgrad $\bar{\sigma}_0$ bzw. $\bar{\sigma}_1$ angegeben. Sämtliche weitere Versuchsparameter sind in den Tabellen C-3 und C-4 zusammengestellt.

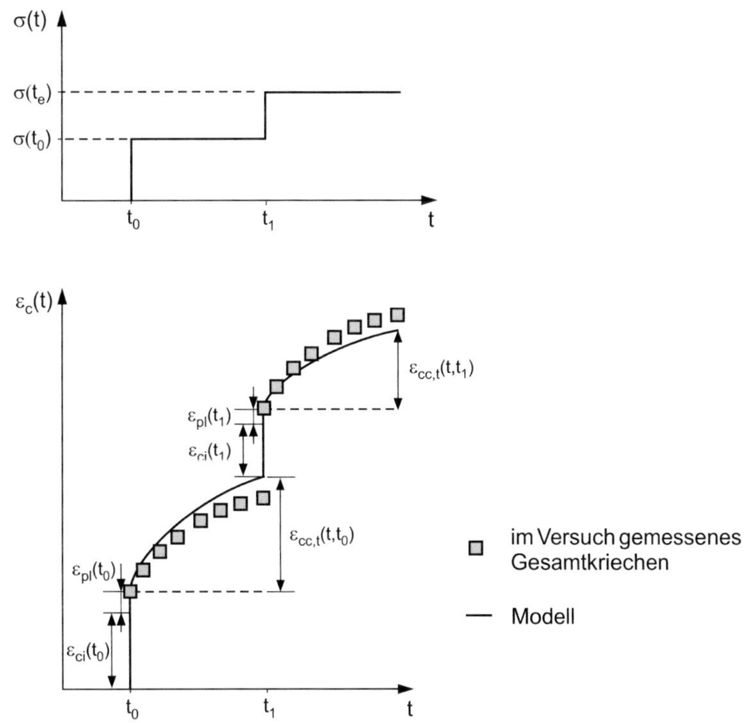

Abb. C-20 Im Mehrstufenversuch gemessenes Gesamtkriechen im Vergleich mit dem Modell als Erläuterung für die nachfolgenden Diagramme

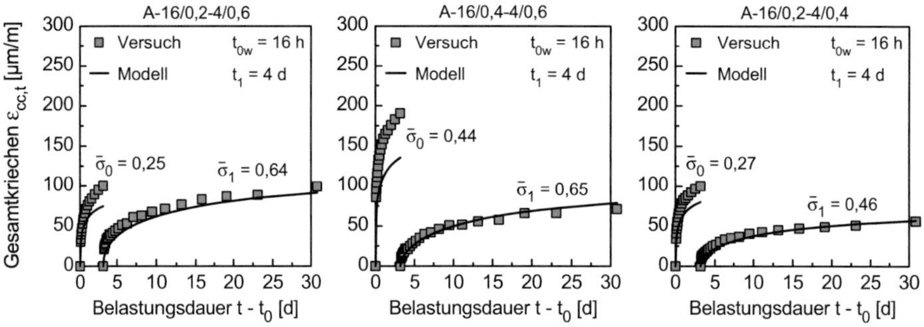

Abb. C-21 Beton A - jeweiliger Zuwachs des Gesamtkriechens unter den zwei verschiedenen Spannungsstufen mit einem Erstbelastungsalter t_0 von 16 h und einem Umbelastungsalter t_1 von 4 d. Das wahre Belastungsalter t_{0w} ist im Diagramm angegeben.

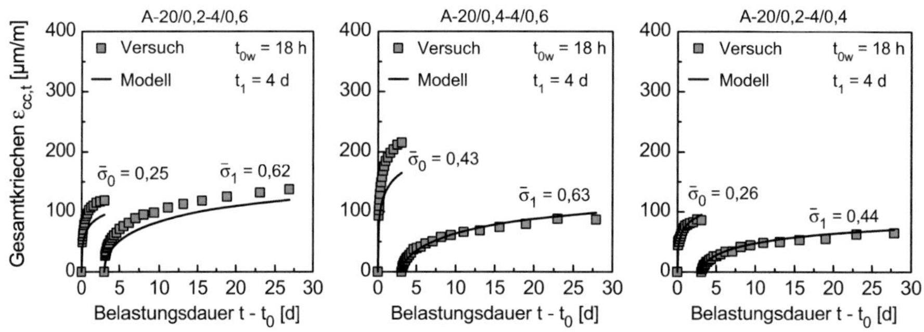

Abb. C-22 Beton A - jeweiliger Zuwachs des Gesamtkriechens unter den zwei verschiedenen Spannungsstufen mit einem Erstbelastungsalter t_0 von 20 h und einem Umbelastungsalter t_1 von 4 d. Das wahre Belastungsalter t_{0w} ist im Diagramm angegeben.

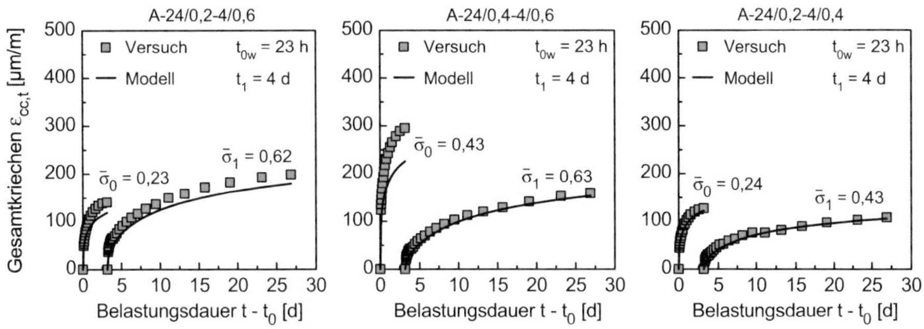

Abb. C-23 Beton A - jeweiliger Zuwachs des Gesamtkriechens unter den zwei verschiedenen Spannungsstufen mit einem Erstbelastungsalter t_0 von 24 h und einem Umbelastungsalter t_1 von 4 d. Das wahre Belastungsalter t_{0w} ist im Diagramm angegeben.

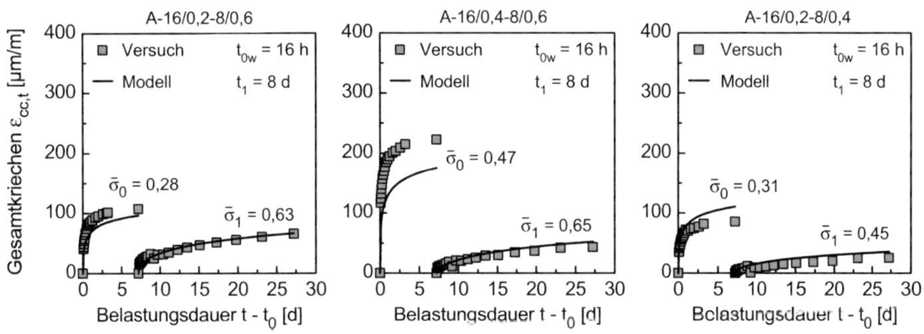

Abb. C-24 Beton A - jeweiliger Zuwachs des Gesamtkriechens unter den zwei verschiedenen Spannungsstufen mit einem Erstbelastungsalter t_0 von 16 h und einem Umbelastungsalter t_1 von 8 d. Das wahre Belastungsalter t_{0w} ist im Diagramm angegeben.

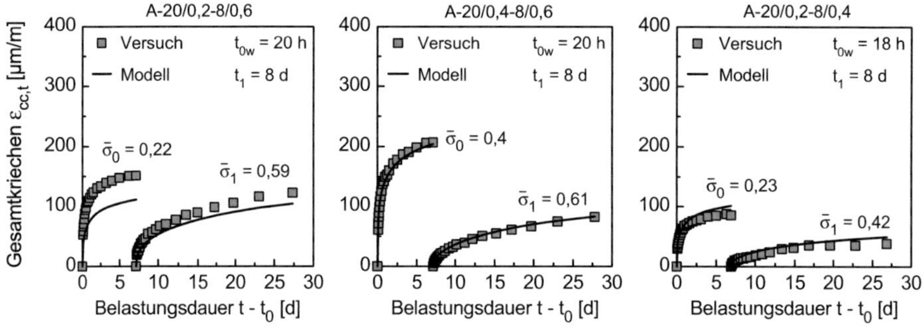

Abb. C-25 Beton A - jeweiliger Zuwachs des Gesamtkriechens unter den zwei verschiedenen Spannungsstufen mit einem Erstbelastungsalter t_0 von 20 h und einem Umbelastungsalter t_1 von 8 d. Das wahre Belastungsalter t_{0w} ist im Diagramm angegeben.

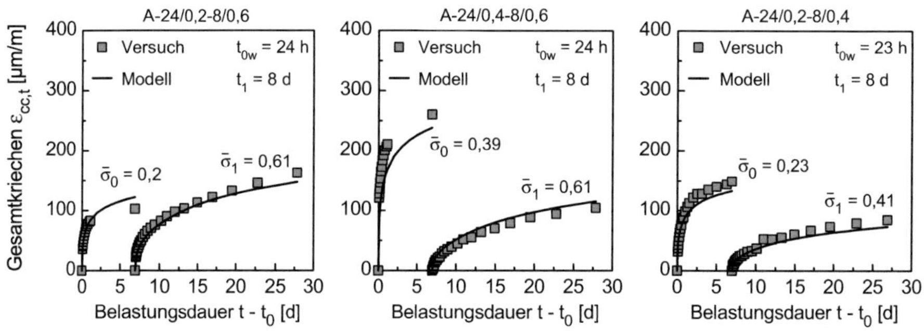

Abb. C-26 Beton A - jeweiliger Zuwachs des Gesamtkriechens unter den zwei verschiedenen Spannungsstufen mit einem Erstbelastungsalter t_0 von 24 h und einem Umbelastungsalter t_1 von 8 d. Das wahre Belastungsalter t_{0w} ist im Diagramm angegeben.

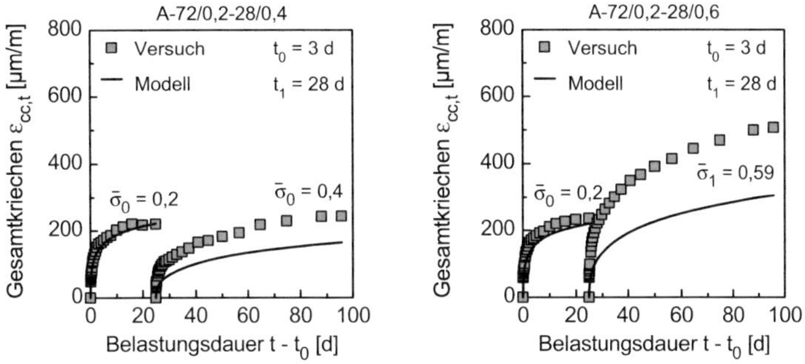

Abb. C-27 Beton A - jeweiliger Zuwachs des Gesamtkriechens unter den zwei verschiedenen Spannungsstufen mit einem Erstbelastungsalter t_0 von 3 d und einem Umbelastungsalter t_1 von 28 d.

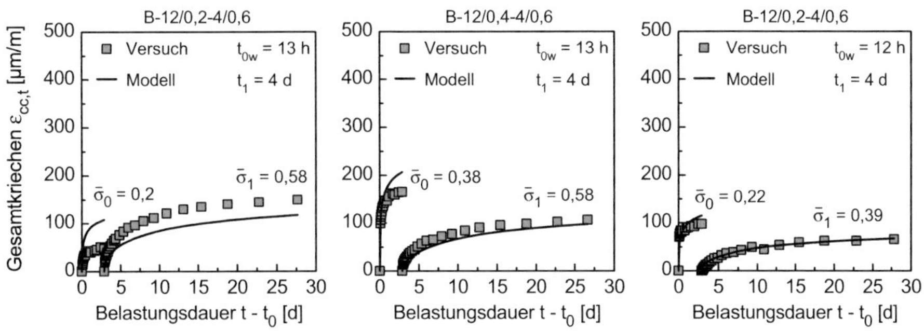

Abb. C-28 Beton B - jeweiliger Zuwachs des Gesamtkriechens unter den zwei verschiedenen Spannungsstufen mit einem Erstbelastungsalter t_0 von 12 h und einem Umbelastungsalter t_1 von 4 d. Das wahre Belastungsalter t_{0w} ist im Diagramm angegeben.

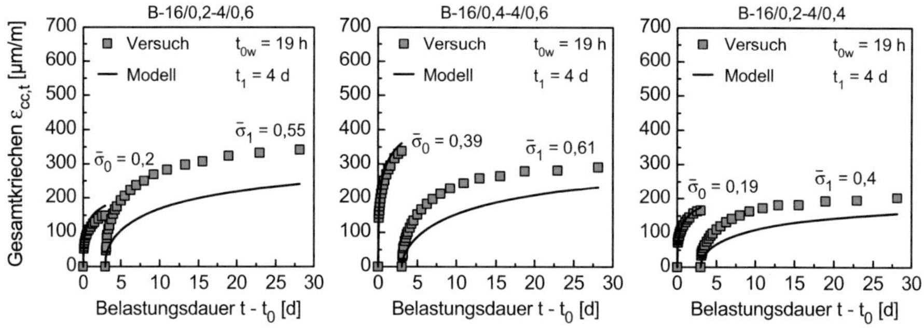

Abb. C-29 Beton B - jeweiliger Zuwachs des Gesamtkriechens unter den zwei verschiedenen Spannungsstufen mit einem Erstbelastungsalter t_0 von 16 h und einem Umbelastungsalter t_1 von 4 d. Das wahre Belastungsalter t_{0w} ist im Diagramm angegeben.

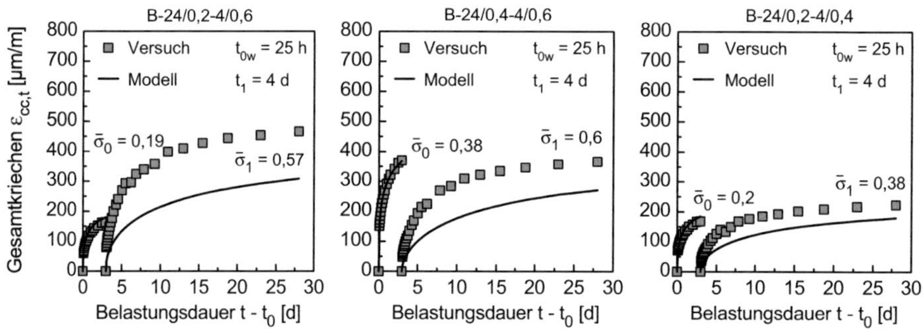

Abb. C-30 Beton B - jeweiliger Zuwachs des Gesamtkriechens unter den zwei verschiedenen Spannungsstufen mit einem Erstbelastungsalter t_0 von 24 h und einem Umbelastungsalter t_1 von 4 d. Das wahre Belastungsalter t_{0w} ist im Diagramm angegeben.

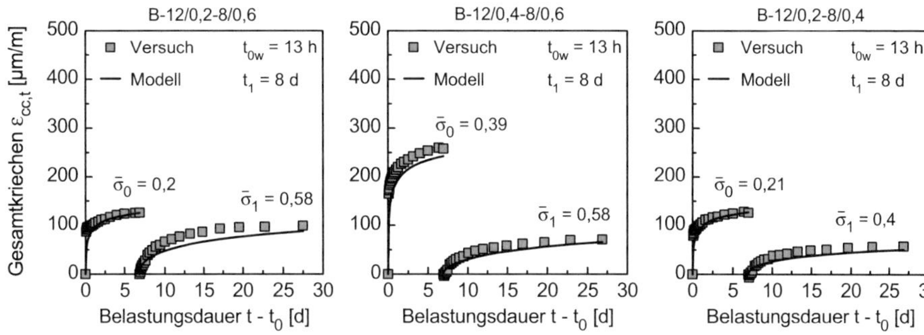

Abb. C-31 Beton B - jeweiliger Zuwachs des Gesamtkriechens unter den zwei verschiedenen Spannungsstufen mit einem Erstbelastungsalter t_0 von 12 h und einem Umbelastungsalter t_1 von 8 d. Das wahre Belastungsalter t_{0w} ist im Diagramm angegeben.

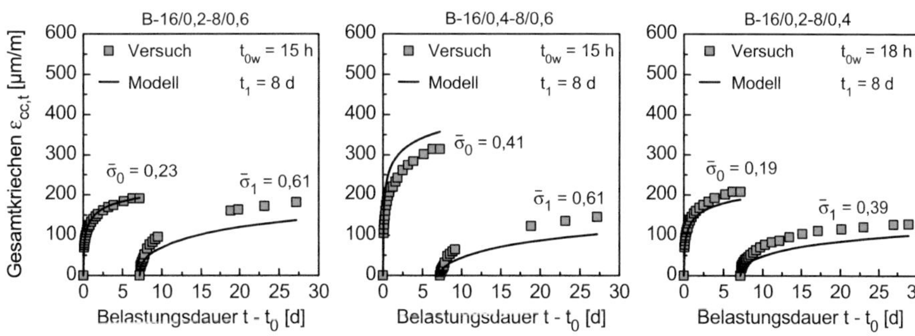

Abb. C-32 Beton B - jeweiliger Zuwachs des Gesamtkriechens unter den zwei verschiedenen Spannungsstufen mit einem Erstbelastungsalter t_0 von 16 h und einem Umbelastungsalter t_1 von 8 d. Das wahre Belastungsalter t_{0w} ist im Diagramm angegeben.

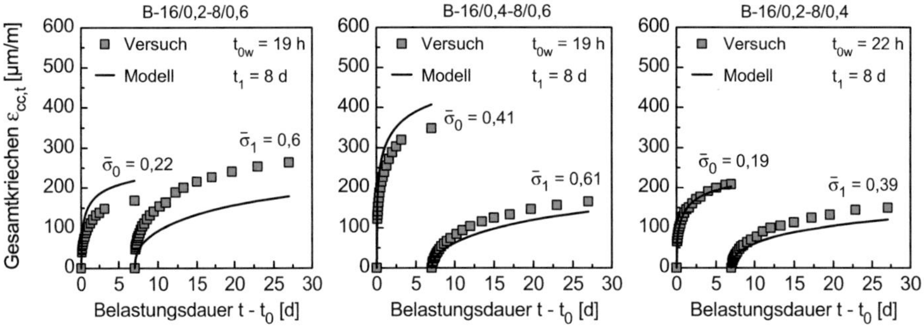

Abb. C-33 Beton B - jeweiliger Zuwachs des Gesamtkriechens unter den zwei verschiedenen Spannungsstufen mit einem Erstbelastungsalter t_0 von 24 h und einem Umbelastungsalter t_1 von 8 d. Das wahre Belastungsalter t_{0w} ist im Diagramm angegeben.

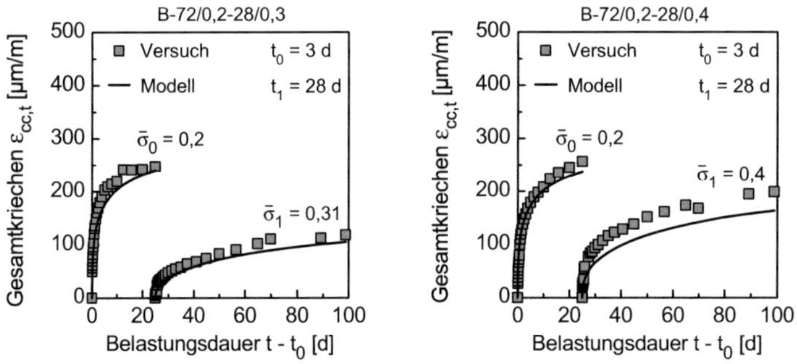

Abb. C-34 Beton B - jeweiliger Zuwachs des Gesamtkriechens unter den zwei verschiedenen Spannungsstufen mit einem Erstbelastungsalter t_0 von 3 d und einem Umbelastungsalter t_1 von 28 d.

C.6 Schwindverformungen

Die Modellierung der lastunabhängigen Schwindverformungen war nicht Gegenstand der vorliegenden Arbeit. Ihre Aufzeichnung diente ausschließlich der Abtrennung der Kriechverformungen von den im Kriechversuch gemessenen Gesamtverformungen. Die aus jeweils derselben Betoniercharge hergestellten zylindrischen Begleitproben besaßen dieselbe Geometrie wie die Kriechprobekörper (d/h = 150/450 mm) und wurden unter denselben klimatischen Bedingungen gelagert (versiegelt, bei einer Temperatur von 20 °C und einer relativen Feuchte von 65 %). Abb. C-35 veranschaulicht exemplarisch verschiedene Schwindversuche mit dem frühesten Messbeginn im Betonalter t_m von 16 h bei Beton A und 12 h bei Beton B.

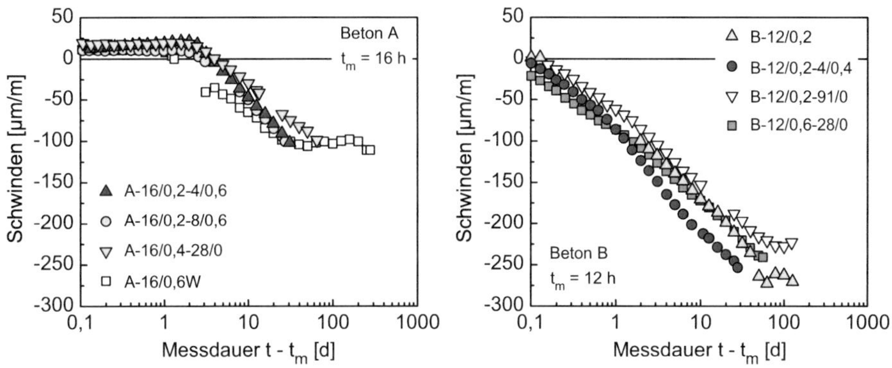

Abb. C-35 Schwinden des Betons A ab einem Betonalter t_m von 16 h (links) und des Betons B ab einem Betonalter t_m von 12 h (rechts).

C.7 Druckfestigkeit der Kriech- und Schwindproben nach Beendigung der Kriechversuche

Zur Untersuchung der teilweise in der Literatur beobachteten zeit- und lastabhängigen Veränderung der Druckfestigkeit wurden im Anschluss an die Kriechversuche die Druckfestigkeiten der Probekörper (d/h = 150/450 mm, versiegelt) ermittelt. Der in Prozent angegebene Festigkeitsunterschied U_f berechnet sich gemäß folgender Gleichung aus der mittleren Druckfestigkeit der beiden Kriechproben K_1 und K_2 in Bezug auf die mittlere Druckfestigkeit der Schwindproben S_j.

$$U_f = \frac{\left(\sum_{i=1}^{2} f_c(K_i)\right)/2}{\left(\sum_{j=1}^{m} f_c(S_j)\right)/m} \cdot 100 - 100 \qquad \text{in [\%]}$$

Sämtliche Druckfestigkeiten f_c der Kriech- und Schwindproben sowie der daraus berechnete Druckfestigkeitsunterschied sind in den unten gegebenen Tabellen C-9 und C-10 zusammengefasst. Des Weiteren finden sich darin Angaben zu den im Versuch vorherrschenden Belastungsgraden $\bar{\sigma}_0$ und $\bar{\sigma}_1$ sowie den zugehörigen Belastungsaltern t_0 und t_1. Wurde im Anschluss an einen Einstufenversuch die verzögert elastische Rückverformung aufgezeichnet, erfolgte die Druckprüfung nach Ende der Verformungsmessung. Die daraus resultierende Standzeit der Kriechproben in unbelastetem Zustand entspricht der aufgeführten Entlastungsdauer.

Wurden aus einer Betoniercharge die Probekörper für mehrere Kriechversuche mit derselben Versuchsdauer hergestellt, wurde das Schwinden im Allgemeinen an nur zwei weiteren unbelasteten Begleitproben aufgezeichnet, siehe Tabellen C-5 und C-6. Ausnahme hierzu bilden Versuche zur Ermittlung der Streubreite der Druckfestigkeiten der unbelasteten Proben. Hierzu wurden aus wenigen Betonierchargen für zwei Kriechversuche mit derselben Belastungsdauer insgesamt vier Schwindproben hergestellt. Bei einer unterschiedlichen Belastungsdauer der Kriechversuche waren jedem Versuch eigene Schwindproben zugeordnet.

Tab. C-9 Beton A - Druckfestigkeit der Kriech- und Schwindproben im Anschluss an die Kriechversuche

Versuch	t_0	$\bar{\sigma}_0$	t_1	$\bar{\sigma}_1$	Entlastungs-dauer	Prüfalter	Bezeichnung der Probekörper	Druckfestigkeit [N/mm²]	U_f
A-16/0,2-91/0	16 h	0,25	91 d	0	28 d	119 d	S1 S2 K1 K2	60,5 60,5 62,3 60,5	+1,5 %
A-16/0,2	16 h	0,19	-	-	-	276 d	S1 S2 K1 K2	67,7 67,8 66,8 69,5	+0,6 %
A-16/0,4-28/0	16 h	0,51	29 d	0	36 d	65 d	S1 S2 K1 K2	51,9 57,2 54,6 54,1	-0,4 %
A-16/0,6W	16 h	0,58	-	-	-	26 d	S1 S2 K1 K2	54,4 56,8 59,4 54,3	+2,3 %
A-16/0,2-4/0,6	16 h	0,25	4 d	0,64	-	24 d	S1 S2 K1 K2	52,9 54,5 54,0 54,1	+0,6 %
A-16/0,4-4/0,6	16 h	0,44	4 d	0,65	-	24 d	S1 S2 K1 K2	52,9 54,5 55,4 51,7	+0,3 %
A-16/0,2-4/0,4	16 h	0,27	4 d	0,46	-	24 d	S1 S2 K1 K2	52,9 54,5 54,0 54,8	+1,3 %

Tab. C-9 Beton A - Druckfestigkeit der Kriech- und Schwindproben im Anschluss an die Kriechversuche (Forts.)

Versuch	t_0	$\bar{\sigma}_0$	t_1	$\bar{\sigma}_1$	Entlastungs-dauer	Prüfalter	Bezeichnung der Probekörper	Druckfestigkeit [N/mm²]	U_f
A-16/0,2-8/0,6	16 h	0,28	8 d	0,63	-	28 d	S1 S2 K1 K2	55,2 53,8 50,2 52,5	-5,8 %
A-16/0,4-8/0,6	16 h	0,47	8 d	0,65	-	28 d	S1 S2 K1 K2	55,2 53,8 56,4 52,6	-0,1 %
A-16/0,2-8/0,4	16 h	0,31	8 d	0,45	-	28 d	S1 S2 K1 K2	55,2 53,8 51,7 54,9	-2,2 %
A-20/0,2-28/0	20 h	0,24	28 d	0	34 d	62 d	S1 S2 S3 S4 K1 K2	56,1 56,4 56,7 57,0 58,1 58,9	+3,4 %
A-20/0,2-91/0	20 h	0,23	91 d	0	186 d	277 d	S1 S2 K1 K2	66,0 68,8 69,0 68,1	+1,7 %
A-20/0,2-180/0	20 h	0,21	182 d	0	189 d	371 d	S1 S2 K1 K2	65,6 67,3 69,1 65,8	+1,5 %
A-20/0,3	20 h	0,33	-	-	-	38 d	S1 S2 K1 K2	56,9 57,0 56,8 56,5	-0,5 %

Tab. C-9 Beton A - Druckfestigkeit der Kriech- und Schwindproben im Anschluss an die Kriechversuche (Forts.)

Versuch	t_0	$\bar{\sigma}_0$	t_1	$\bar{\sigma}_1$	Entlastungs-dauer	Prüfalter	Bezeichnung der Probekörper	Druckfestigkeit [N/mm^2]	U_f
A-20/0,3W	20 h	0,35	-	-	-	28 d	S1 S2 K1 K2	51,3 53,8 50,9 52,0	-2,1 %
A-20/0,4-28/0	20 h	0,36	29 d	0	55 d	84 d	S1 S2 K1 K2	54,8 57,2 56,4 57,1	+1,3 %
A-20/0,4-28/0W	20 h	0,45	28 d	0	30 d	58 d	S1 S2 K1 K2	57,4 57,2 57,4 57,4	+0,2 %
A-20/0,6	20 h	0,58	-	-	-	273 d	S1 S2 K1 K2	68,1 66,8 68,4 69,3	+2,1 %
A-20/0,6-28/0	20 h	0,60	28 d	0	34 d	62 d	S1 S2 S3 S4 K1 K2	56,1 56,4 56,7 57,0 58,0 61,1	+5,3 %
A-20/0,2-4/0,6	20 h	0,25	4 d	0,62	-	28 d	S1 S2 K1 K2	51,3 53,8 52,6 52,1	-0,4 %
A-20/0,4-4/0,6	20 h	0,43	4 d	0,63	-	28 d	S1 S2 K1 K2	52,0 51,6 54,6 55,3	+6,1 %

Tab. C-9 Beton A - Druckfestigkeit der Kriech- und Schwindproben im Anschluss an die Kriechversuche (Forts.)

Versuch	t_0	$\bar{\sigma}_0$	t_1	$\bar{\sigma}_1$	Entlastungs-dauer	Prüfalter	Bezeichnung der Probekörper	Druckfestigkeit [N/mm²]	U_f
A-20/0,2-4/0,4	20 h	0,26	4 d	0,44	-	28 d	S1 S2 K1 K2	52,0 51,6 53,9 56,4	+6,5 %
A-20/0,2-8/0,6	20 h	0,22	8 d	0,59	-	28 d	S1 S2 S3 S4 K1 K2	50,8 50,0 49,0 48,0 48,2 49,1	-1,6 %
A-20/0,4-8/0,6	20 h	0,40	8 d	0,61	-	28 d	S1 S2 S3 S4 K1 K2	50,8 50,0 49,0 48,0 49,3 50,8	+1,1 %
A-20/0,2-8/0,4	20 h	0,23	8 d	0,42	-	28 d	S1 S2 K1 K2	51,3 53,8 54,3 53,5	+2,6 %
A-24/0,2-28/0	24 h	0,23	28 d	0	24 d	52 d	S1 S2 K1 K2	58,9 58,8 57,2 59,7	-0,6 %
A-24/0,2-91/0	24 h	0,22	91 d	0	175 d	266 d	S1 S2 K1 K2	61,3 64,2 67,1 64,9	+5,2 %

Tab. C-9 Beton A - Druckfestigkeit der Kriech- und Schwindproben im Anschluss an die Kriechversuche (Forts.)

Versuch	t_0	$\bar{\sigma}_0$	t_1	$\bar{\sigma}_1$	Entlastungs-dauer	Prüfalter	Bezeichnung der Probekörper	Druckfestigkeit [N/mm²]	U_f
A-24/0,4	24 h	0,4	-	-	-	28 d	S1 S2 S3 S4 K1 K2	53,8 51,5 52,3 51,3 52,5 54,0	+2,0 %
A-24/0,4-28/0	24 h	0,43	28 d	0	24 d	52 d	S1 S2 K1 K2	58,9 58,8 60,6 58,8	+1,4 %
A-24/0,6	24 h	0,57	-	-	-	28 d	S1 S2 S3 S4 K1 K2	53,8 51,5 52,3 51,3 54,7 55,2	+5,2 %
A-24/0,6-28/0	24 h	0,61	28 d	0	24 d	52 d	S1 S2 K1 K2	58,9 58,8 61,1 61,1	+3,8 %
A-24/0,2-4/0,6	24 h	0,23	4 d	0,62	-	28 d	S1 S2 K1 K2	51,9 50,6 53,4 52,0	+2,8 %
A-24/0,4-4/0,6	24 h	0,43	4 d	0,63	-	28 d	S1 S2 K1 K2	51,9 50,6 51,8 50,8	+0,1 %
A-24/0,2-4/0,4	24 h	0,24	4 d	0,43	-	28 d	S1 S2 K1 K2	51,9 50,6 54,6 51,6	+3,5 %

Tab. C-9 Beton A - Druckfestigkeit der Kriech- und Schwindproben im Anschluss an die Kriechversuche (Forts.)

Versuch	t_0	$\bar{\sigma}_0$	t_1	$\bar{\sigma}_1$	Entlastungs-dauer	Prüfalter	Bezeichnung der Probekörper	Druckfestigkeit [N/mm²]	U_f
A-24/0,2-8/0,6	24 h	0,20	8 d	0,61	-	28 d	S1 S2 S3 S4 K1 K2	50,2 48,3 48,4 49,8 52,6 49,6	+3,9 %
A-24/0,4-8/0,6	24 h	0,39	8 d	0,61	-	28 d	S1 S2 S3 S4 K1 K2	50,2 48,3 48,4 49,8 51,7 50,1	+3,5 %
A-24/0,2-8/0,4	24 h	0,23	8 d	0,41	-	28 d	S1 S2 K1 K2	51,9 50,6 52,7 50,6	+0,8 %
A-72/0,2	3 d	0,2	-	-	-	97 d	S1 S2 K1 K2	54,8 58,3 57,3 56,1	+0,2 %
A-72/0,2-28/0,4	3 d	0,20	28 d	0,40	-	97 d	S1 S2 K1 K2	54,8 58,3 58,5 57,4	+2,4 %
A-72/0,2-28/0,6	3 d	0,20	28 d	0,59	-	97 d	S1 S2 K1 K2	54,8 58,3 59,7 58,2	+4,2 %

Tab. C-10 Beton B - Druckfestigkeit der Kriech- und Schwindproben im Anschluss an die Kriechversuche

Versuch	t_0	$\bar{\sigma}_0$	t_1	$\bar{\sigma}_1$	Entlastungs-dauer	Prüfalter	Bezeichnung der Probekörper	Druckfestigkeit [N/mm²]	U_f
B-12/0,2-91/0	12 h	0,22	91 d	0	33 d	124 d	S1 S2 K1 K2	102,4 97,4 101,1 100,8	+1,1 %
B-12/0,2	12 h	0,19	-	-	-	126 d	S1 S2 K1 K2	99,3 98,2 103,4 96,7	+1,3 %
B-12/0,6	12 h	0,59	-	-	-	28 d	S1 S2 K1 K2	89,8 92,0 100,7 97,4	+9,0 %
B-12/0,2-4/0,6	12 h	0,20	4 d	0,58	-	28 d	S1 S2 K1 K2	88,8 92,7 91,5 94,7	+2,6 %
B-12/0,4-4/0,6	12 h	0,38	4 d	0,58	-	28 d	S1 S2 K1 K2	88,8 92,7 94,2 91,1	+2,1 %
B-12/0,2-4/0,4	12 h	0,22	4 d	0,39	-	28 d	S1 S2 K1 K2	92,3 84,8 90,1 91,3	+2,4 %
B-12/0,2-8/0,6	12 h	0,20	8 d	0,58	-	28 d	S1 S2 K1 K2	92,3 96,1 90,3 95,1	-1,6 %

Tab. C-10 Beton B - Druckfestigkeit der Kriech- und Schwindproben im Anschluss an die Kriechversuche (Forts.)

Versuch	t_0	$\bar{\sigma}_0$	t_1	$\bar{\sigma}_1$	Entlastungs-dauer	Prüfalter	Bezeichnung der Probekörper	Druckfestigkeit [N/mm²]	U_f
B-12/0,4-8/0,6	12 h	0,39	8 d	0,58	-	28 d	S1 S2 K1 K2	92,3 96,1 92,4 94,5	-0,8 %
B-12/0,2-8/0,4	12 h	0,21	8 d	0,40	-	28 d	S1 S2 K1 K2	92,3 96,1 92,6 94,8	-0,5 %
B-16/0,2-28/0	16 h	0,17	28 d	0	28 d	56 d	S1 S2 S3 S4 K1 K2	99,3 98,4 96,8 99,7 101,6 97,2	+0,9 %
B-16/0,2-91/0	16 h	0,24	91 d	0	425 d	511 d	S1 S2 K1 K2	95,9 101,2 103,3 100,2	+3,3 %
B-16/0,2-180/0	16 h	0,21	180 d	0	184 d	364 d	S1 S2 K1 K2	99,9 99,5 105,2 104,4	+5,0 %
B-16/0,3	16 h	0,31	-	-	-	28 d	S1 S2 K1 K2	100,0 100,2 90,8 100,1	-4,6 %
B-16/0,3W	16 h	0,28	-	-	28	56 d	S1 S2 K1 K2	102,3 98,8 99,1 99,1	-1,4 %

Tab. C-10 Beton B - Druckfestigkeit der Kriech- und Schwindproben im Anschluss an die Kriechversuche (Forts.)

Versuch	t_0	$\bar{\sigma}_0$	t_1	$\bar{\sigma}_1$	Entlastungs-dauer	Prüfalter	Bezeichnung der Probekörper	Druckfestigkeit [N/mm²]	U_f
B-16/0,4-28/0	16 h	0,41	28 d	0	28 d	56 d	S1	101,2	-2,3 %
							S2	102,1	
							K1	95,8	
							K2	102,9	
B-16/0,4-28/0W	16 h	0,38	28 d	0	28 d	56 d	S1	102,3	+3,0 %
							S2	98,8	
							K1	101,6	
							K2	105,6	
B-16/0,6	16 h	0,60	-	-	-	182 d	S1	103,1	-3,1 %
							S2	102,8	
							K1	100,3	
							K2	99,3	
B-16/0,6-28/0	16 h	0,58	28 d	0	28 d	56 d	S1	99,3	+5,1 %
							S2	98,4	
							S3	96,8	
							S4	99,7	
							K1	104,0	
							K2	103,2	
B-16/0,2-4/0,6	16 h	0,20	4 d	0,55	-	28 d	S1	98,2	+3,7 %
							S2	98,8	
							K1	101,8	
							K2	102,6	
B-16/0,4-4/0,6	16 h	0,39	4 d	0,61	-	28 d	S1	98,2	+2,7 %
							S2	98,8	
							K1	103,7	
							K2	98,8	
B-16/0,2-4/0,4	16 h	0,19	4 d	0,40	-	28 d	S1	98,2	+3,6 %
							S2	98,8	
							K1	102,9	
							K2	101,3	

Tab. C-10 Beton B - Druckfestigkeit der Kriech- und Schwindproben im Anschluss an die Kriechversuche (Forts.)

Versuch	t_0	$\bar{\sigma}_0$	t_1	$\bar{\sigma}_1$	Entlastungs-dauer	Prüfalter	Bezeichnung der Probekörper	Druckfestigkeit [N/mm²]	U_f
B-16/0,2-8/0,6	16 h	0,23	8 d	0,61	-	28 d	S1 S2 K1 K2	94,1 92,2 94,1 99,3	+3,8 %
B-16/0,4-8/0,6	16 h	0,41	8 d	0,61	-	28 d	S1 S2 K1 K2	94,1 92,2 97,6 99,1	+5,6 %
B-16/0,2-8/0,4	16 h	0,19	8 d	0,39	-	56 d	S1 S2 K1 K2	102,3 98,8 101,4 101,8	+1,0 %
B-24/0,2-28/0	24 h	0,19	28 d	0	31 d	59 d	S1 S2 K1 K2	- 89,7 89,5 96,7	+3,8 %
B-24/0,2-91/0	24 h	0,21	91 d	0	31 d	122 d	S1 S2 K1 K2	107,0 107,0 100,1 105,3	-4,1 %
B-24/0,4	24 h	0,41	-	-	-	28 d	S1 S2 K1 K2	98,7 96,3 97,0 90,6	-3,8 %
B-24/0,4-28/0	24 h	0,39	28 d	0	31 d	59 d	S1 S2 K1 K2	- 89,7 95,6 91,7	+4,4 %
B-24/0,6	24 h	0,57	-	-	-	28 d	S1 S2 K1 K2	98,7 96,3 98,6 95,9	-0,2 %

Tab. C-10 Beton B - Druckfestigkeit der Kriech- und Schwindproben im Anschluss an die Kriechversuche (Forts.)

Versuch	t_0	$\bar{\sigma}_0$	t_1	$\bar{\sigma}_1$	Entlastungs-dauer	Prüfalter	Bezeichnung der Probekörper	Druckfestigkeit [N/mm²]	U_f
B-24/0,6-28/0	24 h	0,58	28 d	0	31 d	59 d	S1 S2 K1 K2	- 89,7 100,3 96,4	+9,6 %
B-24/0,2-4/0,6	24 h	0,19	4 d	0,57	-	42 d	S1 S2 K1 K2	85,8 90,2 100,5 100,1	+14,0 %
B-24/0,4-4/0,6	24 h	0,38	4 d	0,60	-	42 d	S1 S2 K1 K2	85,8 90,2 101,1 99,4	+14,0 %
B-24/0,2-4/0,4	24 h	0,20	4 d	0,38	-	42 d	S1 S2 K1 K2	85,8 90,2 99,2 95,2	+10,5 %
B-24/0,2-8/0,6	24 h	0,22	8 d	0,60	-	28 d	S1 S2 K1 K2	92,4 93,9 97,4 91,2	+1,3 %
B-24/0,4-8/0,6	24 h	0,41	8 d	0,61	-	28 d	S1 S2 K1 K2	92,4 93,9 96,7 94,3	+2,6 %
B-24/0,2-8/0,4	24 h	0,19	8 d	0,39	-	59 d	S1 S2 K1 K2	- 89,7 94,5 100,7	+8,8 %
B-72/0,2	3 d	0,2	-	-	-	98 d	S1 S2 K1 K2	91,3 97,9 96,8 98,9	+3,4 %

Tab. C-10 Beton B - Druckfestigkeit der Kriech- und Schwindproben im Anschluss an die Kriechversuche (Forts.)

Versuch	t_0	$\bar{\sigma}_0$	t_1	$\bar{\sigma}_1$	Entlastungs-dauer	Prüfalter	Bezeichnung der Probekörper	Druckfestigkeit [N/mm^2]	U_f
B-72/0,2-28/0,3	3 d	0,20	28 d	0,31	-	98 d	S1 S2 K1 K2	91,3 97,9 98,2 98,4	+3,9 %
B-72/0,2-28/0,4	3 d	0,20	28 d	0,40	-	98 d	S1 S2 K1 K2	91,3 97,9 101,6 97,7	+5,4 %

Anhang D
Nachweis der widerspruchsfreien Vorhersage des Kriechens und der Relaxation

D.1 Kelvinreihe zur Vorhersage der verzögert elastischen Verformung

Das in Kapitel 5.5 vorgestellte Modell der verzögert elastischen Verformung basiert auf einer Reihenschaltung von fünf Kelvinelementen mit alternden Feder- und Dämpferkennwerten. Dieses rheologische Grundmodell wurde bereits in der Dissertation von MÜLLER [Mül 86] zur Beschreibung der verzögert elastischen Verformung normalfester Betone mit einem Belastungsalter $t_0 \geq 1$ d herangezogen. Entsprechend ist dort die Herleitung der Differenzialgleichung und der dem Modell zugrunde liegenden mathematischen Funktionen bereits ausführlich behandelt. In der vorliegenden Arbeit wurde der Gültigkeitsbereich des Modells von MÜLLER für Belastungsalter $t_0 \leq 1$ d erweitert und die Parameter an das Verformungsverhalten normalfester und hochfester Betone angepasst. Im Folgenden ist die mathematische Herleitung des Spannungs-Dehnungsverhaltens eines alternden Kelvinmodells noch einmal kurz zusammengefasst. Sie dient als Grundlage für die Überprüfung des Modells hinsichtlich der thermodynamisch widerspruchsfreien Formulierung der Feder- und Dämpferkennwerte.

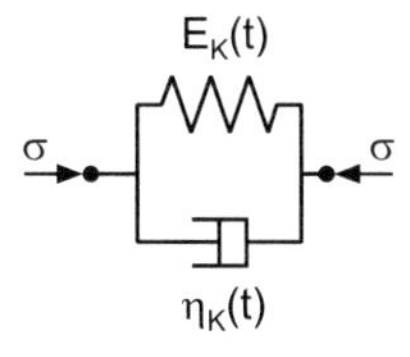

Abb. D-1 Kelvinelement mit alternder Federsteifigkeit $E_K(t)$ und alternder Dämpferviskosität $\eta_K(t)$

Entsprechend Abb. D-1 besteht das Kelvinelement (im Folgenden gekennzeichnet durch den Index *K*) aus der Parallelschaltung einer Hookeschen Feder (Index *F*) und eines Newtonschen Dämpfers (Index *D*). Das Spannungs-Dehnungs-Zeitverhalten wird anhand der folgenden Gleichungen D-1 und D-2 beschrieben:

$$\frac{d\sigma_F(t)}{dt} = E_K(t) \cdot \frac{d\varepsilon_F(t)}{dt} \qquad \textbf{(D-1)}$$

$$\sigma_D(t) = \eta_K(t) \cdot \frac{d\varepsilon_D(t)}{dt} \qquad \textbf{(D-2)}$$

Unter Berücksichtigung der Gleichgewichtsbedingungen für die im Kelvinmodell auftretenden Spannungen und Dehnungen

$$\sigma_K(t) = \sigma_F(t) + \sigma_D(t) = \sigma \qquad \textbf{(D-3)}$$

$$\varepsilon_K(t) = \varepsilon_F(t) = \varepsilon_D(t) = \varepsilon \qquad \textbf{(D-4)}$$

lässt sich das Spannungs-Dehnungs-Zeitverhalten anhand der folgenden Differenzialgleichung 2. Ordnung beschreiben:

$$\ddot{\varepsilon} + \frac{E_K(t) + \dot{\eta}_K}{\eta_K(t)} \cdot \dot{\varepsilon} = \frac{1}{\eta_K(t)} \cdot \dot{\sigma} \text{ mit } \dot{f} = \frac{df(t)}{dt} \qquad \textbf{(D-5)}$$

Bei Kriechversuchen unter konstanter Spannung σ und einem Belastungsalter t_0 sowie $\sigma = 0$ für $t < t_0$ vereinfacht sich Gl. D-5 zu:

$$\ddot{\varepsilon} + \frac{E_K(t) + \dot{\eta}_K}{\eta_K(t)} \cdot \dot{\varepsilon} = 0 \qquad \textbf{(D-6)}$$

Unter Beachtung der Randbedingungen $\varepsilon(t_0) = 0$ und $\dot{\varepsilon}(t_0) = \sigma/\eta_K(t_0)$ lautet die Lösung der Differenzialgleichung wie folgt:

$$\int_0^{\varepsilon} d\varepsilon(t) = \sigma \cdot e^{G(t_0)} \cdot \int_{t_0}^{t} \frac{1}{\eta_K(\xi)} \cdot e^{-G(\xi)} d\xi \qquad \textbf{(D-7)}$$

mit

$$G(t_0) = \int \frac{E_K(t_0)}{\eta_K(t_0)} dt_0 \qquad \textbf{(D-8)}$$

Durch die Einführung der Ersatzfunktionen A und B vereinfacht sich Gl. D-7 zu:

$$\varepsilon(t) = \sigma \cdot A(t_0) \cdot [B(t) - B(t_0)] = -\sigma \cdot A(t_0) \cdot B(t_0) \cdot \left[1 - \frac{B(t)}{B(t_0)}\right] \qquad \textbf{(D-9)}$$

mit

$$A(t_0) = e^{G(t_0)} \qquad \textbf{(D-10)}$$

$$B(t) = \int_0^t \frac{1}{\eta_K(\xi)} \cdot e^{-G(\xi)} d\xi \qquad \textbf{(D-11)}$$

$$B(t_0) = \int_0^{t_0} \frac{1}{\eta_K(\xi)} \cdot e^{-G(\xi)} d\xi \qquad \textbf{(D-12)}$$

Infolge der Linearität der verzögert elastischen Verformung ε_v (siehe Kapitel 5.5) kann für die Berechnung der verzögert elastischen Rückverformung ε_r das Superpositionsprinzip nach BOLTZMANN herangezogen werden. Durch Einsetzen von Gl. D-9 in Gl. 5-13 in Kapitel 5.5 erhält man:

$$\varepsilon_r(t) = -\sigma \cdot [A(t_e) - A(t_0)] \cdot B(t_e) \cdot \left[1 - \frac{B(t)}{B(t_e)}\right] \qquad \textbf{(D-13)}$$

bzw. unter Verwendung alternder Materialkennwerte für das Feder- und das Dämpferelement:

$$\varepsilon_r(t) = \sigma \cdot \left[e^{\int_0^{t_e} \frac{E_K(\xi)}{\eta_K(\xi)} d\xi} - e^{\int_0^{t_0} \frac{E_K(\xi)}{\eta_K(\xi)} d\xi} \right] \cdot \left[\int_{t_e}^{t} \frac{1}{\eta_K(\xi)} \cdot e^{-\int_{t_e}^{t} \frac{E_K(\xi)}{\eta_K(\xi)} d\xi} d\xi \right] \qquad \textbf{(D-14)}$$

Infolge der komplexen Formulierung des mathematischen Ansatzes in Kombination mit der Altersabhängigkeit der Parameter $E_K(t)$ und $\eta_K(t)$ ist eine systematische Anpassung des in Gl. D-14 angegebenen Kriechmodells an Versuchsdaten kaum möglich. In einem alternativen Verfahren wird daher die Rückverformung ε_r entsprechend Gl. D-13 berechnet und die Funktionen A und B empirisch so gewählt, dass das Kelvinelement physikalisch widerspruchsfrei formuliert ist. Hierzu sind hinsichtlich der zeitlichen Entwicklung der Federsteifigkeit E_K und der Dämpferviskosität η_K die folgenden Bedingungen einzuhalten:

$$E_K(t) \geq 0 \quad \text{und} \quad \eta_K(t) \geq 0 \qquad \textbf{(D-15)}$$

$$dE_K(t)/dt \quad \text{und} \quad d\eta_K(t)/dt \qquad \textbf{(D-16)}$$

Differenziert man Gl. D-11 nach der Zeit, so erhält man mit Gl. D-17 eine Beziehung zwischen der Dämpferviskosität η_K und den Funktionen A und B.

$$\frac{dB(t)}{dt} = \frac{1}{\eta_k(t)} \cdot e^{-G(t)} = \frac{1}{\eta_k(t)} \cdot \frac{1}{A(t)} \qquad \textbf{(D-17)}$$

bzw.

$$\eta_K(t) = \frac{1}{A(t) \cdot \frac{dB(t)}{dt}} \qquad \textbf{(D-18)}$$

Nach Differenziation der Gleichungen D-8 und D-10 berechnet sich das Verhältnis aus Federsteifigkeit E_K und Dämpferviskosität η_K zu:

$$\frac{dG(t)}{dt} = \frac{E_K(t)}{\eta_K(t)} = \frac{dA(t)}{dt} \cdot \frac{1}{A(t)} \qquad \textbf{(D-19)}$$

bzw. nach Einsetzen von Gl. D-18 die Federsteifigkeit E_K zu:

$$E_K(t) = \left[\frac{1}{A(t)}\right]^2 \cdot \frac{\frac{dA(t)}{dt}}{\frac{dB(t)}{dt}} \qquad \textbf{(D-20)}$$

Gemäß des heutigen Kenntnisstands resultiert die verzögert elastische Verformung aus einer Umlagerung von Wassermolekülen zur Herstellung eines Gleichgewichtszustands im internen Spannungsfeld der Mikrostruktur des Zementsteins. Entsprechend strebt diese Verformung mit stetig abnehmender Verformungsgeschwindigkeit einem Endwert entgegen. Unter der Voraussetzung eines gleichen Vorzeichens von Spannung und Verformung haben die Funktionen A und B den folgenden Anforderungen zu genügen:

$$B(t) < 0; \quad \frac{dB(t)}{dt} \geq 0; \quad A(t_0) \geq 0; \quad \frac{dA(t_0)}{dt_0} \geq 0 \qquad \textbf{(D-21)}$$

Die Bedingungen in Gl. D-21 bilden die Grundlage für die Überprüfung des Kelvinmodells hinsichtlich der thermodynamisch widerspruchsfreien Definition der Feder- und Dämpferkennwerte. Gemäß Kapitel 5.5 berechnet sich die verzögert elastische Dehnung des i-ten Kelvinelements der Kelvinreihe zu:

$$\varepsilon_{vi} = \sigma \cdot h_1 \cdot g_1(t_0) \cdot \left(n_i \cdot \left[1 - e^{-a_i(t^b - t_0^b)}\right]\right) \qquad \textbf{(D-22)}$$

$$= const \cdot g_1(t_0) \cdot \left(n_i \cdot \left[1 - e^{-a_i(t^b - t_0^b)}\right]\right)$$

Diese Gleichung lässt sich in Analogie zu Gl. D-9 umformen in

$$\varepsilon_{vi} = const \cdot g_1(t_0) \cdot \left[1 - \frac{e^{-a_i t^b}}{e^{-a_i t_0^b}}\right] \qquad \textbf{(D-23)}$$

mit

$$g_1(t_0) = 0{,}25 + \frac{45{,}75}{60 + t_0^{0{,}68}} - 0{,}05 + \frac{0{,}1}{1 + t_0^{0{,}04}}$$

sowie den Ersatzfunktionen A und B

$$B(t) = -e^{-a_i t^b} \text{ bzw. } B(t_0) = -e^{-a_i t_0^b} \quad \textbf{(D-24)}$$

$$A(t_0) = const \cdot g_1(t_0) \cdot e^{+a_i t_0^b} \quad \textbf{(D-25)}$$

Deren Ableitungen nach t bzw. entsprechend t_0 lauten:

$$\frac{dB(t)}{dt} = a_i b \cdot t^{b-1} \cdot e^{-a_i t^b} \quad \textbf{(D-26)}$$

$$\frac{dA(t_0)}{dt_0} = const \cdot e^{+a_i t_0^b} \cdot [a_i b \cdot t_0^{b-1} \cdot g_1(t_0) + \dot{g}_1(t_0)] \quad \textbf{(D-27)}$$

Da sowohl die Parameter a_i und b als auch die Alterungsfunktion $g_1(t_0)$ stets positiv definiert sind, ist die Funktion $B(t)$ für beliebige Zeitpunkte negativ und die Ausdrücke $dB(t)/dt$ und $A(t_0)$ stets positiv. Der Ausdruck für $dA(t_0)/(dt_0)$ ist positiv sobald die Parameter a_i die in Gl. D-28 angegebene Bedingung erfüllen:

$$a_i b \cdot t_0^{b-1} \cdot g_1(t_0) + \dot{g}_1(t_0) > 0 \text{ bzw. } a_i > -\frac{1}{b \cdot t_0^{b-1}} \cdot \frac{\dot{g}_1(t_0)}{g_1(t_0)} = Y(t_0) \quad \textbf{(D-28)}$$

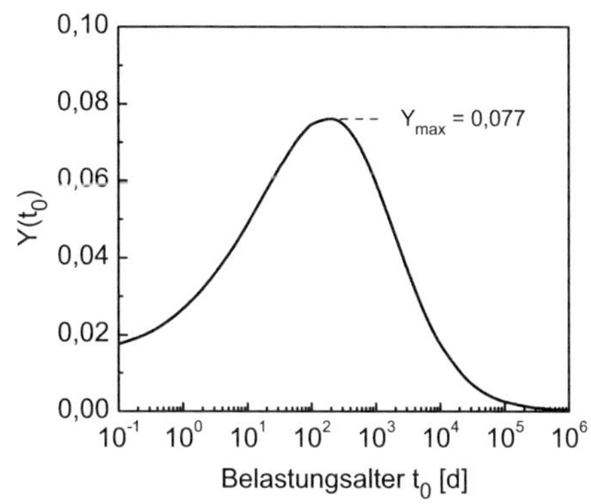

Abb. D-2 Zeitlicher Verlauf der Funktion $Y(t_0)$ in Abhängigkeit des Belastungsalters zur Überprüfung der Bedingung in Gl. D-28

Im Modell der verzögert elastischen Verformung in Kapitel 5.5 sind die Parameter $a_i \geq 1{,}0$ gewählt. Vor dem Hintergrund der für die Entwicklung von Spannungen im Bauteil erforderlichen Frühfestigkeitseigenschaften von Beton ist in Abb. D-2 der zeitliche Verlauf der Funktion $Y(t_0)$ für Belastungsalter $t_0 \geq 0{,}1$ d dargestellt. Demnach ist die Bedingung in Gl. D-28 für sämtliche der dort betrachteten Belastungsalter erfüllt. Für kleinere Belastungsalter steigen die Werte der Funktion Y wieder an, der kleinste

Wert des Parameters $a_i = 1{,}0$ wird jedoch erst für Betonalter $t_0 < 1$ Sekunde überschritten. Dies hat zur Folge, dass der Elastizitätsmodul E_K des betrachteten Kelvinelements negativ wird. In Anbetracht der Tatsache, dass Beton zu diesem Zeitpunkt keinerlei Festigkeitseigenschaften aufweist, ist diese Modellschwäche jedoch irrelevant.

Bei Betrachtung alternder Werkstoffe wie beispielsweise Beton müssen die Feder- und Dämpferkennwerte des Kelvinmodells stets positiv sein und entsprechend Gl. D-16 kontinuierlich ansteigen. Die Einhaltung dieser Bedingungen bestätigt sich durch Abb. D-3 in der verschiedene Elastizitätsmoduln E_{Ki} und Dämpferviskositäten η_{Ki} der fünf Kelvinelemente in Abhängigkeit des Belastungsalters $t_0 \geq 0{,}1$ d dargestellt sind.

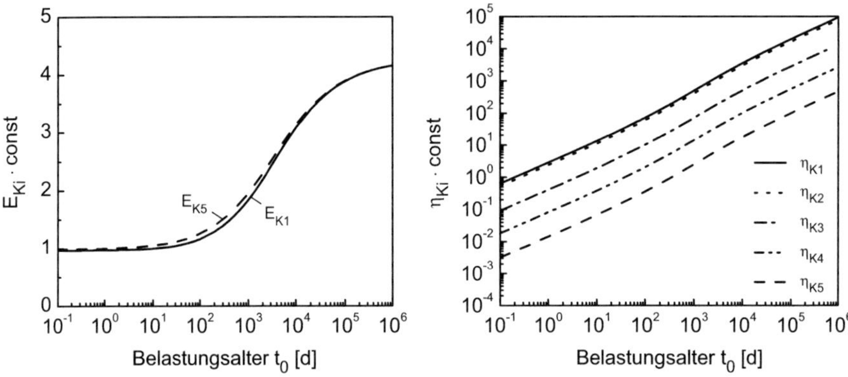

Abb. D-3 Abhängigkeit der Federsteifigkeit (links) und der Dämpferviskosität (rechts) der fünf Kelvinelemente in Abhängigkeit des Belastungsalters

D.2 Vorhersage der Relaxation

Eine Schwäche verschiedener Modelle aus der Literatur ist die Vorhersage eines Vorzeichenwechsels bei der numerischen Berechnung der Relaxation, siehe Kapitel 3. Vor diesem Hintergrund veranschaulichen die folgenden beiden Diagramme die anhand des in der vorliegenden Arbeit entwickelten rheologischen Modells für die Betone A und B berechnete zeitliche Entwicklung der Relaxation. Für den direkten Vergleich verschiedener Belastungsalter t_0 zwischen 8 h (0,33 d) und 100 Jahren (36500 d) ist auf der Ordinate der Belastungsgrad $\bar{\sigma}(t,t_0)$ und nicht die zugehörige Spannung aufgetragen. Dieser berechnet sich stets aus der zum Zeitpunkt t wirkenden Spannung bezogen auf die Festigkeit des Betons im Erstbelastungsalter t_0. Der Anfangsbelastungsgrad $\bar{\sigma}_0$ von 0,7 entspricht der oberen Gültigkeitsgrenze des Fließmodells. Durch die Einführung des mit dem Belastungsgrad ansteigenden Nichtlinearitätsindexes bewirkt dieser die höchsten überproportionalen Fließverformungen und folglich den größten Abfall der Relaxationskurve. Im Bereich linearer Kriechverformungen ist die relaxationsbedingte zeitliche Entwicklung des Belastungsgrades bzw. der zugehörigen Spannungen unabhängig von der Höhe des Anfangsbelastungsgrades $\bar{\sigma}_0$. Dies ist für $\bar{\sigma}_0 \leq 0{,}1$ mit einem vernachlässigbaren Anteil überproportionaler Fließverformungen innerhalb der ersten Tage nach Belastungsbeginn der Fall, siehe den in Gl. 5-20 in Kapitel 5 vom Belastungsalter t_0 unabhängig definierten Nichtlinearitätsindex n. Infolge der geringeren linearen Kriechverformungen ist der prozentuale Spannungsverlust für kleine Belastungsgrade geringer als unter einem Belastungsgrad $\bar{\sigma}_0$ von 0,7. Tritt folglich bei einem Anfangsbelastungsgrad von 0,7 kein Vorzeichenwechsel im Kurvenverlauf auf, ermöglicht das entwickelte rheologische Modell innerhalb des gesamten Gültigkeitsbereichs eine widerspruchsfreie Vorhersage der Relaxation.

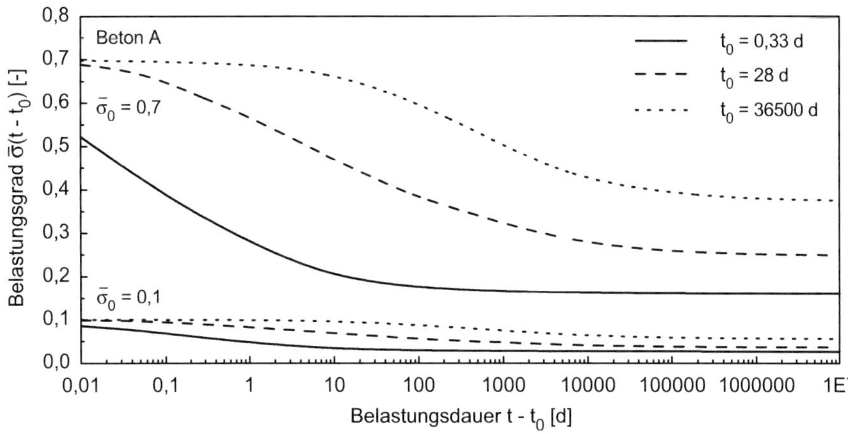

Abb. D-4 Beton A - Relaxationsbedingter Abfall des Belastungsgrads in Abhängigkeit des Belastungsalters t_0 und des Belastungsgrads $\bar{\sigma}_0$ zu Beginn des Versuchs

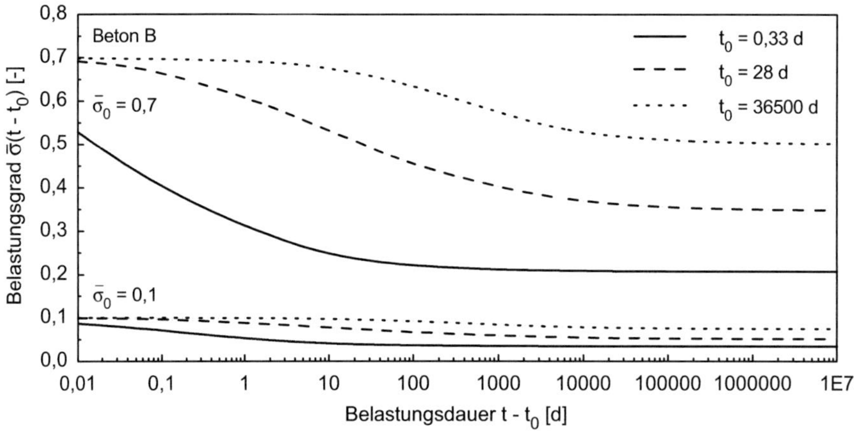

Abb. D-5 Beton B - Relaxationsbedingter Abfall des Belastungsgrads in Abhängigkeit des Belastungsalters t_0 und des Belastungsgrads $\bar{\sigma}_0$ zu Beginn des Versuchs

Anhang E
Relaxationsverlauf in Abhängigkeit des Modells der sofortigen plastischen Verformung

Während des Belastungsvorgangs im Relaxationsversuch treten sowohl reversible elastische als auch irreversible plastische Verformungen auf. Diese sofortige plastische Verformung bewirkt bereits während der Laststeigerung auf die Anfangsspannung σ_0 einen ersten relaxationsbedingten Spannungsverlust. Dessen Größe in Bezug auf das rein elastische Spannungs-Dehnungsverhalten ist im Versuch jedoch nicht messbar. Der im Anschluss an die Lastaufbringung aufgezeichnete Spannungsverlauf resultiert folglich ausschließlich aus den zeit- und lastabhängigen verzögert elastischen Verformungen bzw. Fließverformungen. Vor diesem Hintergrund ist im entwickelten rheologischen Modell die sofortige Dehnung über eine eigene additive Verformungskomponente beschrieben, siehe die Kapitel 5.2.2 und 5.3.

Dementgegen wird bei verschiedenen Bemessungsansätzen aus der Literatur der Belastungsvorgang vereinfachend als rein elastisch angesehen und die sofortige plastische Verformung als Teil der anschließend auftretenden zeit- und lastabhängigen Kriechverformung aufgefasst, siehe exemplarisch [Mül 02]. Bei der Vorhersage der Relaxation mittels des in Kapitel 6.2 erläuterten numerischen Algorithmus bewirkt ein solches Vorgehen ein Überschätzen der tatsächlich im Versuch aufgezeichneten Spannungen. Diese Diskrepanz soll im Folgenden mithilfe einiger Beispielrechnungen quantifiziert werden.

Gemäß Anhang B berechnet sich die sofortige plastische Dehung ε_{pl} wie folgt:

$$\varepsilon_{pl}(t_0) = \frac{k \cdot \sigma}{E_c(t_0) \cdot (1-k)} \qquad \text{in [m/m]} \qquad \textbf{(E-1)}$$

mit

$$E_c(t_0) = E_{c28} \cdot \exp\left(\frac{s_1}{2}\left[1 - \sqrt{\frac{28}{t_0}}\right]\right) \qquad \text{in [N/mm}^2\text{]} \qquad \textbf{(E-2)}$$

und

$$k = s_2\left(\frac{\bar{\sigma} - 0{,}2}{s_3}\right)^{s_4} - s_5(\bar{\sigma} - 0{,}2) \cdot \exp(-s_6 \cdot t_0) \qquad [-] \qquad \textbf{(E-3)}$$

Des Weiteren bedeuten:

t_0 Belastungsalter [d] (Zeit nach Wasserzugabe bei der Betonherstellung)

σ im Belastungsalter t_0 aufgebrachte Spannung [N/mm²]

$\bar{\sigma}$ im Belastungsalter t_0 aufgebrachter Belastungsgrad $\bar{\sigma} = \sigma / f_{cm}(t_0)$ [-]

$f_{cm}(t_0)$ mittlere Zylinderdruckfestigkeit des Betons (d/h = 150/300 mm) im Belastungsalter t_0 [N/mm²]

E_{c28} Tangentenmodul im Alter von 28 d [N/mm²], siehe Tab. E-1

s_i Parameter $s_1 \ldots s_6$ [-], siehe Tab. E-1

Tab. E-1 Parameter zur Berechnung der sofortigen Dehnung

Parameter	E_{c28}	s_1	s_2	s_3	s_4	s_5	s_6
	[N/mm²]	[-]					
Beton A	33.600	0,20	2,51	2,9	1,7	0,35	0,28
Beton B	38.000	0,16	0,56	2,7	1,3	0,61	0,88

Im Summationsansatz von MÜLLER [Mül 86] beispielsweise, wird die irreversible sofortige plastische Dehnung ε_{pl} mit der anschließend auftretenden zeit- und lastabhängigen Fließverformung ε_f zusammengefasst und anhand einer Zeitfunktion beschrieben. Um ein solches Konzept an dieser Stelle näherungsweise aufzugreifen, wird die gemäß Gl. E-1 berechnete sofortige plastische Dehnung mit einer hyperbolischen Zeitfunktion in Abhängigkeit der Belastungsdauer $t - t_0$ [d] belegt. Diese ist desselben Typs wie die Zeitfunktion der in Kapitel 5.6 beschriebenen Fließverformung ε_f.

$$f_3(t,t_0) = \frac{(t-t_0)^{0,5}}{h + (t-t_0)^{0,5}} \qquad \textbf{(E-4)}$$

Eingang in die durchgeführten Beispielrechnungen finden die beiden in Abb. E-1 dargestellten Verläufe der Zeitfunktion für $h = 0{,}5$ bzw. $h = 30$. Hiermit soll überprüft werden, inwieweit nicht nur die Größe der „sofortigen" plastischen Verformung, sondern auch deren zeitliche Entwicklung einen Einfluss auf den relaxationsbedingten Spannungsverlauf besitzt.

Zusammenfassend berechnet sich im numerischen Algorithmus bei Anwendung des Konzepts einer zeitabhängigen „sofortigen" plastischen Verformung die Anfangsverformung bei Lastaufbringung als rein elastische Dehnung mittels des Tangentenmoduls in Gl. E-2. Anschließend bewirken sowohl die zeitabhängige verzögert elastische Verformung als auch die additiv verknüpften zeitabhängigen Fließverformungen bzw. „sofortigen" plastischen Verformungen einen relaxationsbedingten Spannungsabfall. Zur korrekten Beschreibung der nichtlinearen irreversiblen „sofortigen" plastischen Verformung unter veränderlichen Spannungen wird die in Kapitel 5.6.3 erläuterte spezielle Form der impulsförmigen Superposition verwendet.

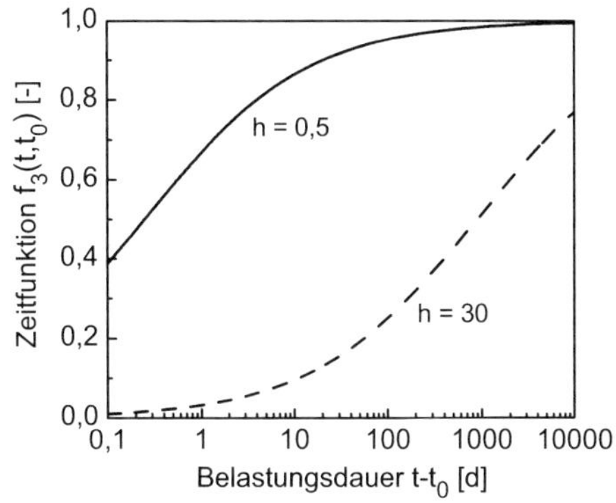

Abb. E-1 Funktionen zur Modellierung einer zeitabhängigen „sofortigen" plastischen Verformung

Gemäß obiger Gl. E-3 wächst die sofortige plastische Verformung mit zunehmendem Belastungsgrad $\bar{\sigma}$ und ist insbesondere bei den im Rahmen der vorliegenden Arbeit betrachteten jungen Betonen besonders ausgeprägt, siehe Tab. 5-3 in Kapitel 5.3. Dieser Zusammenhang spiegelt sich in den Kurvenverläufen der Schaubilder E-2 und E-3 wider. Dort abgebildet ist zum einen die Berechnung der Relaxation gemäß rheologischem Modell, d. h. mit einer sofortigen plastischen Verformung ε_{pl}, welche sich bereits vor Beginn des im zugehörigen Relaxationsversuch aufgezeichneten Spannungsabfalls vollständig eingestellt hat. Dieser gegenübergestellt ist der Spannungsverlauf unter Zugrundelegung einer mit der Belastungsdauer ansteigenden „sofortigen" plastischen Verformung $\varepsilon_{pl}(t,t_0)$, ($h = 0{,}5$ in Gl. E-4).

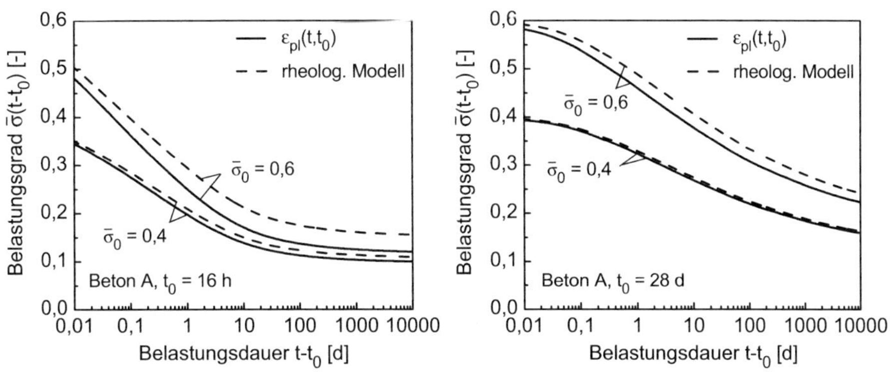

Abb. E-2 Beton A - berechneter Relaxationsverlauf gemäß rheologischem Modell bzw. bei Betrachtung einer zeitabhängigen „sofortigen" plastischen Verformung ($h = 0{,}5$ in Gl. E-4)

Bei Belastung des Betons A im jungen Betonalter $t_0 = 16$ h mit einem Anfangsbelastungsgrad $\bar{\sigma}_0 = 0{,}6$ beträgt gemäß der Berechnung mittels des rheologischen Modells der Belastungsgrad $\bar{\sigma}(t,t_0)$ nach einer Belastungsdauer $t - t_0 = 10000$ d nur noch 25,7 % des Anfangsbelastungsgrades. Bei Verwendung einer zeitlich veränderlichen „sofortigen" plastischen Verformung ist der Spannungsabfall auf 19,8 % des Anfangsbelastungsgrads deutlich höher. In entsprechenden Berechnungen für den Beton B mit einem Belastungsalter $t_0 = 12$ h resultieren die beiden unterschiedlichen Modellkonzepte in noch größeren Unterschieden. Demnach beträgt für das rheologische Modell der Belastungsgrad nach einer Belastungsdauer von 10000 d ungefähr 32,5 % des Anfangsbelastungsgrads. Der entsprechende Wert unter Verwendung einer zeitabhängigen „sofortigen" plastischen Verformung berechnet sich zu 24,5 %. Sowohl für kleinere Anfangsbelastungsgrade als auch bei höheren Belastungsaltern sinkt die Größe der sofortigen plastischen Verformung. Entsprechend geringer sind bei beiden Betonen A und B die Unterschiede zwischen den Kurvenverläufen für den Anfangsbelastungsgrad $\bar{\sigma}_0 = 0{,}4$ bzw. dem Belastungsalter $t_0 = 28$ d.

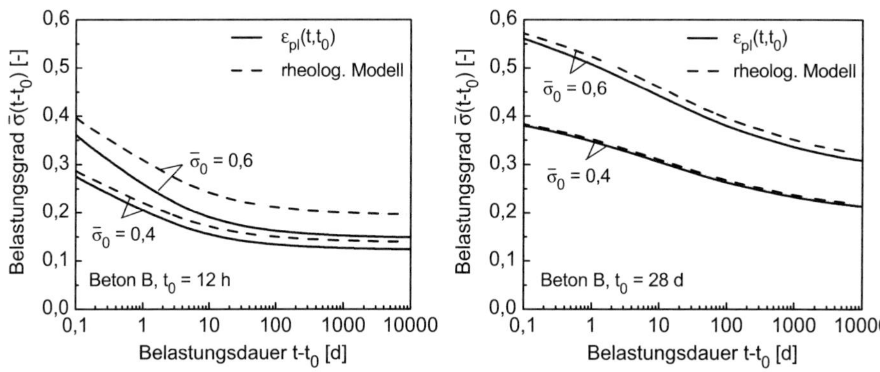

Abb. E-3 Beton B - berechneter Relaxationsverlauf gemäß rheologischem Modell bzw. bei Betrachtung einer zeitabhängigen sofortigen plastischen Verformung ($h = 0{,}5$ in Gl. E-4)

Anhand Abb. E-4 wird deutlich, dass die Wahl der Zeitfunktion zur Beschreibung der „sofortigen" plastischen Verformung sowohl einen Einfluss auf den zeitlichen Verlauf des relaxationsbedingten Spannungsabfalls besitzt, als auch auf dessen Endwert. Die Beeinflussung des Endwertes liegt in der Nichtlinearität der Fließverformungen ε_f begründet, die im Modell in Kapitel 5.6 über einen vom Belastungsgrad $\bar{\sigma}$ abhängigen Nichtlinearitätsindex Berücksichtigung findet.

Zusammenfassend ist festzustellen, dass insbesondere bei im jungen Betonalter und unter hohen Anfangsbelastungsgraden belasteten Betonen eine korrekte Vorhersage des im Relaxationsversuch gemessenen Spannungsverlaufs ausschließlich anhand des entwickelten rheologischen Modells möglich ist. Sobald die im Relaxationsversuch während der Lastaufbringung auftretende hohe sofortige plastische Verformung dem anschließenden zeit- und lastabhängigen Fließen zugewiesen wird, führt dies zu einer deutlichen Überschätzung des relaxationsbedingten Spannungsabfalls. Die Diskrepanz zwischen den einzelnen Modellkonzepten sinkt mit zunehmendem Belastungsalter t_0 und sinkendem Anfangsbelastungsgrad $\bar{\sigma}_0$.

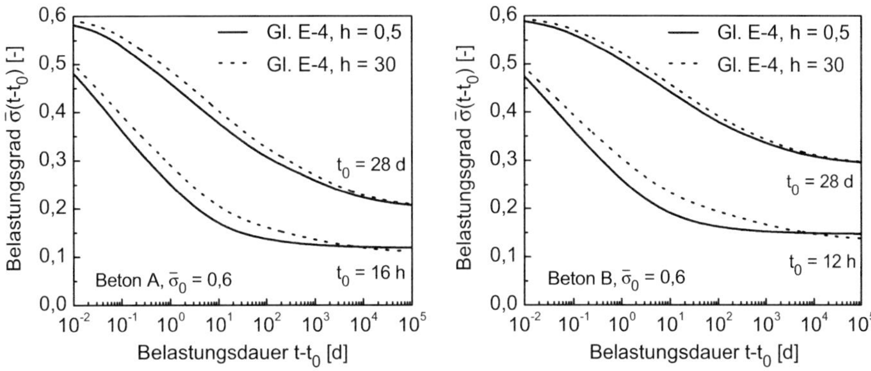

Abb. E-4 Relaxationsverlauf der Betone A und B für unterschiedliche Zeitfunktionen der „sofortigen" plastischen Verformung

Lebenslauf

Isabel Anders, geb. Burkart

Geboren am 28.05.1976 in Karlsruhe, Deutschland

1995	Abitur am Thomas Mann Gymnasium in Stutensee
1995-1996	Studium der Physik an der Universität Karlsruhe (TH) (seit 2009 Karlsruher Institut für Technologie, KIT)
1996-2002	Studium des Bauingenieurwesens an der Universität Karlsruhe (TH) (seit 2009 Karlsruher Institut für Technologie, KIT)
2002	Anfertigung der Diplomarbeit an der University of Calgary, Kanada
2003-2011	Wissenschaftliche Mitarbeiterin am Institut für Massivbau und Baustofftechnologie des Karlsruher Instituts für Technologie, KIT

Seit April 2011 verheiratet, eine Tochter

Schriftenreihe des

Instituts für Massivbau und Baustofftechnologie

Herausgeber: Univ.-Prof. Dr.-Ing. Harald S. Müller
Univ.-Prof. Dr.-Ing. Lothar Stempniewski

Institut für Massivbau und Baustofftechnologie
Universität Karlsruhe (TH)

ISSN 0933-0461

Heft 1 Manfred Curbach:
Festigkeitssteigerung von Beton bei hohen Belastungsgeschwindigkeiten. 1987

Heft 2 Franz-Hermann Schlüter:
Dicke Stahlbetonplatten unter stoßartiger Belastung - Flugzeugabsturz. 1987

Heft 3 Marlies Schieferstein:
Der Zugflansch von Stahlbetonplattenbalken unter Längsschub und Querbiegung bei kritischer Druckbeanspruchung von Beton. 1988

Heft 4 Thomas Bier:
Karbonatisierung und Realkalisierung von Zementstein und Beton. 1988

Heft 5 Wolfgang Brameshuber:
Bruchmechanische Eigenschaften von jungem Beton. 1988

Heft 6 Bericht DFG-Forschungsschwerpunkt:
Durability of Non-Metallic Inanorganic Building Materials. 1988

Heft 7 Manfred Feyerabend:
Der harte Querstoß auf Stützen aus Stahl und Stahlbeton. 1988

Heft 8 Klaus F. Schönlin:
Permeabilität als Kennwert der Dauerhaftigkeit von Beton. 1989

Heft 9 Lothar Stempniewski:
Flüssigkeitsgefüllte Stahlbetonbehälter unter Erdbebeneinwirkung. 1990

Heft 10 Jörg Weidner:
Vergleich von Stoffgesetzen granularer Schüttgüter zur Silodruckermittlung. 1990

Heft 11	Pingli Yi: **Explosionseinwirkungen auf Stahlbetonplatten.** 1991
Heft 12	Rainer Kunterding: **Beanspruchung der Oberfläche von Stahlbetonsilos durch Schüttgüter**. 1991
Heft 13	Peter Haardt: **Zementgebundene und kunststoffvergütete Beschichtungen auf Beton**. 1991
Heft 14	Günter Rombach: **Schüttguteinwirkungen auf Silozellen - Exzentrische Entleerung**. 1991
Heft 15	Harald Garrecht: **Porenstrukturmodelle für den Feuchtehaushalt von Baustoffen mit und ohne Salzbefrachtung und rechnerische Anwendung auf Mauerwerk**. 1992
Heft 16	Violandi Vratsanou: **Das nichtlineare Verhalten unbewehrter Mauerwerksscheiben unter Erdbebenbeanspruchung - Hilfsmittel zur Bestimmung der q-Faktoren**. 1992
Heft 17	Carlos Rebelo: **Stochastische Modellierung menschenerzeugter Schwingungen**. 1992
Heft 18	Seminar 29./30. März 1993: **Erdbebenauslegung von Massivbauten unter Berücksichtigung des Eurocode 8**. 1993
Heft 19	Hubert Bachmann: **Die Massenträgheit in einem Pseudo-Stoffgesetz für Beton bei schneller Zugbeanspruchung**. 1993
Heft 20	DBV/AiF-Forschungsbericht: H. Emrich: **Zum Tragverhalten von Stahlbetonbauteilen unter Querkraft- und Längszugbeanspruchung**. 1993
Heft 21	Robert Stolze: **Zum Tragverhalten von Stahlbetonplatten mit von den Bruchlinien abweichender Bewehrungsrichtung - Bruchlinien-Rotationskapazität**. 1993
Heft 22	Jie Huang: **Extern vorgespannte Segmentbrücken unter kombinierter Beanspruchung aus Biegung, Querkraft und Torsion**. 1994
Heft 23	Rolf Wörner: **Verstärkung von Stahlbetonbauteilen mit Spritzbeton**. 1994
Heft 24	Ioannis Retzepis: **Schiefe Betonplatten im gerissenen Zustand**. 1995

Heft 40	Viktor Mechtcherine: **Bruchmechanische und fraktologische Untersuchungen zur Rißausbreitung in Beton**. 2001
Heft 41	Ulrich Häußler-Combe: **Elementfreie Galerkin-Verfahren - Grundlagen und Einsatzmöglichkeiten zur Berechnung von Stahlbetontragwerken**. 2001
Heft 42	Björn Schmidt-Hurtienne: **Ein dreiaxiales Schädigungsmodell für Beton unter Einschluß des Dehnrateneffekts bei Hochgeschwindigkeitsbelastung**. 2001
Heft 43	Nazir Abdou: **Ein stochastisches nichtlineares Berechnungsverfahren für Stahlbeton mit finiten Elementen**. 2002
Heft 44	Andreas Plokitza: **Ein Verfahren zur numerischen Simulation von Betonstrukturen beim Abbruch durch Sprengen.** 2002
Heft 45	Timon Rabczuk: **Numerische Untersuchungen zum Fragmentierungsverhalten von Beton mit Hilfe der SPH-Methode**. 2002
Heft 46	Norbert J. Krutzik: **Zu Anwendungsgrenzen von FE-Modellen bei der Simulation von Erschütterungen in Kernkraftbauwerken bei Stoßbelastungen.** 2002
Heft 47	Thorsten Timm: **Beschuß von flüssigkeitsgefüllten Stahlbehältern**. 2002
Heft 48	Slobodan Kasic: **Tragverhalten von Segmentbauteilen mit interner und externer Vorspannung ohne Verbund.** 2002
Heft 49	Christoph Kessler-Kramer: **Zugtragverhalten von Beton unter Ermüdungsbeanspruchung.** 2002
Heft 50	Nico Herrmann: **Experimentelle Verifizierung von Prognosen zur Sprengtechnik.** 2002
Heft 51	Michael Baur: **Elastomerlager und nichtlineare Standorteffekte bei Erdbebeneinwirkung**. 2003
Heft 52	Seminar 02. Juli 2004: **DIN 1045-1; Aus der Praxis für die Praxis**. 2004
Heft 53	Abdelkhalek Saber Omar Mohamed: **Behaviour of Retrofitted Masonry Shear Walls Subjected to Cyclic Loading**. 2004

Heft 54	Werner Hörenbaum: **Verwitterungsmechanismen und Dauerhaftigkeit von Sandsteinsichtmauenwerk**. 2005
Heft 55	Seminar Februar 2006: **DIN 4149 - Aus der Praxis für die Praxis**. 2006
Heft 56	Sam Foos: **Unbewehrte Betonfahrbahnplatten unter witterungsbedingten Beanspruchungen**. 2006
Heft 57	Ramzi Maliha: **Untersuchungen zur Rissbildung in Fahrbahndecken aus Beton**. 2006
Heft 58	Andreas Fäcke: **Numerische Simulation des Schädigungsverhaltens von Brückenpfeilern aus Stahlbeton unter Erdbebenlasten**. 2006
Heft 59	Juliane Möller: **Rotationsverhalten von verbundlos vorgespannten Segmenttragwerken**. 2006
Heft 60	Martin Larcher: **Numerische Simulation des Betonverhaltens unter Stoßwellen mit Hilfe des Elementfreien Galerkin-Verfahrens**. 2007
Heft 61	Christoph Niklasch: **Numerische Untersuchungen zum Leckageverhalten von gerissenen Stahlbetonwänden**. 2007
Heft 62	Halim Khbeis: **Experimentelle und numerische Untersuchungen von Topflagern**. 2007
Heft 63	Sascha Schnepf: **Vereinfachte numerische Simulation des Tragverhaltens ebener mauerwerksausgefachter Stahlbetonrahmen unter zyklischer Belastung.** 2007
Heft 64	Christian Wallner: **Erdbebengerechtes Verstärken von Mauerwerk durch Faserverbundwerkstoffe - experimentelle und numerische Untersuchungen.** 2008
Heft 65	Niklas Puttendörfer: **Ein Beitrag zum Gleitverhalten und zur Sattelausbildung externer Spannglieder**. 2008

Fortführung als: Karlsruher Reihe

Massivbau
Baustofftechnologie
Materialprüfung

bei KIT Scientific Publishing (ISSN 1869-912X)

Karlsruher Reihe

Massivbau Baustofftechnologie Materialprüfung

Herausgeber: **Univ.-Prof. Dr.-Ing. Harald S. Müller**
Univ.-Prof. Dr.-Ing. Lothar Stempniewski

Institut für Massivbau und Baustofftechnologie
Materialprüfungs- und Forschungsanstalt,
MPA Karlsruhe
Karlsruher Institut für Technologie (KIT)

KIT Scientific Publishing
ISSN 1869-912X

Heft 66 Michael Haist:
Zur Rheologie und den physikalischen Wechselwirkungen bei Zementsuspensionen. 2009
ISBN 978-3-86644-475-1

Heft 67 Stephan Steiner:
Beton unter Kontaktdetonation - neue experimentelle Methoden. 2009
(noch erschienen in der Schriftenreihe des Instituts für Massivbau und Baustofftechnologie, ISSN 0933-0461)

Heft 68 Christian Münich:
Hybride Multidirektionaltextilien zur Erdbebenverstärkung von Mauerwerk - Experimente und numerische Untersuchungen mittels eines erweiterten Makromodells. 2011
ISBN 978-3-86644-734-9

Heft 69 Viktória Malárics:
Ermittlung der Betonzugfestigkeit aus dem Spaltzugversuch an zylindrischen Betonproben. 2011
ISBN 978-3-86644-735-6

Heft 70 Daniela Ruch:
Bestimmung der Last-Zeit-Funktion beim Aufprall flüssigkeitsgefüllter Stoßkörper. 2011
ISBN 978-3-86644-736-3

Heft 71 Marc Beitzel:
Frischbetondruck unter Berücksichtigung der rheologischen Eigenschaften. 2012
ISBN 978-3-86644-783-7

Heft 72 Michael Stegemann:
Großversuche zum Leckageverhalten von gerissenen Stahlbetonwänden. 2012
ISBN 978-3-86644-860-5

Heft 73 Isabel Anders:
Stoffgesetz zur Beschreibung des Kriech- und Relaxationsverhaltens junger normal- und hochfester Betone. 2013
ISBN 978-3-7315-0043-8

Bezug der Hefte:

Hefte 1 bis 65 und 67: Institut für Massivbau und Baustofftechnologie, Karlsruher Institut für Technologie (KIT), Gotthard-Franz-Str. 3, 76131 Karlsruhe, **www.betoninstitut.de**

ab Heft 66: KIT Scientific Publishing, Straße am Forum 2, 76131 Karlsruhe, **www.ksp.kit.edu**